Ingenieurbauten 8

Theorie und Praxis

Herausgegeben von
Konrad Sattler, Graz
Peter Stein, Wien

1976

Springer-Verlag
Wien New York

Planungs- und Bauablauf

Die Steuerung bauwirtschaftlicher und baubetrieblicher Prozesse

Rudolf Aita
Walter Veit
Walter Schilchegger

1976

Springer-Verlag
Wien New York

Dipl.-Ing. RUDOLF AITA
o. Universitätsprofessor für Bauwirtschafts- und Baubetriebslehre
Dipl.-Ing. Dr. techn. WALTER VEIT
o. Universitätsprofessor für Betriebswirtschaftslehre
Dipl.-Ing. Dr. techn. WALTER SCHILCHEGGER
Universitätsassistent, Institut für Hochbau für Bauingenieure

an der Technischen Universität in Graz

Mit 64 Abbildungen

Softcover reprint of the hardcover 1st edition 1976

Library of Congress Cataloging in Publication Data. Aita, Rudolf, 1910-. Planungs- und Bauablauf. (Ingenieurbauten; 8). Bibliography: p. Includes index. 1. Construction industry—Management. 2. Construction industry—Planning. I. Veit, Walter, 1929- joint author. II. Schilchegger, Walter, 1946- joint author. III. Title. IV. Series.
TH438.A37. 658'.99. 76-55327

ISBN-13: 978-3-7091-8480-6 e-ISBN-13: 978-3-7091-8479-0
DOI: 10.1007/978-3-7091-8479-0

Vorwort

Das vorliegende Buch ist ein Leitfaden, der sich durch den gesamten Prozeß der Bauplanung und Bauproduktion, sowohl auf der Seite des Bauwilligen, des Auftraggebers, als auch auf der Seite des Auftragnehmers, des Ausführenden, bis zum Benutzer des Bauwerks zieht. Für die meisten Bereiche der Bauplanung und Bauausführung kann heute auf umfangreiche Literatur zurückgegriffen werden; Gesamtdarstellungen sind kaum vorhanden. Mit diesem Werk wird versucht, der Zielsetzung einer "Gesamtdarstellung des Bauens" näherzukommen.

Bedingt durch den umfassenden Fragenkomplex, der hier abgehandelt wird, mußte auf Detaildarstellungen der einzelnen Teilprozesse vorweg verzichtet werden. Für das Vordringen in Einzelprobleme muß auf die Spezialliteratur zurückgegriffen werden. Es wurde jedoch auf die jüngsten Entwicklungen hinsichtlich einer Neuformulierung des Bauplanungsprozesses ebenso wie auf die durch die Rezession entstandenen Probleme Rücksicht genommen.

Dieses Werk ist gedacht als L e h r b u c h für Studierende und als N a c h s c h l a g e w e r k für alle im Bauwesen Tätigen, Architekten, Ingenieure und Sonderfachleute der Bauindustrie, des Baugewerbes und der Verwaltung.

Dem Interesse, das Herr Professor Sattler auch den Aspekten der Bauwirtschaft immer entgegenbrachte, ist es zu danken, daß dieses Buch Aufnahme in die von ihm gemeinsam mit Herrn Professor Stein herausgegebene Reihe "Ingenieurbauten - Theorie und Praxis" fand.

Die breite Auffächerung der in diesem Buch abgehandelten Themenkreise bringt es mit sich, daß mehrere Verfasser sich bemühten, ihre persönlichen Spezialgebiete zu einer Synthese zu vereinigen.

An dieser Stelle sei allen Mitarbeitern, insbesondere den Herren Dipl.-Ing. Werner Schröfl und Dipl.-Ing. Adolf Rößlhuber für die Mitarbeit an einzelnen Kapiteln und Frau Heidrun Zankl für den tatkräftigen Einsatz beim Schreiben der Manuskripte und der Anfertigung der Reinschrift gedankt.

Zum Schluß sei noch der Hoffnung Ausdruck verliehen, daß dieses Buch den Erwartungen der Verfasser entspricht, dem Bauschaffenden als Leitfaden durch die oft schwer durchdringbaren Verknüpfungen des Planungs- und Bauablaufes zu dienen.

G r a z , im November 1976 Die Verfasser

INHALTSVERZEICHNIS

TEIL C

BAUBETRIEBLICHE GRUNDLAGEN

Einleitung

Entsprechend der Zielsetzung dieses Buches, einen Leitfaden durch den gesamten Prozeß der Bauplanung und Bauproduktion zu geben, wird der Ablauf des Baugeschehens in sämtlichen Phasen verfolgt. Dabei wurde für die einzelnen Vorgänge angedeutet, an welchen Vorschriften, Hilfsmitteln, quantitativen Methoden, Organisationsformen usw. sich der mit den einschlägigen Aufgaben betreute Planende und Ausführende orientieren kann.

Dabei wurde für die Darstellung des Ablaufes die Trennung der Phasen in die der Auftraggeberseite und der Auftragnehmerseite gewählt. Diese Trennung und isolierte Darstellung der einzelnen Phasen ist jedoch als Vereinfachung der Zusammenhänge und Verflechtungen zu verstehen, da es heute bei weitem nicht mehr ausreicht, den Prozeß der Bauplanung und Bauproduktion als einfachen linearen Vorgang zu behandeln.

Das Buch wurde in 4 Teile gegliedert:

- Teil A: Planungs- und Bauprozess
- Teil B: Ablaufphasen der Auftraggeberseite
- Teil C: Baubetriebliche Grundlagen
- Teil D: Ablaufphasen der Auftragnehmerseite

Teil A und C stellen jeweils wichtige Grundlagen für die Ablaufphasen dar. Die eingehende Darstellung des Planungs- und Bauprozesses und das Aufzeigen der neueren Entwicklungen mit den Ansätzen der Verwissenschaftlichung, soll aber auch auf die Grenzen der Methodik und den Bereich der Kreativität verweisen. Es wird in Zukunft notwendig werden, bei der Formulierung des Planungs- und Bauprozesses tiefer zu schürfen, um vielleicht auch diese beiden großen Fragenkomplexe der Bauplanung und Bauproduktion einer befriedigenden integrierten Lösung näherzubringen.

In Würdigung der Arbeiten von Prof. Pfarr, Berlin, wurden die einzelnen Ablaufphasen des Teiles B entsprechend den Leistungsphasen der neuen gemeinsamen Honorarordnung für Architekten und Ingenieure (HOAI 1976 - BRD) gegliedert. Diese Ansätze dürften für die weitere Zukunft bestimmend sein und werden in seinem Standardwerk "Handbuch der kostenbewußten Bauplanung" umfassend dargestellt. Ferner war auch auf die verschiedenen Rechtsgrundlagen der 3 Staaten BRD, Schweiz und Österreich hinzuweisen.

Der Teil C behandelt die notwendigen baubetrieblichen Voraussetzungen, die für die Darstellung der einzelnen Ablaufphasen auf der Auftragnehmerseite in Teil D notwendig sind.

TEIL A

PLANUNGS- UND BAUPROZESS

1.0 Allgemeines

Die Gesamtdarstellung der Thematik - Planungs- und Bauprozeß - zwingt zu einer systematischen Vorgangsweise. Wie aus dem Untertitel "Die Steuerung bauwirtschaftlicher und baubetrieblicher Prozesse" bereits hervorgeht, reicht es heute nicht mehr aus, das Baugeschehen als einfach definierten Vorgang zu betrachten. Es handelt sich hier vielmehr um eine äußerst komplexe Systemstruktur.

Für die Beschreibung und Darstellung der Thematik "Planungs- und Bauprozeß" gibt es nun unzählige Möglichkeiten. Es können das System an sich, die einzelnen Phasen, die verschiedenen Abwicklungsformen usw. beschrieben und dargestellt werden. Einleitend wird jedoch ein Modell des Planungs- und Bauprozesses nach Davidson vorgestellt, das den Einfluß der Industrialisierung auf den Planungs- und Bauprozeß zu erfassen versucht.

1.1 Das Modell

1.11 Grundlagen

Modelle sind gedanklich vereinfachte Hilfskonstruktionen zur logischen Behandlung von Problemen. Die Notwendigkeit der Vereinfachung ergibt sich aus der Vielfalt der Einflußfaktoren des realen Geschehens.

Je größer die Menge der Einflußfaktoren und deren Beziehungen und je komplizierter ihre funktionellen Zusammenhänge sind, umso schwieriger wird es möglich sein, durch analytische Methoden ein solches Problem zu lösen. Bei den meisten Aufgabenstellungen ist die Menge der Einflußfaktoren so groß, daß es unmöglich ist, alle Variablen in ein Sachmodell zu pressen und dieses geschlossen zu lösen. Man kann sich jedoch damit behelfen, daß man das gesamte Sachproblem in eine Menge von Teilproblemen zerlegt.

Für die Darstellung des Planungs- und Bauprozesses durch ein Modell sind grundsätzlich sämtliche Beziehungen innerhalb und außerhalb des Systems - Planungs- und Bauprozeß - zu erfassen. Da jedoch die Beziehungen der Bauwirtschaft zu Gesamtwirtschaft und Gesellschaft in späteren Kapiteln behandelt wurden, werden im folgenden ausgewählten Modell die Betrachtungen auf die Beziehungen innerhalb der Bauwirtschaft beschränkt, wobei sich die Optimierungsfelder zwischen zwei Teilbereiche einschränken.

1.12 Modell nach C. Davidson

1.121 Datenstruktur und Wechselwirkungen im Planungs- und Bauprozeß

Davidson stellt die Komplizität der Datenstruktur des Planungs- und Bauprozesses und ihre Wechselwirkungen durch eine strenge Aufeinanderfolge von 5 D a t e n l i s t e n dar, die in 4 E n t s c h e i d u n g s f e l d e r n in Verbindung stehen, wobei die Daten nur in der aufgezeigten Abfolge korrespondieren. Zur lückenlosen Darstellung der inneren Beziehungen des Planungs- und Bauprozesses wird es jedoch für vordringlich gehalten, das Modell von Davidson durch die Datenlisten der Nutzung zu ergänzen. Die graphische Darstellung wird daher etwas abweichend von Davidson gewählt.

1.1211 Felder der Datenbeziehungen (Abb. 1)

Zielvorstellung:

Angaben über den gesellschaftspolitischen, soziologischen, sozialen, technischen und wirtschaftlichen Nutzen, den ein Bauprojekt erbringen soll.

Funktion:

Angaben über die funktionellen Ziele, die vom beabsichtigten Bauprojekt zu erfüllen sind.

Leistung:

Angaben über die qualitativen und quantitativen Aspekte der Elemente des beabsichtigten Bauprojektes.

Konstruktion:

Angaben über das System und die Technologien, welche bei dem beabsichtigten Bauprojekt zur Anwendung kommen.

Herstellung:

Angaben über Produktionsmethoden usw.

Nutzung:

Angaben über die erwartete Nutzungsdauer unter Berücksichtigung der voraussichtlichen Umwelteinwirkungen, der Intensität der Benutzung, einer angemessenen Bewirtschaftung und Instandhaltung.

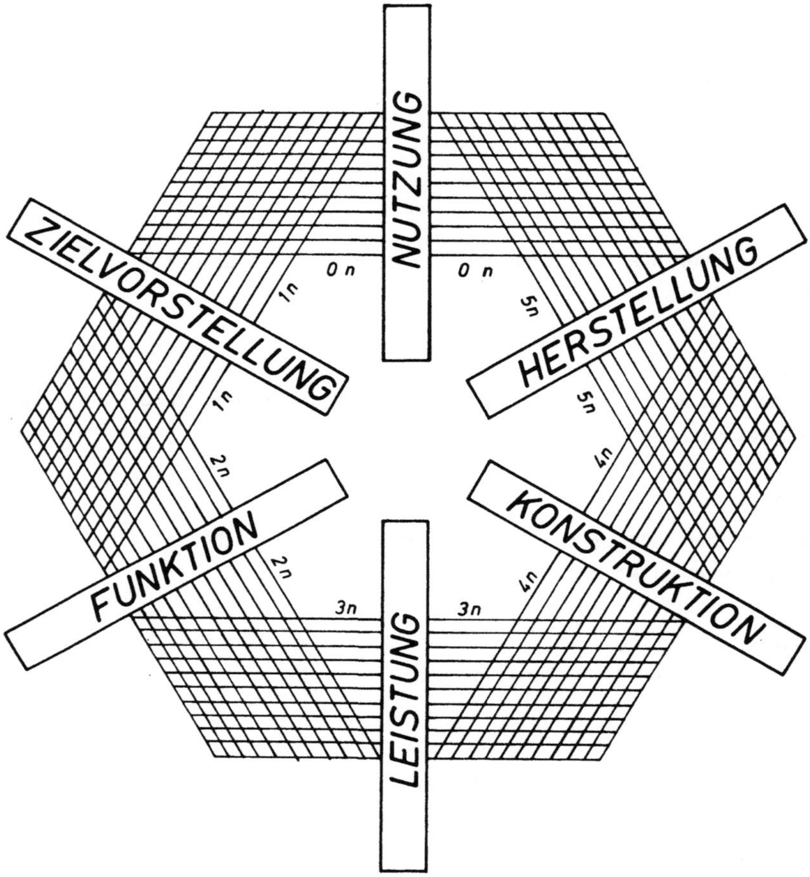

Abb. 1: Felder der Datenbeziehungen

1.1212 Vorweggenommene Entscheidungen in der Datenstruktur (Abb. 2)

Während die Konzipierung von Einzelprojekten im traditionellen Bauen auf das Einzelprojekt bezogen verwirklicht wurde, werden mit zunehmender Industrialisierung die bedeutenden Entscheidungen im Bauwesen nicht mehr an einem konkreten Bauprojekt gefällt, sondern in einem langfristigen Prozeß bei der Lösung allgemeiner Fragen getroffen. Das gilt gleichermaßen für die Raumplanung, für die Entwicklung von Bausystemen, Produktionsverfahren und

Produktsortiments. Es gilt aber auch für die Ermittlung und Festlegung der Nutzungsvorstellungen, für die Erarbeitung der Bemessungsnormen, für die Definition von Standardleistungen etc. Der Planungs- und Bauprozeß ist ab nun ein kontinuierlicher, langfristiger Vorgang der Verdichtung eines Datengeflechtes, aus dem konkrete Projektlösungen ausgefiltert werden müssen.

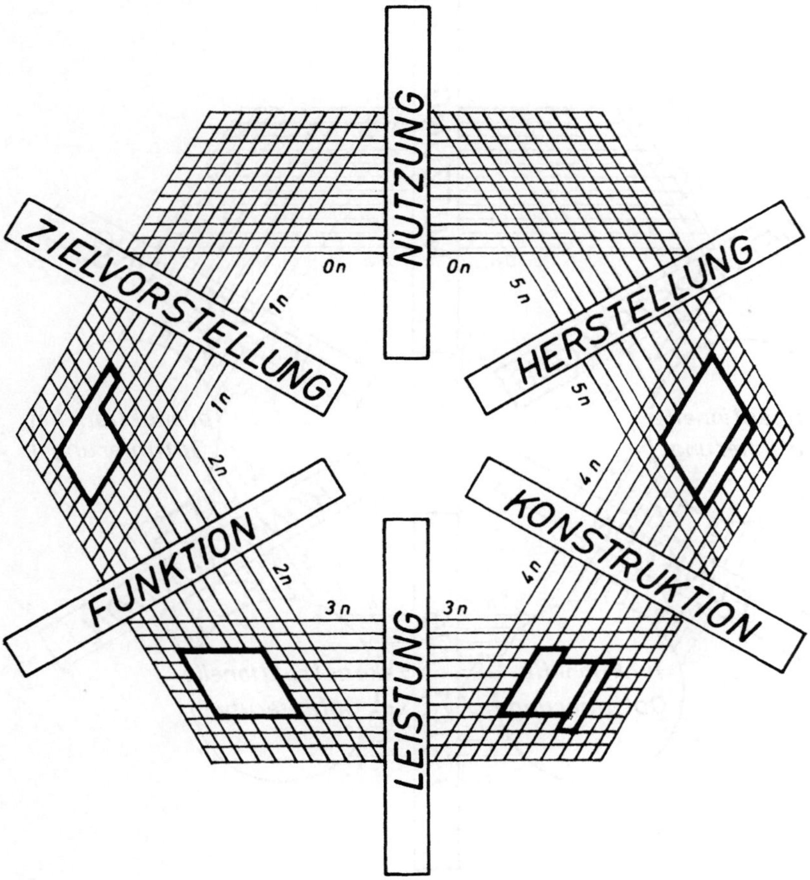

Abb. 2: Vorweggenommene Entscheidungen in der Datenstruktur

1.1213 Optimierungsfelder als Überschneidung von Datenlisten (Abb. 3)

Durch die Einschränkung der Optimierungsfelder zwischen jeweils zwei Teilbereiche, läßt sich an diesem Modell die Optimierung von Entscheidungsvorbereitungen als Verknüpfung von je 2 Datenlisten darstellen.

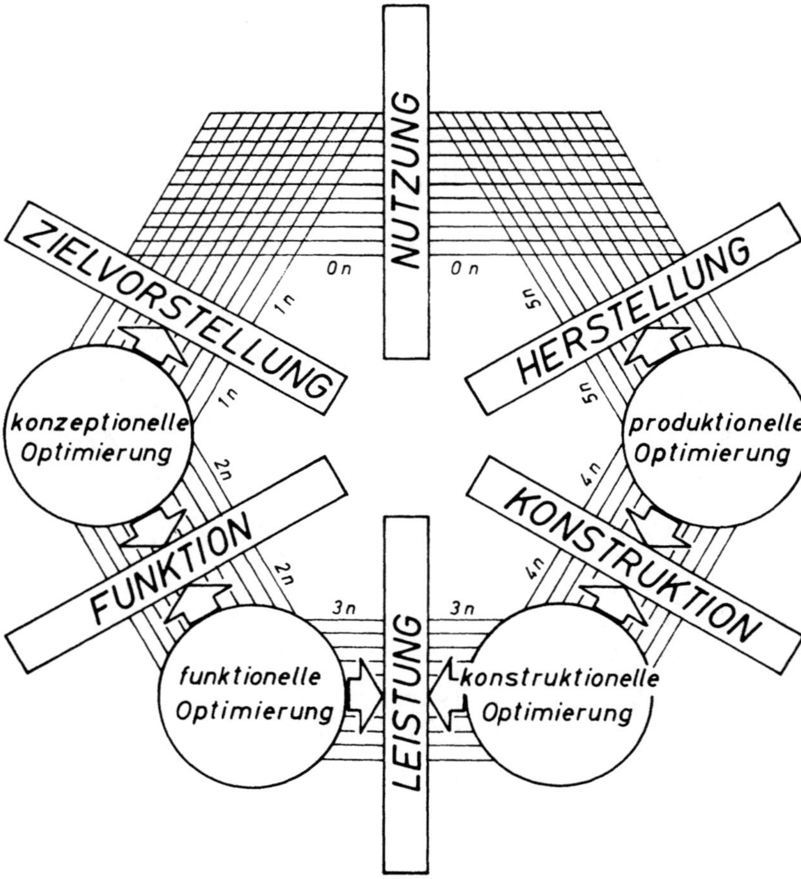

Abb. 3: Optimierungsfelder als Überschneidung von Datenlisten

1.2 Das System

1.21 Grundsätzliches

Für die Erfassung des komplexen Systems "Planungs- und Bauprozeß" ist die isolierte Betrachtung einzelner Teilprozesse, wie sie folgend in diesem Buch zur übersichtlichen Darstellung aufgereiht werden (Ablaufphasen), völlig unzureichend. Um die Abhängigkeiten der einzelnen Teilprozesse besser zu erhellen, seien einige allgemeine systemtechnische Betrachtungen über den Planungs- und Bauprozeß vorangestellt.

1.22 Der Planungs- und Bauprozeß als kybernetischer Regelkreis

Der Planungs- und Bauprozeß kann wie alle Prozesse mit Rückkopplung als kybernetischer Regelkreis beschrieben werden. Dieser Prozeß der Regelung und Anpassung zerfällt in einen bloßen Führungs- bzw. Steuerungsvorgang, sobald die Rückkopplungsmechanismen (Kontrollen, Informationsströme) ganz wegfallen bzw. zu schwach werden.

Im Planungs- und Bauprozeß als Kombination von abhängigen Teilprozessen können nun die Rückkopplungsmechanismen grundsätzlich zwischen den verschiedensten Teilprozessen wirksam werden. Dabei kann festgehalten werden, daß die Bedeutung der Rückkopplung mit dem Umfang des zurückgelegten Entscheidungsbereiches überproportional steigt.

Im Planungs- und Bauprozeß ist der wesentliche Rückkopplungsmechanismus durch die Erforschung des Verhaltens des Bauwerks gegeben, wie es die geforderte Zielsetzung in der gegebenen Umwelt erfüllt.

Bei Bauwerken mit langer Nutzungsdauer und hohen Investitionssummen (Bauwerke der Infrastruktur, wie Verkehrsbauten, Kanalisation, Energieversorgung usw.) ist es unumgänglich notwendig, bei Bauwerken mit mittlerer Nutzungsdauer ist es empfehlenswert, Rückkopplungsmechanismen bereits in den Planungsprozeß einzubauen, um allfällige Fehlannahmen schon vor der Ausführung abzufangen, noch bevor sie durch Leerläufe, Schäden u.a.m. Kosten verursachen.

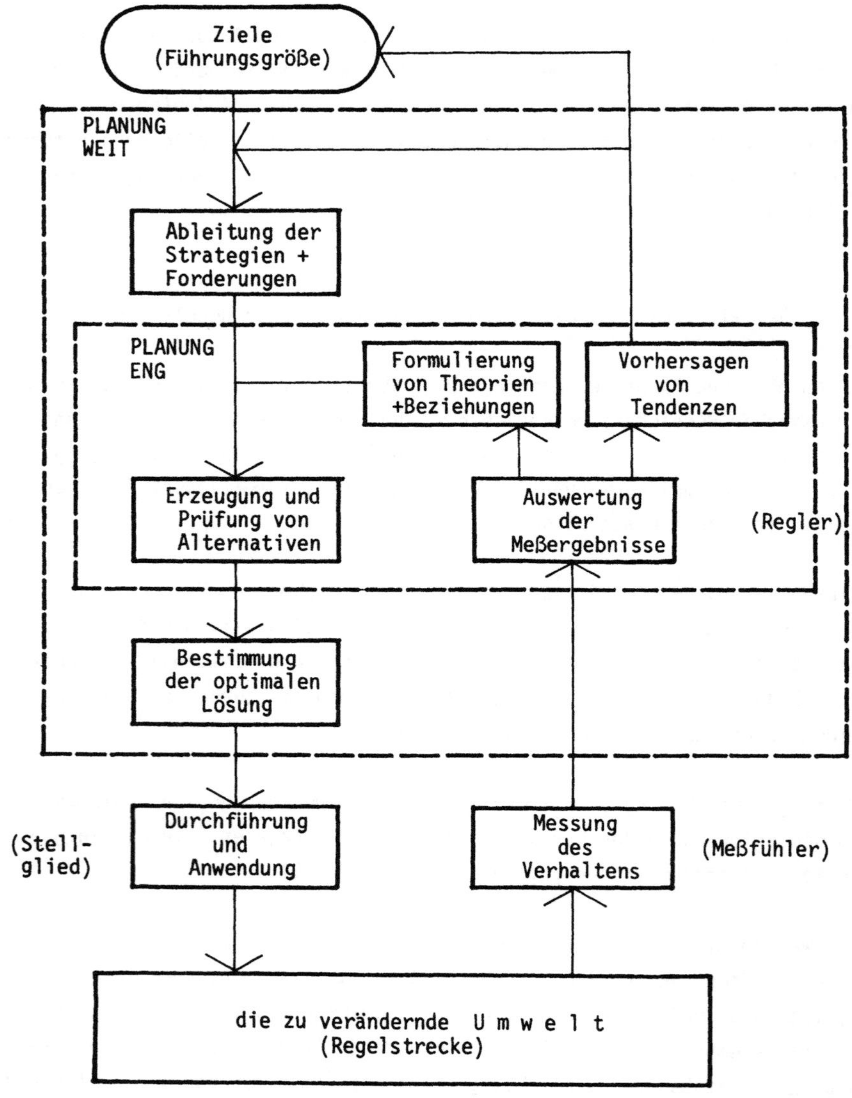

Abb. 4 : Der Planungsprozeß als Regler im Umwelt verändernden Prozeß des Baugeschehens

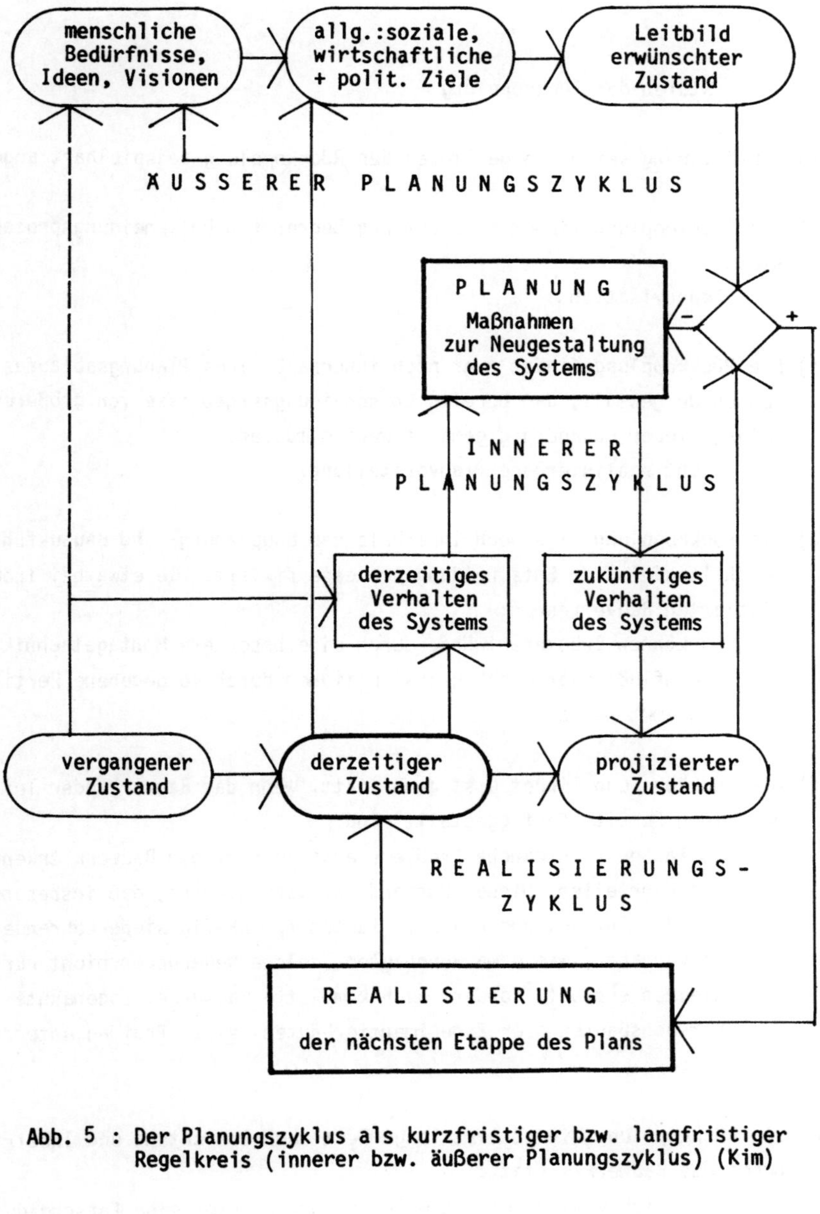

Abb. 5 : Der Planungszyklus als kurzfristiger bzw. langfristiger Regelkreis (innerer bzw. äußerer Planungszyklus) (Kim)

Daß diese Kontrollbereiche erfolgreich wirken können, wird ausschließlich durch die vollständige Beherrschung der oben genannten Rückkopplungsmechanismen gewährleistet. Auch bei einfachen, analytischen Entscheidungsmodellen kann durch die Art der Zielsetzung die richtige Weichenstellung vorgenommen werden.

1.23 Stufen der Rückkopplung

Zur Erläuterung seien einige Stufen der Rückkopplung beispielhaft angeführt.

a) Die Rückkopplung findet in einem eng begrenzten Entscheidungsprozeß statt:
   Improvisation.

b) Die Rückkopplung findet zwar noch innerhalb eines Planungsablaufes statt, jedoch dergestalt, daß bereits Entscheidungsergebnisse von größerem Umfang wieder rückgängig gemacht werden müssen:
   Nicht realisierbare Planvorstellung.

c) Die Rückkopplung wird noch innerhalb der Bauplanung- und Bauausführung durch langfristige Entscheidungsprozesse fixiert: wie etwa bei industrialisierten Bauverfahren:
   Es können Brückenentwürfe durch eine besondere Montagetechnik beeinflußt oder Hochbaukonstruktionen durch vorgegebene Fertigteile bestimmt werden.

d) Die Rückkopplung findet erst dann statt, wenn das Bauwerk oder Teile desselben bereits fertiggestellt sind:
   Es lassen sich manche Probleme erst am fertigen Bauwerk erkennen und beurteilen. Dieser Umstand hat dazu geführt, daß insbesonders bei der Entwicklung neuer Varianten für häufig wiederkehrende Bauvorhaben, wie etwa Wohnbauten, solche Neuerungen nicht nur im Kleinen erprobt, sondern auch komplette Bauwerke, sogenannte Versuchsbauten oder Experimentierbauten, einer Prüfung unterzogen werden.

e) Die Rückkopplung findet erst lange Zeit nach Errichtung und Inbetriebnahme des Bauwerkes statt:
   Wenn sich etwa zeigt, zu welchen Konsequenzen eine Entscheidung

im engeren Bereich des Bauwerkes (wie etwa die Anordnung von Räumen innerhalb der Wohnung auf das Verhalten der Benutzer) führt.

f) Die Rückkopplung findet in einem langen Zeitraum als bewußtseinsverändernde Einwirkung auf den Menschen statt:

Umweltprobleme; Gewässerverschmutzung, Luftverunreinigung, Lärmbelästigung

Raumordnungsprobleme: Zersiedelung, Chaos der Großstädte etc.

1.3 Die Prozeßphasen

Jedes menschliche rationelle Handeln, bewußt oder unbewußt führt über die grundsätzlichen fünf Prozeßphasen (Abb. 6).

Die Phasen können:

1) in Zyklen aufeinanderfolgen:

Dabei liefert die Kontrolle der vorausgehenden Tätigkeiten die Grundlage für die Planung der nächstfolgenden. Dies ist eine wesentliche Voraussetzung für die Ausbildung von Regelkreisen und das Erkennen der Entscheidungsträger an wiederkehrenden Problemen.

2) in verschiedener Weise gegliedert werden:

Die Schwierigkeit einer eindeutigen Abgrenzung zwischen den einzelnen Hauptphasen kommt auch in der Vielfalt verschiedener Schemata für die Gliederung des Planungs- und Bauprozesses zum Ausdruck.

3) gleichermaßen intensiv bearbeitet oder auch bewußt gar nicht vollzogen werden:

Viele einfache aber auch komplizierte Tätigkeiten werden "planlos", d.h. ohne Betrachtung von Voraussetzungen und Folgen verrichtet. Selten wird der Regelkreis durch eine bewußt vollzogene Kontrolle geschlossen.

4) jeweils von verschiedenen Personen des Baugeschehens verrichtet werden:

Die unterschiedlichen Anforderungen an diese Hauptphasen implizieren auch die einzelnen unterschiedlichen Berufstypen vom planenden Ingenieur über den ausführenden Unternehmer bis zum Arbeiter.

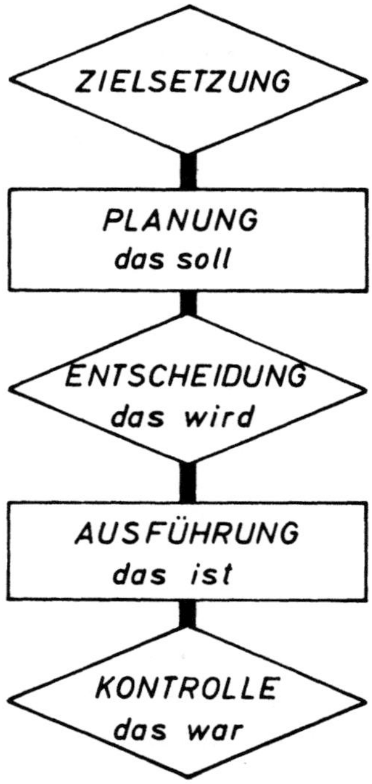

Abb. 6: Prozeßphasen

1.4 Die Prozeßstufen

Innerhalb jedes Planungs- und Bauprozesses lassen sich einzelne Prozeßstufen erkennen, die in Abb. 7 als Flußdiagramm beispielhaft dargestellt sind.

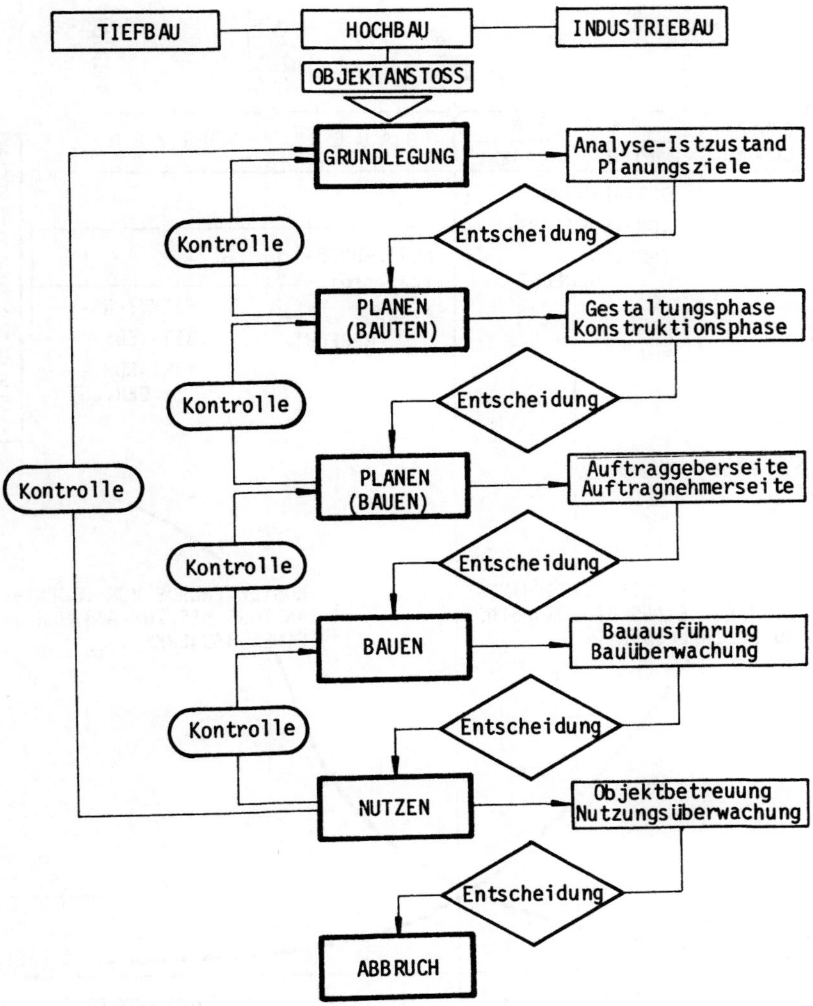

Abb. 7: Prozeßstufen (Pfarr)

Das Organigramm der Prozeßstufen (Abb. 7) ist in weiterer Folge durch kosten- und wertbezogene Denkansätze zu erweitern, welche die Basis jeglicher Kosten-Nutzenanalyse bilden (Abb. 8). Der kumulative Kostenverlauf zeigt, daß sich der progressive Kostenanstieg mit der Bauphase einstellt und ab diesem Zeitpunkt nur geringfügig beeinflußbar ist. Demzufolge wird die größte Effizienz der Kostenbeeinflussung in den vorgelagerten Phasen wirksam. Diese Phasen bilden auch den entscheidenden Einsatzbereich quantitativer Methoden.

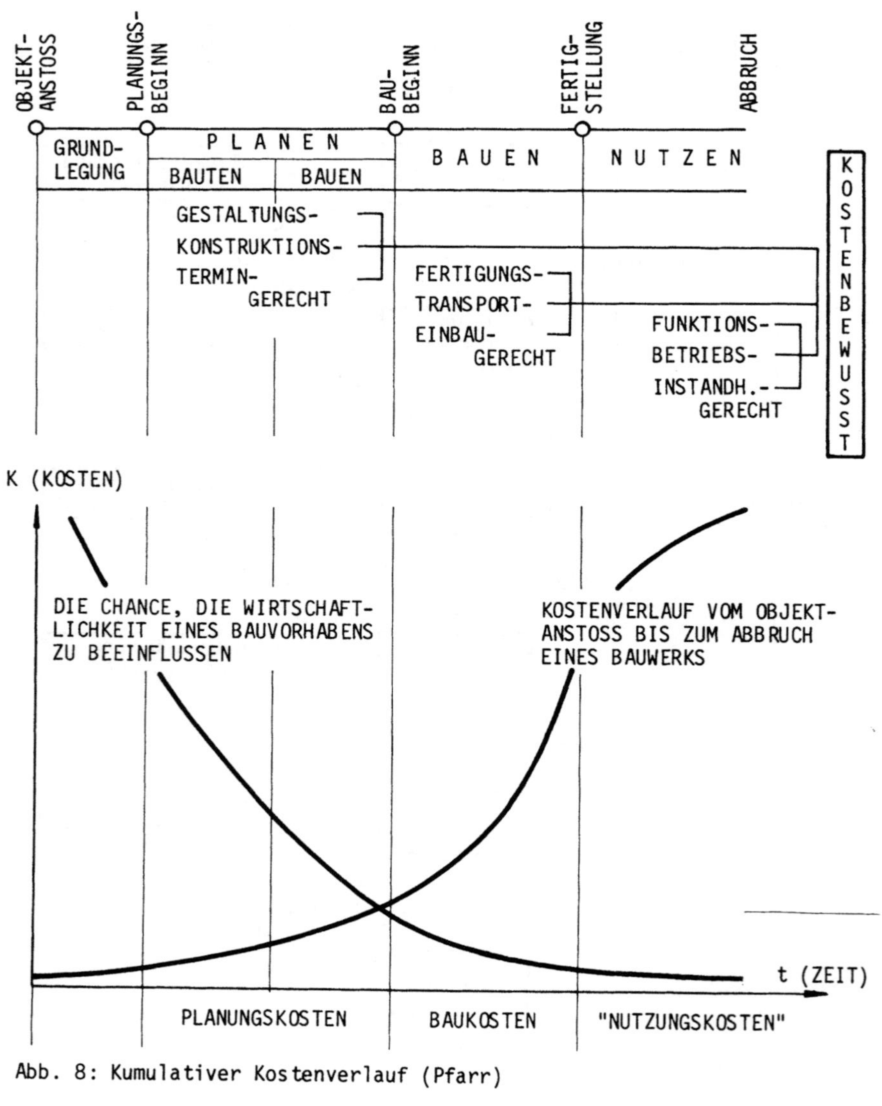

Abb. 8: Kumulativer Kostenverlauf (Pfarr)

1.5 Die Planungsphase

Bedingt durch die zunehmend zwingende Bedeutung der Planung im Industrialisierungsprozeß und dem Einsatz quantitativer Methoden, wird im folgenden näher auf diese Problematik eingegangen.

Die Aufgabe der quantitativen Methoden ist es, die Grundlagen für quantitativ optimale entscheidungsorientierte Planungen zu liefern.

1.51 Begriff - Planung

Wie sehr auf diesem Gebiet eine Klärung der Begriffe notwendig ist, zeigt das aus anderen Wissensgebieten übernommene und heute übliche und gängige Wort "Planung". So tritt etwa der Architekt, der heute wie früher entwirft, mit dem Anspruch, sich Planer zu nennen, auf. Was aber ist Planung und was ist Entwurf?

Es liegt nahe, eine Definition auf jenen Gebieten zu suchen, die vornehmlich mit diesem Begriff operieren. Dabei muß festgestellt werden, daß auch auf dem Gebiet der Betriebs- und Volkswirtschaft bezüglich des Planungsbegriffes Unklarheit herrscht, weil die einzelnen Autoren den Begriffsinhalt verschieden interpretieren und den Begriffsumfang nicht einheitlich festlegen.

Immerhin kann man trotz unterschiedlicher Auffassungen festhalten, daß Planung als System beabsichtigter künftiger Handlungen verstanden wird. Während ein Entwurf etwas objektorientiert darlegt, ist die Planung prozeßorientiert. Es geht in der Planung um die Typisierung von Prozessen. Der objektbezogene Entwurf ist der letzte Teil des Planungsprozesses, sofern es sich um die Errichtung baulicher Anlagen handelt.

1.52 Begriff - Entscheidung

Um Entscheidungen treffen zu können, bedarf es der Schaffung von Entscheidungsgrundlagen. Diese Grundlagen lassen sich im allgemeinen aus mehreren Alternativen ableiten. Die Entscheidung ist die Wahl einer aus zwei oder mehreren wählbaren Alternativen, wobei das Unterlassen zur Menge der Möglichkeiten gehört.

Grundsätzlich wird jede Entscheidung durch den Menschen in seiner Entscheidungsfreiheit getroffen. Bedingt durch viele Entwicklungen muß heute jedoch immer mehr auf unterstützende Methoden zurückgegriffen werden (Entscheidungsvorbereitung).

Allgemein sind unter anderem folgende Gruppen quantitativer Methoden, Entscheidungen zu finden, bekannt:

1. Wertanalyse

   durch Analyse und Einengung der Menge vorher konzipierter Varianten der Gesamtlösung mit Bewertungsmodellen
   ("analytische Entscheidung").

2. Optimierung

   durch stufenweise Synthese der Komponenten der Lösung mit Optimierungsmodellen
   ("synthetische Entscheidung").

Die analytische Weise führt schneller und leichter zum "optimalen" Ergebnis, indem man in der Regel die Analyse über mehrere Stufen hinweg durchführt und eine Einbuße an Objektivität dabei stillschweigend in Kauf nimmt. Man bedient sich ihrer, wenn die Aufstellung von Optimierungsmodellen nicht möglich ist - sei es wegen der Komplexität des Problems, sei es aus Zeitmangel, sei es wegen der Knappheit der Planungsmittel, sei es wegen mangelnder Kenntnisse der Planer - , und versucht, ein möglichst weites Angebot von Lösungsvariablen zu entwickeln.

Diese Varianten werden sowohl für das Gesamtsystem, wie für einzelne Teile entwickelt. Die analytischen Methoden werden heute vorwiegend für den Bereich "P l a n u n g d e r B a u t e n" angewendet, wo es um die Bestimmung des Bauwerkes und seiner Teile geht.

Diese Verfahren ermöglichen es, unter gleichbleibender Gesamt- und Teilfunktion, den Nutzen des Bauwerks zu maximieren. Dieser Teil wird auch als "statischer" Problembereich bezeichnet, weil alle Teilentscheidungen sich auf den fertigen Zustand des Bauwerkes beziehen.

Die synthetische Weise bedingt ein langwieriges Vorgehen von Stufe zu Stufe, mit häufigen Rückkopplungen zur Kontrolle der bei der Zerlegung des Gesamten getroffenen Vereinfachungen; sie erfordert mathematische Modelle oder

Algorithmen und setzt die Kenntnis der relevanten Daten und Regeln voraus. In wesentlichen Bereichen der Bauplanung - nämlich den menschlichen Bereichen - fehlen diese Kenntnisse, sodaß es nur in eng abgegrenzten Entscheidungsbereichen gelingt, Lösungen synthetisch zu erarbeiten.

Die synthetischen Methoden werden heute vorwiegend für den Bereich "Planung des Bauens" angewendet, wo es um die Herstellung des Bauwerks und seiner Teile geht.

Mit diesen Methoden wird danach getrachtet, den Einsatz und die Kombination der Produktionsfaktoren (Arbeit, Sonstiges, Gerät) so zu regeln, daß die Kosten für die Herstellung möglichst gering werden, somit die Kosten zu minimieren. Dieser Teil wird auch als "dynamischer Problemkreis" bezeichnet, weil in der Regel die Ergebnisse einer Teilentscheidung die Ausgangsbasis der folgenden Entscheidung sind.

1.6 Die Bauplanung als Entwicklungs- und Entscheidungsprozeß

1.61 Planung der Bauten

1.611 Grundsätzliches

Die Planung der Bauten darf nicht nur als die gedankliche Vorwegnahme eines Bauwerkes gesehen werden. Sie muß, um zur vollen Wirksamkeit zu gelangen, schon lange vor dem Zeitpunkt des Baubeschlusses einsetzen. Jeder Baubeschluß ist bereits die Verwirklichung eines ersten Planungszieles. Wo setzt also nun die Bauplanung wirklich ein?

Bisher beruhten Theorie und Praxis weitestgehend auf der Annahme, daß neue Bauwerke geeignet seien, auftretende Probleme zu lösen. Das heißt: die Antwort auf sich verändernde Problemstellungen bestand immer in einem Entwurf.

Der Architekt übernahm mehr oder weniger unreflektiert das gestellte Programm und setzte es in ein Objekt um.

Es liegt die Hypothese nahe, daß diese Reduktion des Planungsprozesses zu jener Misere beigetragen hat, die wir allenthalben in der gebauten Umwelt feststellen können.

Für den Planer dagegen ist die Errichtung von Bauwerken nur eine der möglichen Handlungsaktionen, um einer bestimmten Bedarfsdeckung genüge zu tun.

An sich lassen sich Vorgänge, die eine Bedarfsdeckung bewirken sollen, immer auf ein einheitliches System zurückführen. Die Änderung der Bevölkerungsstruktur und Entwicklung, Veränderungen bei Konsumenten und Märkten (Verbraucherschichten, Einkommensklassen, Lebens-, Konsum- und Kaufgewohnheiten), die Entwicklung in Industrie und Handel, die allgemeine Wirtschaftsentwicklung (Sozialprodukt, Beschäftigung, Arbeitsmarkt, Produktivitätssteigerung, Lebenshaltungskosten) schließlich auch die politische und soziale Entwicklung führen zu Umstellungen, Umschichtungen, zu "Störungen", und so auch zu M a n g e l an

Wohnungen
Schulen
Straßen
gesunden Umweltbedingungen
usw.

Die daraus resultierende

Wohnungs-"Misere"
Bildungs-"Misere"
Verkehrs-"Misere"
Umwelt-"Misere"
usw.

wird in den wenigsten Fällen durch den Bau von Objekten allein zu lösen sein. Immer lassen sich bestimmte Entscheidungsbäume aufstellen, von denen ein "Ast" sich mit dem B a u e n befaßt (vgl. Abb. 9 nach Pfarr). Die Endprodukte dieser Äste stellen für uns die eigentlichen Betrachtungsobjekte dar.

Das Ziel der Bauplanung ist nun umfassend betrachtet, das Aufzeigen der Problemlösung zur Beseitigung solcher "Störungen".

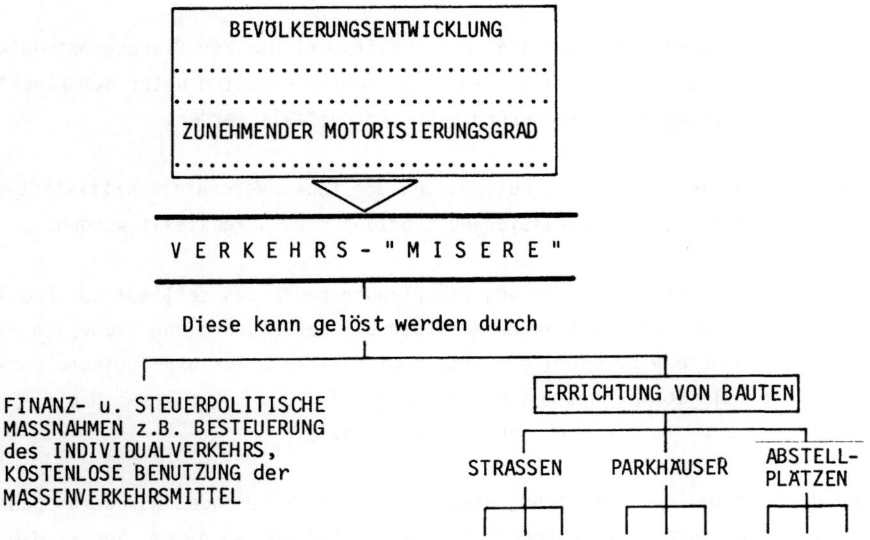

Abb. 9: Entscheidungsbaum (Pfarr)

Asimov bezeichnet "Probleme als Fragen, die wir stellen müssen, wenn wir überlegen, wie vorhandene Störungen aufzuheben sind". Wenn diese Hypothese richtig ist, kann das Problem nicht formuliert werden, ehe nicht Störungen im vorhandenen Zustand aufgedeckt sind.

Zum anderen können diese Störungen nicht beschrieben werden, ehe nicht Ziele als Ausdruck subjektiver Wertsysteme definiert sind. Es geht also zuerst um die Aushandlung der Zielsetzungen und danach um die Formulierung der Probleme.

Je umfassender die Zielsetzungen sind, umso größer ist die Möglichkeit der Aufdeckung der Störungen. Werden gewisse Zielsetzungen nicht gestellt, können bestimmte Probleme und die dabei erkannten Störungen nicht erkannt werden, wobei einseitige Zielsetzungen nur einseitige Problemlösungen ergeben.

1.612 Formalisierung

Joedicke veröffentlicht seit 1969 die Arbeitsberichte zur Planungsmethodik, in denen die Entwicklungsphasen einzelner Seminararbeiten unter dem Aspekt der Formalisierung des Planungsprozesses vorgestellt werden.

Wenngleich diese Grundsatzformulierungen Joedickes vereinzelt kritisiert werden, so soll seine Formalisierung trotzdem kurz dargestellt werden.

Die Frage nach der Formalisierung des Planungsprozesses schließt das Problem der Anwendung wissenschaftlicher Methoden bei der Planung von Bauwerken mit ein. Insbesondere wird dabei geklärt, inwieweit kreative und logische Vorgänge innerhalb von Entwicklungs- und Entscheidungsverfahren abgrenzbar sind.

Es kann sich bei der Einführung wissenschaftlicher Methoden nur darum handeln, zu klären, wo derartige Methoden angemessen sind und wo nicht. So hat die Formalisierung des Planungsprozesses ein für manche überraschendes Ergebnis. Durch die Untersuchung des der wissenschaftlichen Methodik Zugänglichen und Unzugänglichen und ihrer wechselseitigen Relation wird der Bereich der Kreativität aus einer nebulosen, und durch häufige Anwendung auf unzutreffende Bereiche diskreditierten Größe, zu einer realen und notwendigen Dimension.

Während das Entwicklungsverfahren weitestgehend als kreative Phase des Planungsprozesses bleibt, hat der Einsatz wissenschaftlicher Methoden der Erarbeitung von Entscheidungsgrundlagen zu dienen.

Im allgemeinen Sinn kann man dabei zwischen den bereits angeführten Vorgängen der Analyse und Synthese differenzieren.

In der Psychologie gibt es verschiedene Deutungen für den Ablauf derartiger Prozesse. Im allgemeinen spricht man von Definieren, Suchen, Werten und Auswählen. Diese Einteilungen sind vage und wenig praktikabel. Jedoch sind alle Autoren einig, daß es sich bei diesen Vorgängen um Prozesse handelt, die in Stufen abzulaufen haben. Der Stufenprozeß gilt deshalb als der allgemeine Rahmen des Planungsprozesses.

Die Behandlung eines Gesamtproblems ergibt sich aus den allgemeinen Regeln des Problemlösens. Dabei werden komplexe Aufgaben in Teile zerlegt, die überschaubar sind und deren partielle Lösungen sich zu einer Gesamtlösung zusammenfassen lassen, wobei die Summe der Teillösungen nicht immer mit der Gesamtlösung ident ist. Die Teilprobleme müssen so eingegrenzt werden, daß sie für einen Lösungsversuch praktikabel sind.

Zum anderen folgt dieses Prinzip den Regeln der Entscheidungstheorie. Gesamtentscheidungen werden übersichtlicher und können leichter vorgenommen werden, wenn sie in kleinere Entscheidungsschritte aufgelöst werden.

Während für den Bereich der Analyse und Synthese bereits heute eine Reihe von Methoden vorliegt, gilt das nur zum Teil für den kreativen Bereich. Der kreative Bereich entzieht sich oftmals bewußt oder unbewußt der Systematisierung.

Durch die Formalisierung des Planungsprozesses wird zugleich der kreative Bereich zu einer abgegrenzten und beschreibbaren Dimension.

1.613 Schritte

Die P r o b l e m a n a l y s e ist der erste Schritt des Planungsprozesses. Die erste Phase innerhalb der Problemanalyse gilt der Thematisierung des Problems und der Aufstellung von Zielen. Die zweite Phase ist die Analyse vorhandener Istzustände zum Zwecke der Entwicklung von Teilmodellen. Aufgrund dieser Analyse ist eine Systematisierung des Problembereiches möglich.

Die dritte Phase umfaßt die Aufstellung von Teilmodellen, welche die Beziehungen zwischen allen relevanten Fakten darstellen. Derartige Teilmodelle dienen der Ermittlung der optimalen Sollwerte.

Der zweite Schritt des Planungsprozesses kann als a l l g e m e i n e L ö s u n g s s t u f e bezeichnet werden. Innerhalb dieser Lösungsstufe sind alternative Aktionsprogramme zu entwickeln. Alternative Aktionsprogramme sind Modelle zur Lösung festgestellter Störungen. So könnte zum Beispiel das Problem Parken im innerstädtischen Verkehr (siehe Abb. 9) durch folgende Aktionsprogramme behoben werden: Bau noch größerer Parkhäuser, Einführung einer Steuer für innerstädtischen Individualverkehr, Ausbau der Massenverkehrsmittel und kostenlose Benutzung etc.

Sämtliche Alternativprogramme sind als Entwürfe innerhalb des Planungsvorganges zu sehen. Die Verwirklichung einer Lösung bedingt eine Auswahl im Hinblick auf die am Anfang aufgestellten Ziele, auf die Präferenzen und Kriterien der Entscheidungsträger und auf die mutmaßlichen Konsequenzen der entwickelten Lösungen.

Aufgrund der Bewertung einzelner alternativer Aktionsprogramme ist jenes Programm zu ermitteln, das geeignet ist, die aufgetretenen Störungen am besten zu beheben. Die Verwirklichung dieses Programms ist die Arbeit des nun einsetzenden dritten Schrittes, der Lösungsstufe im Realisationsbereich.

1.62 Planung des Bauens

Die integrierte Planung und somit die Rückwirkung der Planung der Bauten auf die Planung des Bauens gewinnt zunehmend an Bedeutung. Die einzig mögliche Alternative, länger (und gründlicher) planen, aber kürzer (und wirtschaftlicher) bauen, gewinnt immer mehr an Bedeutung.

Die Ursachen dieser Entwicklung liegen im tiefschürfenden Strukturwandel innerhalb der Unternehmungen der Bauwirtschaft. Mußte doch dieser Wirtschaftszweig, gezwungen von der immer steigenden Forderung nach Leistungserhöhung und vom Phänomen des technischen Fortschritts, sein oft hervorgehobenes Primat der Elastizität der Baubetriebe aufgeben. Eine Elastizität, die sich dadurch auszeichnete, daß einerseits die menschliche Arbeitskraft im Bereiche des Bauens vorherrschend war, andererseits aber auch viele Teilgebiete des Bauwesens von jeder Bauunternehmung wahrgenommen werden konnten (Hochbau, Straßenbau, Tiefbau, usw.). Dies war eben dadurch möglich, daß das damalige Heer von Bauarbeitern leichter zu disponieren war und sich stets den Ausführungsgegebenheiten angleichen konnte. Es war die Möglichkeit der intensitätsmäßigen, der zeitlichen, der quantitativen und der selektiven Anpassung stets gegeben, womit ein weiterer Faktor der Elastizität der Baubetriebe vorhanden war.

Das Risiko der Leerkosten war ungleich geringer und somit die Sorge der Kapazitätsauslastung und des Beschäftigungsgrades, wie sie heute als wahres Damoklesschwert in Erscheinung tritt, kaum vorhanden. Der Ruf nach Erhöhung der Produktivität, die Substitution der Menschen durch Maschinen, bedingt einen Investitionsstrom, dessen Reinvestition nur durch eine ernste globale

Unternehmensplanung gesichert erscheint. Diesem Ziel näherzukommen, bedarf es weitgreifender und wohl bedachter bauökonomischer Planung, einer Tätigkeit, die nicht allein im Bereich der Bauausführenden zu geschehen hat, sondern in verstärktem Maße auch im makroökonomischen Bereich einzusetzen ist.

Die bauvorbereitenden Entscheidungen fallen auf den drei Ebenen:

auf der Regierungsebene: Koordinierung
auf der Bauherrenebene: Auftragserteilung
auf der Unternehmerebene: Bauausführung

Etwas ausführlicher dargestellt ergibt sich folgendes Schema:

- Bundesregierung, Ministerien, Landesregierungen, Beirat für Bauwirtschaft, Normenausschüsse, Stadtbauamtsdirektionen.

- Bund, Länder, Gemeinden, Wohnbaugenossenschaften, Energiewirtschaft, Privatwirtschaft.

- Bauindustrie, Baugewerbe, Ausbaugewerbe, Bauhilfsgewerbe und Zubringer.

Die wesentlichen Entscheidungen der Bauvorbereitung fallen der Auftraggeberseite zu. Hängt doch die Vergabe von ca. 80 % des Bauvolumens in irgendeiner Form vom größten Auftraggeber, der "Öffentlichen Hand" ab. Durch diese Tatsache erhält die bauwirtschaftliche Planung ihre Impulse und Prämissen größtenteils auf Regierungsebene im Bund, in Ländern und Gemeinden. Diese Abhängigkeit wirkt sich unter anderem auch dahingehend aus, als die jährliche Budgetverabschiedung für die Bauindustrie einer spannungsgeladenen Handlung gleicht. Das heißt, daß man in der Bauindustrie nach Vorliegen der Budgetansätze für das nächstjährige Bauvolumen bereits froh ist, zu wissen, daß die Beträge, welche der größte Auftraggeber für Bauvorhaben zukünftig ausgeben will, nicht geschmälert bzw. vielleicht sogar erhöht wurden. Das dadurch erzwungene kurzfristige Planen (eben über ein Jahr) wirkt sich im gesamten Unternehmensbereich, besonders aber auf dem Investitionssektor störend aus. Es wird jedwede längerfristige Planung erschwert bzw. unmöglich gemacht. Was dies für die Bauindustrie bedeutet, mag unschwer abzuleiten sein, wenn Bilanzen von Bauunternehmungen näher unter die Lupe genommen werden. Der Fremdkapitalanteil zeigt sich als beängstigend hoch, was darauf zurückzuführen ist, daß einerseits der Auftragnehmer zum Finanzier gestempelt wird, andererseits gezwungen wird, Kapazitäten zu schaffen und bereitzuhalten, die oft nur zum Teil einen befriedigenden Beschäftigungsgrad aufweisen. Voraussetzung für einen rationellen Einsatz von Kapazitäten wäre eine gleichmäßige Beschäftigung mit langfristigen Aufträgen. Eine diskontinuierliche Auslastung muß unter allen Umständen vermieden werden, bringt sie doch enorme Ansätze auf Seite der einmaligen Kosten, welche mit ihrem Fixkostencharakter die einzelne Teilleistung überproportional belasten.

Die Bauunternehmungen sind durch die bestehende Kapitalintensität krisenanfälliger geworden; die Mittel zur Abwehr allfälliger Rückschläge liegen nicht mehr ausschließlich auf Unternehmungsebene. In keinem Fall darf aber die Bauwirtschaft zum Experimentierfeld für konjunktursteuernde Maßnahmen werden.

Der ständige Wechsel zwischen Nachfrageüberschuß und Angebotsüberhang stellt ein Zentralproblem der Bauwirtschaft dar, das auf den technischen Fortschritt hemmend einwirkt und daraus abgeleitet - die Baupreise steigen läßt.

In der freien sozialen Marktwirtschaft muß die makroökonomische Planung in allen Stufen der Wirtschaftspolitik und des Wirtschaftsvollzuges das ihre dazu beizutragen haben, um gesamtwirtschaftlich betrachtet ein optimales "Wirtschaften" zu gewährleisten.

Aber auch auf der Seite der Unternehmungen des Baugewerbes und der Bauindustrie wurde mit zunehmender Kapitalintensität der Zwang zur vertieften Organisationsplanung spürbar und ein neues, lebenswichtiges Arbeitsgebiet, das sich von der untersten Produktionsebene bis ins Top-Management durchzieht, eröffnet. (Wenngleich früher die Abstimmung Mensch - Maschine im Vordergrund stand, so tritt heute die optimale Angleichung Maschine - Maschine in den Blickpunkt. In vielen Sparten beherrscht das eingesetzte Baugerät das Bild der Baustelle, der Produktionsstätte im Bauwesen).

Alle diese Funktionen bedürfen, um ein gestelltes Unternehmensziel zu erreichen, eines geregelten Ablaufes in allen Phasen der Unternehmung. Darin sieht die Unternehmensplanung ihren Aufgabenbereich, der durch eine i n t e g r i e r t e Planung gekennzeichnet ist.

Der Führungsstab eines Unternehmens hat nicht nur zu verwalten, sondern muß fortgesetzt neu gestalten und ständig nach bestem Wirkungsgrad und größter Produktivität streben.

Planung, aber auch Improvisation, finden als Entscheidungsmethoden in den Bauunternehmungen parallel Anwendung. Keine der beiden Methoden wird allein isoliert vorzufinden sein, weder reinstes Planen noch nervöses Improvisieren. Nur das quantitative Verhältnis zwischen Planung und Improvisieren wurde im Laufe der Zeit einer Veränderung unterzogen, die unter anderem im direkten Zusammenhang zum Anwachsen der Kapitalintensität innerhalb der Bauunternehmungen steht.

Der volkswirtschaftliche Rationalisierungseffekt wird dann wirksam werden, wenn die Bauvorbereitung (Bereitstellungsplanung und Ablaufplanung) sowohl von Auftraggeberseite und Auftragnehmerseite mit Nachdruck verfolgt wird.

Die Entwicklung der Technik hat im Bauwesen zweifellos erhebliche Fortschritte gemacht, aber diese Fortschritte bringen im weiten Maße Arbeitsteilung. Diese drückt sich nicht nur in der großen Zahl derjenigen aus, die sich die Funktion des Produzenten teilen und jeweils für sich Teile dieser Funktion ausüben. Sie tritt auch in einer zunehmenden Zahl von Gütevorschriften, Prüfungen und sonstigen Verfahrensanforderungen in Erscheinung. Das bringt die Gefahr mit sich, daß die Fachsparten sich unabhängig voneinander entwickeln, daß jeder nur seine eigene Sparte sieht und daß die Einheit der Werksleistung - Bau - aus dem Gesichtsfeld des Einzelnen verlorengeht. Wenn man die Fortschritte der Technik in ihren Möglichkeiten voll ausnutzen will, so muß die Einheit der Aufgabe "Bauen" wiederhergestellt werden. Dies kann aber nicht dadurch geschehen, daß die vorgenannte Arbeitsteilung rückgängig gemacht werden würde, vielmehr muß das arbeitsteilige Baugeschehen durch bestmögliche Planung und Organisation optimal gestaltet werden. Eine Planung, die von einer für das Bauvorhaben zentralen Stelle getätigt werden muß. Mit einer solchen Planungsinstanz wird die Einheit der Aufgabe "Bauen" bei aller Arbeitsteilung doch auf dispositiver Ebene wiederhergestellt.

Die Realisierung von Planvorstellungen liegt fast ausschließlich bei den Bereichsleitungen, womit zum Ausdruck gebracht werden soll, daß ein erfolgreicher Verlauf von Planung - Ausführung - Kontrolle nur dadurch gesichert erscheint, wenn die einzelnen Bereichsverantwortlichen in die Gesamtplanung integriert werden, aktiv mitarbeiten und von der Wichtigkeit ihrer Tätigkeit im Gesamtkomplex "Planung" überzeugt werden. Denn sie sind es, die für den Wahrheitsgehalt der Kontrolldaten verantwortlich zeichnen und mithin in die Lage versetzt sind, die Planungsarbeit für die Unternehmung gedeihlich zu beeinflussen oder diese zu einer nichtsaussagenden Kostenstelle zu degradieren.

Auch der Einsatz von EDV-Anlagen in der Unternehmensorganisation wird es zukünftig eröffnen, daß mit Hilfe einer Datenbank eine integrierte Unternehmensplanung ermöglicht werden kann. Diese moderne Organisation in Verbindung mit den modernen Methoden der Planung können und werden - richtig eingesetzt - die Effizienz der Bauunternehmungen positiv beeinflussen und somit mithelfen, die Bauvolumina erfolgreich zu bewältigen.

Durch die rasche Entwicklung der betriebs- und bauwirtschaftlichen Planungsmethoden wurden viele Hilfsmittel ausgearbeitet. Es gilt nun, aus dem Angebot diese Methoden herauszufinden, die in einem speziellen Einsatzgebiet erfolgversprechend Anwendung finden können, wobei die Relation Kosten - Nutzen stets zu beachten sein wird. Meist wird eine Modifikation der Methoden vorzunehmen sein, um mit den Problemen der Bauwirtschaft fertig zu werden. In jedem Fall wird aber eine Entscheidungsvorbereitung als Basis echter Planung bessere Erfolge zeitigen, als irgendwelche emotionelle Schätzung. Die Entscheidung selbst muß der Unternehmer aufgrund der von der Planung erarbeiteten Vorbereitung, aber auch seines unternehmerischen Feingefühls selbst treffen.

1.7 Abwicklungsformen

1.71 Allgemeines

Wie bereits einleitend festgestellt, gibt es für die Beschreibung und Gliederung sämtlicher Ablaufphasen des Planungs- und Bauprozesses unzählige Möglichkeiten.

Im Teil B dieses Buches werden die Ablaufphasen einer konventionellen Abwicklungsform detailliert beschrieben. Diese konventionelle Abwicklungsform ist durch eine Trennung in die Ablaufphasen auf der Seite des Auftraggebers bzw. Auftragnehmers gekennzeichnet.

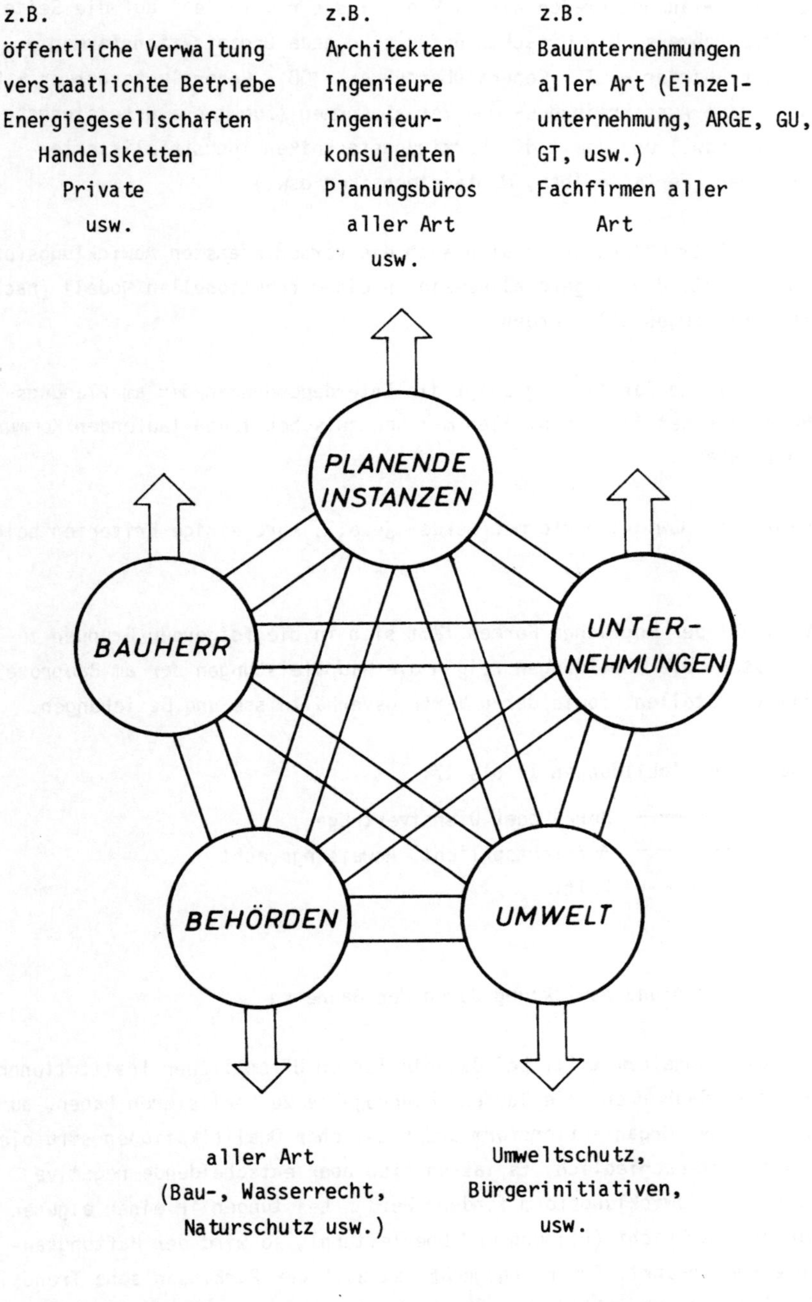

Abb. 10: Am Planungs- und Bauprozeß beteiligte Stellen

Mit zunehmender Industrialisierung verschiebt sich jedoch weitestgehend der gesamte Planungsbereich als " V o l l s e r v i c e " auf die Seite des Auftragnehmers. Die Ursachen dafür sind neue Organisationsformen (Generaltreuhänder - GT - Generalübernehmer - GÜ - Generalunternehmer - GU - usw.), neue Ausschreibungs- und Vergabeformen (funktionale Leistungsbeschreibung usw.) und somit die Fertigungstechniken industrialisierter Bauverfahren (Fertigteilbau, Montagetechniken usw.).

Mit dieser Entwicklung haben sich auch die verschiedensten Abwicklungsformen herausgebildet, die folgend allgemein an einem funktionellen Modell (nach Lederbauer) dargestellt werden.

Die schematische Darstellung zeigt die Interdependenzen der am Planungs- und Bauprozeß beteiligten Stellen mit den zwischen ihnen laufenden Kommunikationsflüssen.

Den einzelnen Abwicklungsformen werden jeweils kurz einige Kriterien beigefügt.

Die Vielzahl der möglichen Formen läßt sich in die folgenden Gruppen zusammenfassen. Die Abbildungen zeigen die Hauptleistungen der am Bauprozeß beteiligten Stellen, sowie deren Vertragsverhältnisse und Beziehungen.

Legende zu den Abbildungen 11 bis 17:

———————— Werk- oder Dienstverträge
-------- Aufsichtspflicht, Anweisungsrecht
.... Kritik.

1.72 Planung und Abwicklung durch den Bauherrn

Diese Abwicklungsform tritt bei Bauabteilungen öffentlicher Institutionen und privater Bauherren, die laufend Bauprojekte zu realisieren haben, auf. Je nach interner Organisationsform und fachlicher Qualifikationen sind die Ergebnisse unterschiedlich. Es lassen sich aber entscheidende negative Punkte dieser Abwicklungsform finden: Werden Leistungen in einer eigenen Bauabteilung erbracht (Planung und Oberleitung), so wird der Haftungsanspruch eingeschränkt. Erfahrungsgemäß ist auch der Parkinson'sche Trend beträchtlich. Durch völlig abgeschlossene interne Bearbeitung kommt es zu einem Verstummen des schöpferischen Dialogs und Verhinderung von Kritik.

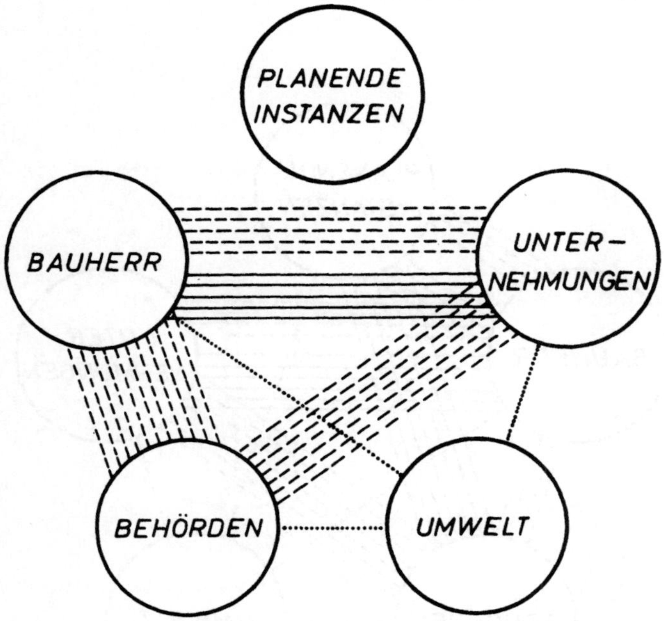

Abb. 11: Planung und Bauabwicklung durch den Bauherrn

Das hierarchische Ordnungsgefüge des Verwaltungsapparates ist nicht sehr anpassungsfähig und entscheidungsfreudig. Planungs- und Bauabwicklungsphase werden durch interne Bestimmungen und eine Vielzahl von Kompetenzen unnötig verlängert. Die technischen Fachplanungen werden in der Regel durch ausführende Firmen erstellt, was zum Teil bedenklich ist. Die Verträge zwischen dem Bauherrn und den ausführenden Unternehmungen sind Werkverträge.

Die Entscheidungsgruppe des Bauherrn muß mehrere Werkverträge mit planenden Instanzen und ausführenden Unternehmungen abschließen. Die Aufsichtspflicht der Arbeitsgruppe erstreckt sich auf ebenso viele Stellen.

1.73 Planung durch den Architekten und Sonderfachleute, Bauabwicklung durch den Bauherrn

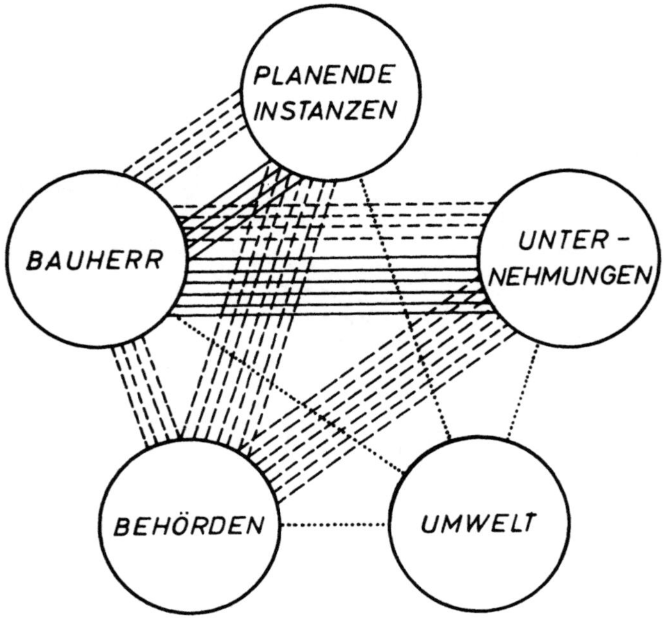

Abb. 12: Planung durch den Architekten und Sonderfachleute, Bauabwicklung durch den Bauherrn

Diese Bauabwicklungsform tritt häufig bei Bauherrn auf, die nicht dauernd Bauaufgaben durchführen, die Planung somit an Fachleute abgeben, die örtliche Bauführung und Oberleitung aber in Eigenregie durchführen.

Die Leistungen "Massenermittlung" und "Aufstellen von Leistungsverzeichnissen" fallen noch in den Leistungsbereich der planenden Instanzen. Der Bauherr muß eine Reihe von Werkverträgen mit planenden Instanzen und Unternehmungen abschließen, deren klare Leistungsabgrenzung schwierig ist.

Der Vertrag zwischen Bauherrn und Architekten, der nur mit der Planung beauftragt wurde, wird nach den Bestimmungen über den Werkvertrag beurteilt.

Das Werk ist nicht allein die Planung, sondern auch das geplante Bauwerk in Form des geschuldeten Architektenwerks. Grundlage für die Ermittlung der Leistungen und Vergütungen ist die GOA (Gebührenordnung für Architekten). Die klare Trennung der Leistungsbereiche der planenden Instanzen ist bedeutsam und erfordert fundierte technische und juridische Kenntnisse. Durch die Übernahme der technischen Oberleitung übernimmt der Bauherr Aufsichtspflichten und damit erhebliche Risiken.

1.74 Planung durch den Architekten und Sonderfachleute, Bauabwicklung durch den Architekten

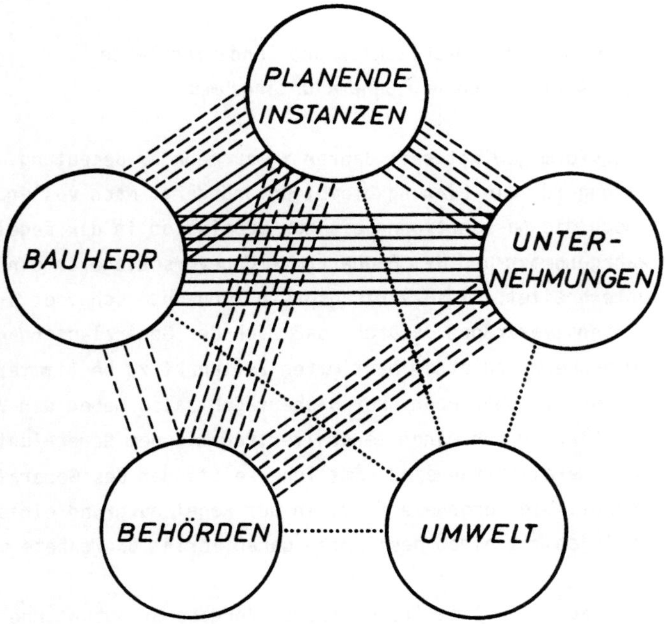

Abb. 13: Planung durch den Architekten und Sonderfachleute, Bauabwicklung durch den Architekten

Die angeführte Abwicklungsform ist bisher noch die häufigste im gesamten Bauwesen.

Bei größeren Bauvorhaben tritt auch der Fall auf, daß zwei oder mehrere Planungsbüros beauftragt werden (z.B. ein Büro für die örtliche Bauleitung). Die Hauptschwierigkeit dabei ist die Koordination der Tätigkeiten aller planenden Instanzen, deren Leistungsabgrenzung und Vertragsgestaltung. Gerade mit der Bauabwicklung wird dem Architekten eine Aufgabe aufgebürdet, deren Bewältigung oftmals auf wesentliche fachliche Schwierigkeiten stößt.

Werkverträge sind Verträge über: Bauplanung
Bauplanung und Oberleitung
Bauplanung, Oberleitung und
Bauführung.

Dienstverträge sind Verträge über: Bauführung allein.

1.75 Planung durch den Architekten und Sonderfachleute, Bauabwicklung durch den Generalunternehmer

Diese Abwicklungsform gewinnt seit Jahren immer mehr an Bedeutung. Die Vertragsgestaltung für die Planung bleibt unverändert. Nach vollendeter Planung wird noch die Ausschreibung bis zur Submission in der Regel vom Architekten wahrgenommen und dem Bauherrn Vergabevorschläge an einen Generalunternehmer unterbreitet. Diese Vertragsgestaltung unterscheidet sich von den Werk- und Dienstverträgen dadurch, daß sich der Generalunternehmer verpflichtet, dem Bauherrn zu einem bestimmten Zeitpunkt zu bestimmten Kosten das fertige Produkt zu übergeben. Der Bauherr geht also neben den Verträgen für den Bereich Planung nur einen Generalvertrag mit dem Generalunternehmer ein. In diesem Generalvertrag sind sämtliche Leistungen des Generalunternehmers festgelegt. Die Vergabe erfolgt in der Regel aufgrund eines Pauschalfestpreises zugleich mit einem bestimmten garantierten Übergabetermin.

Der Pauschalvertrag beinhaltet insbesondere: Vergabe an Subunternehmer, Koordination, Ablaufkontrolle, Abrechnung, Übernahme.

In der Regel sind die Vorgänge für den Bauherrn nicht transparent. Im Falle der Vergabe von Bauleistungen an einen Generalunternehmer wird die an Wirtschaftlichkeitsüberlegungen orientierte Koordination nicht ohne weiteres erreicht. Vielmehr sind auch in diesem Fall die mehr oder minder fertigungsgerecht ausgearbeiteten Unterlagen der Objektplanung, Grundlage für alle innerbetrieblichen Dispositionen der ausführenden Firmen.

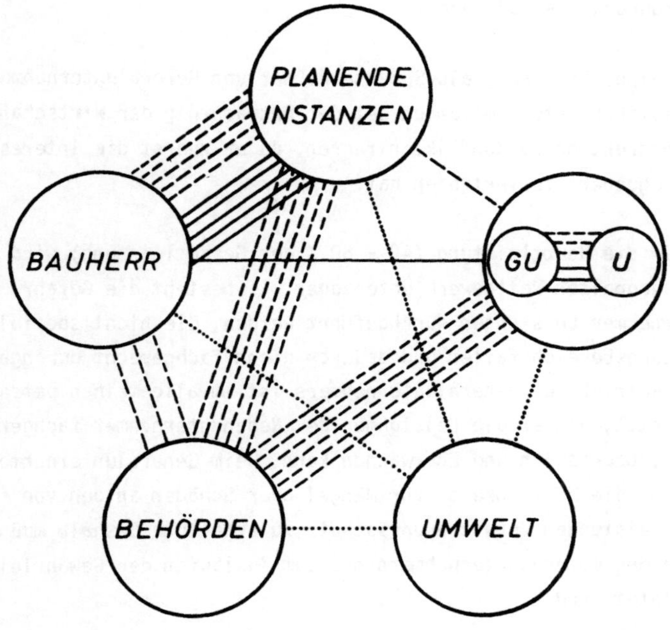

Abb. 14: Planung durch den Architekten und Sonderfachleute, Bauabwicklung durch Generalunternehmer

Wesentliche Mängel der bisher geübten Fertigungsplanung werden auf diese Weise mangels wirtschaftlichen Interesses des Generalunternehmers jedoch kaum gelöst. Vergabe der Bauleistungen an einen Gesamtunternehmer herkömmlicher Art verdeckt eher die Mängel des bisherigen Planungssystems.

Die Vergabe an Generalunternehmer gerät neuerdings immer mehr in Mißkredit, da die als Generalunternehmer auftretenden Rohbauunternehmungen bei der Planung, Vergabe, Koordinierung und Überwachung bisher auch nicht anders vorgehen als der überforderte Architekt es bisher tat. Eine koordinierende Tätigkeit durch eine Generalunternehmung ist problematisch, da sie ja selbst zu den ausführenden Firmen zählt und durch diese starke Position Präferenzen für eigene Zielsetzungen ausnützen könnte. Selbst eine vom Planer formulierte Vertragsklausel nach Übergabe der Gesamtplanung, wonach sich die Generalunternehmung verpflichtet, die Planung nach technischen und wirtschaftlichen

Gesichtspunkten zu prüfen, ist nicht realistisch und kaum wirksam. Das betriebliche Interesse der Generalunternehmung liegt vielmehr in monetär optimaler Durchführung des Auftrages.

Der Einsatz eines Statikers als Subunternehmer von Generalunternehmungen kann beim Statiker unter Umständen bei der Betrachtung der Wirtschaftlichkeit der Konstruktion zu Konflikten führen, da er zuerst die Interessen seines Auftraggebers zu vertreten hat.

Der Preis für die Hauptleistung (40 - 60 % der Gesamtleistung) wird zudem nicht einem doppelten Wettbewerb unterzogen. Es besteht die Gefahr, daß vom Generalunternehmer Leistungen durchgeführt werden, die nicht speziell in seinen Leistungsbereich fallen und dadurch nicht fachgerecht durchgeführt werden. Der Betrieb des Generalunternehmers ist im allgemeinen personell nicht so besetzt, daß er die Leistungen der Nebenunternehmer fachgerecht ausschreiben, beurteilen und überwachen kann. Beim Generalunternehmer besteht generell nicht die Möglichkeit, für Mängel oder Schäden an den von ihm erbrachten Bauleistungen Versicherungsschutz zu erhalten. Deshalb muß die Kapitaldecke des Generalunternehmers bis zum Auslaufen der Gewährleistungsfrist beobachtet werden.

1.76 Planung und Bauabwicklung durch den Generalunternehmer

Diese Form wird besonders bei Bauaufgaben angewandt, welche im wesentlichen eine Wiederholung früherer Arbeiten bedeuten. Generalunternehmungen verkaufen in der Regel die erstellten Bauten zu einem Festpreis. Bis zur Übergabe hat der Bauherr meist keinen Einfluß auf die Leistungen der am Bau beteiligten Stellen. Der Vorteil liegt in der Existenz eines eingespielten Teams, in eindeutigem wirtschaftlichen Interesse, in Markttransparenz, in Termin-, Kosten- und Qualitäts-Sicherheit. Fertigungsgerechtes Planen wird durch die enge Beziehung zwischen den Bereichen Planung und Bauabwicklung ermöglicht.

Die bei einem Generalunternehmer angestellten Architekten sind in ihrer freien künstlerischen Entfaltung eingeschränkt, wirtschaftliche Faktoren haben größeres Gewicht. Generalunternehmungen sind zumeist durch geschäftliche Bindungen an andere ausführende oder Lieferfirmen nicht lieferunabhängig. Deshalb werden Kostenvorteile durch die Verwendung anderer technischer Lösungen und Materialien ungenügend genützt. Generalunternehmer garantieren in der Regel Festpreise, d.h. Kostenminderungen kommen dem Auftraggeber nicht zugute. Die für den Generalunternehmer auftretenden Risiken und Regien werden durch Aufschläge auf Subunternehmerleistungen gedeckt. Diese Aufschläge betragen ca. 15 - 20 %.

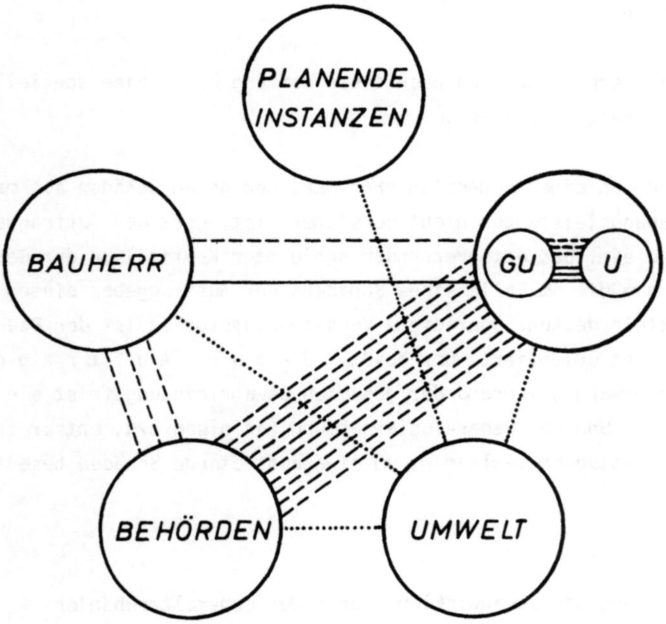

Abb. 15: Planung und Bauabwicklung durch den Generalunternehmer

Übernimmt der Generalunternehmer auch Planungsleistungen, so haftet er gegenüber dem Auftraggeber auch für diese. Diese Planungsleistungen sind nicht versicherungsfähig. Die Versicherung umfaßt nicht Ersatzansprüche aus der g e s a m t e n Berufstätigkeit des Versicherungsnehmers für Bauten, die er auf eigene Rechnung (als Bauunternehmer) ausführt. Der Generalunternehmer kann lediglich eine Bauwesenversicherung und die Bauhaftpflichtversicherung abschließen.

Als einziges Risiko einer als Generalunternehmung tätigen Bauunternehmung bleibt das Risiko einer selbstverschuldeten mangelhaften Bauleistung mit ihren Folgen unversichert, wobei von der Bauunternehmung erbrachte Planungsleistungen mit hinzuzuzählen sind. Durch diesen Ausschluß werden dem Gesamtunternehmer erhöhte Risiken aufgebürdet. Er haftet

für selbstverschuldete Schäden an der eigenen Leistung und
deren Folgeschäden und
für alle Schäden aus selbsterbrachten Architekten- und Ingenieurleistungen.

Die Generalunternehmung kann auch diese Haftung durch eine spezielle Haftpflichtversicherung abdecken.

Durch Vergabe an einen Generalunternehmer, der gegen Schäden aus mangelhaften eigenen Planungsleistungen nicht versichert ist, geht der Auftraggeber ein hohes Risiko ein. Bei entsprechender schlechter Kapitallage der Generalunternehmung müßte im Falle eines Schadens der Auftraggeber diesen aus eigenen Mitteln decken. Über diese Versicherungslücken ist der Bauherr in der Regel nicht orientiert. Das heißt: J e d e r A u f t r a g g e b e r muß wie vor erwähnt, während der gesamten Gewährleistungsfrist die kapitalmäßige Entwicklung der Generalunternehmung verfolgen bzw. entsprechend hohe Sicherheitsleistungen verlangen, um etwa auftretende Schäden beseitigen zu können.

1.77 Planung und Bauabwicklung durch den Generaltreuhänder

Der Generaltreuhänder ist eine Institution, die das gesamte Baumanagement von der Planung bis zur Bauabwicklung wahrnimmt, das fertige Werk aus einer Hand unter Garantien liefert und dabei die Interessen des Bauherrn gegen Honorierung, wie die eigenen wahrnimmt. Er tritt als Treuhänder des Bauherrn unter gleichzeitiger Beachtung innerbetrieblicher Ziele auf.

Wesen der Treuhand

Das Wort "Treuhänder" kommt nicht im ABGB, wohl aber in anderen, - vor allem handelsrechtlichen - Gesetzen vor, ohne daß damit ein einheitlicher Begriff verbunden wäre.

Innenverhältnis

Das Treuhandgeschäft ist ein aus Leistung (z.B. Übereignung) und Zwecksetzung zusammengesetztes Rechtsgeschäft, dessen Eigentümlichkeit darin besteht, daß der Empfänger durch den Zwecksetzungsvertrag (Treuhandvertrag) verpflichtet wird, über das Empfangene nur in bestimmter Richtung zu verfügen.

Der Treuhänder kann dringliche Rechte, z.B. Eigentum, aber auch schuldrechtliche Ansprüche vom oder für den Treugeber erwerben. Treuhandverträge zwischen Treugeber und Treuhänder können den verschiedensten Inhalt haben.

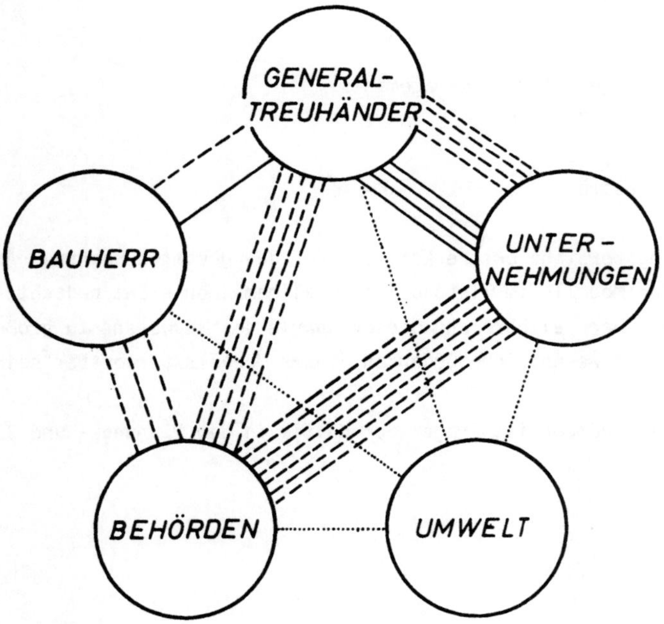

Abb. 16: Planung und Bauabwicklung durch den Generaltreuhänder

Außenverhältnis

Der Treuhänder tritt nach außen im eigenen Namen auf. Er erwirbt im eigenen Namen Rechte, kann klagen und geklagt werden; ein Dritter kann dem Treuhandeigentümer nicht Fehlen des Eigentums entgegensetzen; ebensowenig kann der Treugeber gegenüber einem Dritten geltend machen, er sei der wahre Eigentümer.

Rechtsform des Generaltreuhänders

Die Rechtsform ist nach den derzeitigen rechtlichen Bestimmungen eine GmbH oder GmbH & Co KG.

Funktionen des Generaltreuhänders

Unabhängiger Berater des Bauherrn
Interessensvertreter des Bauherrn
Planer
Koordinator
Übernehmer des gesamten Baumanagements
Übernehmer aller Risiken.

Anwendungsbereiche

Die Anwendungsbereiche erstrecken sich auf den gesamten Hochbau. An eine Anwendung des Modells im Tiefbau ist im allgemeinen nicht gedacht, da die Risiken einzelner Teilbereiche dieser Sparte des Bauwesens zu groß sind. Trotzdem müßten wesentliche Gedanken dieses Modells verwertbar sein.

Der Generaltreuhänder ist Träger der Kritik in der Planungs- und Bauabwicklungsphase.

1.78 Zwischenformen

Die dargestellten Möglichkeiten der konventionellen Planungs- und Bauabwicklung stellen die wesentlichen Formen dar. Neuartig ist ein Modus, bei dem eine Ausschreibung nach Vorliegen eines Entwurfs ohne nähere Festlegung der Konstruktionsart und Materialauswahl erfolgt (vgl. Ausschreibung mit Leistungsprogramm). Der Vorteil dieser Möglichkeit besteht darin, daß praktisch keine Gelegenheit zur Absprache gegeben ist und verschiedene grundsätzliche Lösungen eine breite Übersicht ergeben. Der Nachteil besteht darin, daß für Angebotsbearbeitung und -prüfung ein wesentlich höherer Arbeitsaufwand erforderlich ist.

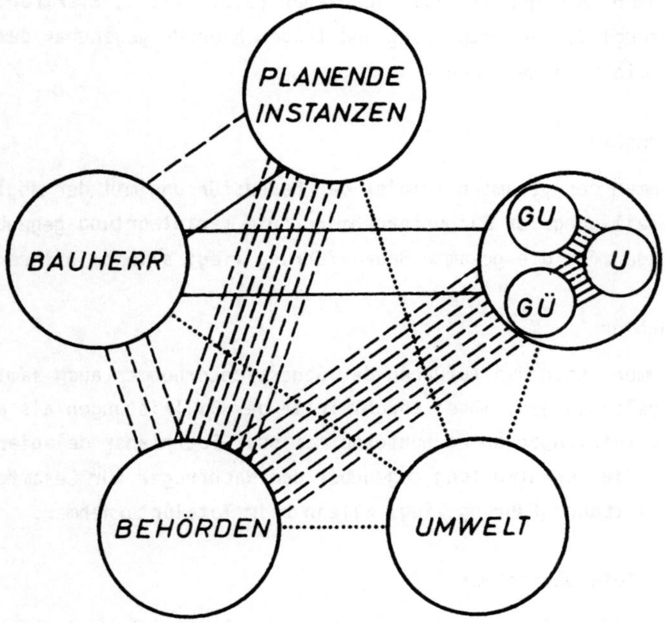

Abb. 17: Zwischenformen

1.8 Gesellschaftsformen

Die folgenden Definitionen der einzelnen Gesellschaftsformen dienen auch zur Abgrenzung des Begriffes "Generaltreuhänder".

Bauträgergesellschaften

sind Baubetreuungsunternehmen, die die Interessen des Bauherrn wahrnehmen.

Generalplaner[1]

übernehmen im Gegensatz zum Fachplaner (z.B. Statik, Elektronik, Gestaltung) die Gesamtplanung und tragen hierfür gegenüber dem Nachfrager die Verantwortung.

Generalunternehmer [1]

übernehmen den gesamten Komplex der Bauausführung mit der Möglichkeit der Beteiligung von Nachunternehmern. Die Verantwortung gegenüber dem Nachfrager für die gesamte Bauausführung liegt allein in ihrer Hand.

Totalunternehmer [1]

übernehmen neben den Aufgaben der Generalunternehmer auch sämtliche Planungsleistungen, wobei sowohl Teile der Bauleistungen als auch der Planungsleistungen an Fachunternehmen oder Fachplaner delegiert werden können. Die Verantwortung gegenüber dem Nachfrager für Gesamtplanung und Gesamtbauausführung liegt allein beim Totalunternehmer.

General- und Totalübernehmer [1]

unterscheiden sich vom General- bzw. Totalunternehmer dadurch, daß sie selbst keine eigenen Bau- und Planungsleistungen erbringen, sondern sämtliche Arbeiten an Nachunternehmer (Generalübernehmer nur die Bauausführung, Totalübernehmer auch die Planung) delegieren. Sie selbst übernehmen nur die Koordinierung sämtlicher Tätigkeiten und tragen wie General- und Totalunternehmer gegenüber dem Nachfrager die alleinige Verantwortung.

Hauptunternehmer

ist ein Unternehmer, dem umfangreiche Bauleistungen, im allgemeinen die Baumeisterarbeiten, bei der Erstellung eines Bauvorhabens übertragen werden. Die übrigen Bauleistungen vergibt der Bauherr, nicht der Hauptunternehmer, im eigenen Namen und auf eigene Rechnung an andere Unternehmer.

---

1 Definition der Enquete über die Bauwirtschaft der BRD.

Nebenunternehmer

ist ein Unternehmer, der durch einen anderen vom Bauherrn beauftragten Unternehmer, aber auf Rechnung des Bauherrn eingeschaltet wird. Es entstehen unmittelbare Rechtsbeziehungen zwischen dem Bauherrn und dem Nebenunternehmer, wobei jedoch im allgemeinen die Auswahl des Nebenunternehmers dem mit der Hauptleistung beauftragten Unternehmer zugestanden wird.

Mitunternehmer

sind mindestens zwei selbständige Nebenunternehmer, die ihren Auftrag mit der Maßgabe, das Werk entsprechend den ihnen erteilten Aufträgen gemeinsam miteinander arbeitend fertigzustellen, direkt vom Bauherrn erhalten, wenn ihm nur mit einer geschlossenen fertigen Gesamtleistung gedient sein kann. Unter Umständen ist Haftung des einen Mitunternehmers für Erfüllungsgehilfen des anderen gegeben.

Nach- oder Subunternehmer

ist ein Unternehmer, der nicht unmittelbar vom Bauherrn beauftragt wird, dessen Vertragspartner vielmehr ein anderer vom Bauherrn beauftragter Unternehmer ist. Diesem gegenüber bewirkt er als selbständiger Unternehmer Lieferungen und Leistungen in eigenem Namen. Die Vergütung erfolgt durch den Hauptunternehmer oder Generalunternehmer.

Arbeitsgemeinschaft (ARGE)

ist der Zusammenschluß mehrerer Unternehmer zum Zwecke der Durchführung eines bestimmten Bauvorhabens. Die Haftung gegenüber dem Auftraggeber erfolgt zur ungeteilten Hand, d.h. jeder haftet für alles.

Gründe, die zur Bildung einer ARGE führen:

a) Grenzen der betrieblichen Leistungsfähigkeit bei Großaufträgen.

Um Großaufträge innerhalb einer bestimmten Zeit durchführen zu können, und trotzdem auch noch andere Auftraggeber zufriedenzustellen, reicht die Kapazität des Betriebes nicht. Meist steht nur ein Teil dieser zur Verfügung, wobei sich vor allem die Gerätefrage stellt. Denn die Wirtschaftlichkeit des Neukaufes eines für den Auftrag fehlenden Gerätes, setzt eine entsprechende Einsatzdauer oder aber Anschlußaufträge voraus.

b) Personalfragen

Die personelle Ausstattung einer Großbaustelle erfordert zahlreiche Fachkräfte aller Sparten.
Vom Bauleiter, dem technischen Personal, dem kaufmännischen Personal über die Poliere bis zu den Vorarbeitern und schließlich auch sogar noch zu den Facharbeitern.
Auch hier müßte eine Einzelfirma für ein Großbauvorhaben eine komplette Garnitur verfügbar haben, was meist nicht der Fall ist.

c) Grenzen der finanziellen Leistungsfähigkeit

Die Liquidität der Bauunternehmung ist meist sehr angespannt und die Anlauffinanzierung bereitet daher oft große Sorgen. Da das Kreditvolumen der einzelnen Unternehmung begrenzt ist, ist das einzelne Unternehmen den hohen finanziellen Belastungen durch einen größeren Auftrag nur selten gewachsen.

d) Grenzen der Risikoübernahme

Vielfach sind mit Großaufträgen auch große Wagnisse und Risiken verbunden, die auf mehrere Unternehmungen aufgeteilt, für den einzelnen Unternehmer tragbarer sind.

e) Fragen der Geschäftspolitik einzelner Unternehmungen

Auch subjektive Überlegungen spielen für Zusammenschlüsse eine Rolle. Das erstmalige Mitarbeiten in einer ARGE kann für den Unternehmer der Nachweis seiner Befähigung für weitere Aufträge bedeuten. Für kleinere und mittlere Betriebe ist der Zusammenschluß oft die einzige Möglichkeit, an große Aufträge heranzukommen.

f) Der Wunsch des Auftraggebers

Häufig ist für die Bildung der ARGE auch der Wunsch des Auftraggebers maßgebend, einen Großauftrag auf mehrere Unternehmungen zu verteilen und damit größere Sicherheiten für die Ausführung und für die Einhaltung der Termine zu erzielen. Der Gesichtspunkt der breiteren Streuung von Aufträgen spielt hier auch eine Rolle.

Die genannten Gründe lassen die Bildung einer ARGE vorteilhaft erscheinen, sie stellen oft für ein Unternehmen die einzige Möglichkeit dar, die mit der Übernahme eines Großbauvorhabens verbundenen Probleme zu lösen.

Die Bildung einer ARGE hat auch Nachteile:

Die Aufmerksamkeit der ARGE-Partner hinsichtlich Betreuung der ARGE-Baustellen, hinsichtlich der Lieferung guter Geräte, erstklassigen Personals etc. ist meist geringer, als dies hinsichtlich einer eigenen Baustelle sein würde. Diesem Mangel muß eine tatkräftige, energische Geschäftsführung abhelfen, bzw. abzuhelfen trachten.

Weiters sind meist die Personalkosten und die Verwaltungskosten einer ARGE-Baustelle höher, als sie auf einer eigenen Firmenbaustelle wären. Das hat unter anderem folgende Gründe:
Bei Zusammenstellung des Personals findet immer eine Gehaltsnivellierung der aus den einzelnen Unternehmungen abgestellten Mitarbeiter, nach oben statt. Dies würde bei Versetzung an eine eigene Baustelle unterbleiben. Weiters will jeder ARGE-Partner mit Personal auf der Baustelle vertreten sein, um Einblick in die Geschehnisse des Ablaufes zu haben, dies führt oft zu einer Überbesetzung, die bei einer eigenen Baustelle vermieden wäre. Die ARGE wird von Fall zu Fall gebildet, und nach Erbringung der Leistung wieder aufgelöst.

Kartellrechtlich ist die ARGE in der Regel unbedenklich. Sie dient nicht zur Wettbewerbsbeschränkung, sondern zur Erweiterung des Wettbewerbes, da sie Unternehmer zur Übernahme von Aufträgen befähigt, die allein dazu nicht in der Lage wären.

Die Rechtsbeziehungen der ARGE-Partner untereinander werden durch einen A R G E - V e r t r a g geregelt.

Die Organisation der ARGE

Die Einzelheiten der Organisation der ARGE werden also im ARGE-Vertrag niedergelegt. Sie sollen in groben Zügen am Beispiel der Geschäftsordnung der Arbeitsgemeinschaftsverträge, Auflage 1974, herausgegeben von der Vereinigung industrieller Bauunternehmungen Österreichs (VIBÖ) besprochen werden.

Dieser ARGE-Vertrag enthält neben der Anführung sämtlicher ARGE-Partner - folgendes:

§ 1 Name und Zweck der ARGE mit Kurzbezeichnung

§ 2 Gesellschafterbeiträge:
Hier werden die Höhe der Bareinlagen und eventuell sonstige Leistungen der Partner festgelegt.

§ 3 Beteiligungsverhältnis und Haftung:
Hier wird das Beteiligungsverhältnis der einzelnen ARGE-Partner in Prozenten geregelt. Nach diesen Prozentsätzen erfolgen dann auch die verschiedenen Beistellungen (Geld, Geräte, etc.) der einzelnen Partner. Nach außen hin haften die Partnerfirmen als Gesamtschuldner.

§ 4 Firmenbevollmächtigte ("Firmenrat" oder auch "Aufsichtsstelle"):
Hier nominiert jede Firma ihre Vertreter und zwar Bevollmächtigte und Stellvertreter.

§ 5 Geschäftsführung (Federführung):
Die mit der Geschäftsführung betraute Firma oder auch mehrere Firmen werden hier angeführt und machen ihrerseits wieder einen mit der Geschäftsführung beauftragten Herrn oder mehrere namhaft. Der Geschäftsführung obliegt die Gesamtleitung der ARGE; ihr Sitz wird gleichfalls hier angegeben.

§ 6 Kaufmännische Verwaltung:
Hier wird die Firma, die mit den Agenden der kaufmännischen Verwaltung betraut ist, genannt, und gibt ihrerseits den Herrn, der mit der Durchführung beauftragt ist, bekannt. Als weitere Einzelheiten werden noch angeführt:
Monatliche Vorlage des Finanzplanes durch die Baustelle oder die kaufmännische Verwaltung; Angleichung der Partnerkonten an das Beteiligungsverhältnis, Festlegung der Verzugszinsen für den Fall, daß Partner ihren Verpflichtungen nicht pflichtgemäß nachgekommen sind; Festlegung des Hauptkontos mit der Zeichnungsberechtigung, Festlegung des Baustellenkontos mit der Zeichnungsberechtigung, Festlegung, wer die Buchhaltung, die Lohnverrechnung und die Gehaltsverrechnung führt; weiters ob die Bauerfolgsrechnung monatlich, vierteljährlich aufzustellen ist, ob Buchungsanzeigen, bzw. Bewertungsunterlagen der ARGE an die Partnerfirmen auf der Baustelle oder von den Partnerfirmen und ob Rechnungen über Gerätevorhaltekosten (Gebrauchsrechtbewertungen) von der Baustelle oder von den Partnerfirmen erstellt werden. Weiters wird festgelegt, welche Organisationsvorschriften betreffend Formblätter im Rahmen der kaufmännischen Verwaltung verwendet werden.

§ 7 Bauleitung:
Namentliche Festlegung des Bauleiters, des Stellvertreters und des Baukaufmanns.

§ 8 Geräte:

Grundsatz: Als Geräte gelten alle Gegenstände, die ihrer Art nach in der "Baugeräteliste" mit Abschreibungs- und Verzinsungssätzen enthalten sind. Zur Bestimmung der Vorhaltekosten der beigestellten Geräte wird von den Werten der Baugeräteliste in der zum Zeitpunkt des Vertragsabschlusses gültigen Fassung ausgegangen. Dann folgt die Zusammensetzung der Vorhaltekosten nach Prozentsätzen und zwar getrennt nach Abschreibungs- und Verzinsungs- bzw. Reparaturkosten und wiederum geteilt in Normalstunden, Überstunden, Schichtbetrieb und Stilliegezeiten; weitere Festlegung, wer die Reparaturen durchführt (Baustelle oder Gestellerfirma) und eine Regelung für den Fall, daß eine Partnerfirma ihren Gesellschaftsverpflichtungen nicht nachkommt (Spitzenausgleich). Dann wird die F r e i m e l d e f r i s t unter Angabe der Kalendertage festgelegt und angeführt, wer für die Abwicklung des Geräteeinkaufes der ARGE zuständig ist. (Geschäftsführung oder kaufmännische Verwaltung mit deren Einverständnis).

§ 9 Transportkosten:

Begrenzung in km für die Vergütung jeglicher Transportkosten für Geräte, Material, Verrechnungssätze für Transportleistungen mit Fahrzeugen der Partnerfirmen.

§ 10 Material, Kleingeräte, Werkzeuge, Einrichtungsgegenstände, Ersatzteile und Ausrüstungen. Hier wird geregelt:

Der Einkauf bzw. die Aufsicht über den Einkauf dieser Gegenstände obliegt der Geschäftsführung oder der kaufmännischen Verwaltung. Die von den Partnern der ARGE zur Verfügung gestellten Gegenstände werden verkauft oder auf einem Evidenzkonto erfaßt.

Die Reifen von Kraftfahrzeugen, Anhängern und selbstfahrenden Baugeräten werden vermietet oder verkauft oder auf einem Evidenzkonto erfaßt.

Die Raupenfahrwerke werden vermietet oder verkauft oder auf einem Evidenzkonto erfaßt.

§ 11 Feststellung ob Gehaltsempfänger zur ARGE abgestellt oder im Stande der Stammfirmen bleiben und mit welchen Zuschlagsätzen Lohnempfänger, die kurzfristig von einer Stammfirma zur ARGE abgestellt werden, zu verrechnen sind.

§ 12 Verrechnung von Lieferungen und Leistungen der Werkstätten und anderer Arbeiten:

Es erfolgt die Regelung der Höhe der Pauschalsätze für Werkstattleistungen und für Entsendung von Werkstättenpersonal.

§ 13 Vergütung für Geschäftsführung, kaufmännische Verwaltung und sonstige Leistungen:
Hier werden die sogenannten Gestionen in Prozenten des Umsatzes festgelegt und bestimmt, ob diese Vergütungen keiner Veränderung oder aber einer Gleitung in Abhängigkeit vom erzielten Bruttogewinn unterliegen. Weiters werden Vergütungen bei Sonderleistungen vorgesehen, die in den Gestionen nicht enthalten sind. Dies sind z.B. Kosten der Arbeitsvorbereitung, Entwurfs-, Konstruktions- und Planungskosten, statische Berechnungen, elektronische Massenabrechnung, elektronische Rechnungsschreibung, Beistellung von Unterkünften, Lichtpausen und Vervielfältigungen.

§ 14 Versicherungen:
Hier werden die Deckungssumme und die Versicherungsgesellschaften für Betriebshaftpflichtversicherung, Feuerversicherung usw. festgelegt.

§ 15 Befaßt sich mit Steuern, Gebühren, Abgaben und Umlagen sowie Beiträgen zu Berufsverbänden und stellt das für die ARGE zuständige Finanzamt fest.

§ 16 Berichtswesen - Schriftverkehr:
Festlegung nach welchen Organisationsvorschriften und Formblättern das technische Berichtswesen erfolgt.

§ 17 Festlegung der V e r t r a g s d a u e r mit Übernahme der Bauarbeiten bei Ablauf der Garantiezeit und der Verpflichtung, alle Verpflichtungen eventuellen Rechtsnachfolgern weiterzugeben.

§ 18 Behandelt die vorzeitige Auflösung des Vertrages durch Ausscheiden oder Ausschluß eines Partners.

§ 19 Gerichtsstand, Beschwerden und Schiedsgericht:
Gerichtsstand ist der Sitz der Geschäftsführung. Beschwerden aller Art sind binnen einer Frist von zwei Monaten ab Kenntnisnahme des der Beschwerde zugrunde liegenden Sachverhaltes, spätestens jedoch innerhalb von sechs Monaten nach dem Vorfall bei sonstigem Ausschluß beim Firmenrat abhängig zu machen.
Kommt im Firmenrat oder zwischen den Partnerfirmen eine Einigung nicht zustande, oder widersetzt sich eine Partnerfirma rechtswirksam gefaßten Beschlüssen, entscheidet unter Ausschluß des ordentlichen Rechtsweges ein Schiedsgericht. Das Schiedsverfahren ist, bei sonstigem Verfall des Anspruches, binnen zwei Monaten nach Zustellung der den Sachverhalt betreffenden Niederschrift einzuleiten.

Jeder Streitteil bestellt einen Schiedsrichter, diese bestellen gemeinsam einen Dritten als Vorsitzenden. Dieses Schiedsgericht entscheidet mit Stimmenmehrheit. Für das Verfahren gelten die einschlägigen Bestimmungen der Zivilprozeßordnung.
Sollte ein ordentliches Gericht im Wege der Aufhebungsklage das Schiedsgericht aufheben, haben die Parteien ein neues Schiedsgericht zu berufen.

§ 20 Am Schlusse des ARGE-Vertrages wird noch festgelegt, in wievielen Exemplaren er errichtet und welchem Finanzamt für Gebühren und Verkehrssteuern er vorgelegt wird.

Die dem ARGE-Vertrag angeschlossene "Geschäftsordnung für Arbeitsgemeinschaftsverträge" bildet einen integrierenden Bestandteil des Vertrages. Sie regelt sämtliche Einzelheiten der hier nur in Stichworten beschriebenen Paragraphen.

Konsortium

ist eine Gruppe von Unternehmern, wo jeder auf eigene Rechnung und Gefahr einen bestimmten abgegrenzten Teil der Arbeiten durchführt, die dem Auftraggeber gegenüber jedoch gemeinsam haften. Die Rechtsbeziehungen untereinander werden durch den Konsortialvertrag geregelt.

Bieter- und Leistungsgemeinschaft

ist praktisch eine auf Dauer geschlossene ARGE.

Bauunion

ist die Bildung einer Gemeinschaftsunternehmung durch zwei oder mehrere Unternehmungen. Sie ist auf Dauer ausgerichtet und die einzelnen Partner bleiben rechtlich selbständig und wirtschaftlich unabhängig. Neben den Unternehmungen der Kooperationspartner entsteht also ein eigenes Rechts- und Wirtschaftssubjekt mit eigener betrieblicher Organisation. Rechtsform meistens GmbH.

TEIL B

ABLAUFPHASEN DER AUFTRAGGEBERSEITE

1.0 Einleitung

Da dieser Bereich sehr eng mit der Neuformulierung der Leistungsbilder für die künftige gemeinsame Honorarordnung für Architekten und Ingenieure in der BRD zusammenhängt, soll einleitend näheres über die augenblicklichen Entwicklungen vorangestellt werden.

Professor Pfarr (Berlin) formuliert das "zukünftige Leistungsbild des Architekten" als Grundlage für ein entscheidungsorientiertes integriertes Bauen, wie es die moderne Baupraxis dringend notwendig macht.

Prof. Pfarr hat bei der Aufstellung des Leistungsbildes in Tätigkeiten und Ergebnisse unterschieden. Aufgelistet sind jeweils die Tätigkeiten, die im Zusammenhang als Tätigkeits-"Bündel" ein Ergebnis als Voraussetzung für eine Entscheidungsfindung ergeben (entscheidungsorientierte Planung).

Die Ergebnisse einer Leistungsphase, die sich aus den einzelnen Tätigkeiten zusammensetzen, sind also Entscheidungsvorbereitung für den jeweiligen Entscheidungsträger (zum Beispiel Bauherrn). Die Entscheidung selbst ist nicht Bestandteil des Leistungsbildes einer bestimmten Institution, da in der Regel Entscheidungsträger und die Institution, die die Entscheidung vorbereitet, nicht identisch sind oder sein sollten (unabhängige Planung), das heißt, der Architekt wird das jeweilige Ergebnis einer Leistungsphase in die Entscheidungsfindung mit dem Auftraggeber einbringen. Selbstverständlich können je nach Sachlage Entscheidungsschritte übersprungen oder durch andere autorisierte Entscheidungsträger, wie zum Beispiel durch den Architekten selbst oder den Projektsteuerer, ersetzt werden.

Die Bezeichnung der Ergebnisse der einzelnen Leistungsphasen entsprechen der Notwendigkeit, für alle Planer - Architekten und Ingenieure - einheitliche und brauchbare Titel zu finden, unter denen die Einzeltätigkeiten aller Planer subsumiert werden können (integrierte Planung). Prof. Pfarr gliedert diese Einzeltätigkeiten in:

Leistungen der Projektsteuerung
Grundleistungen
Zusatzleistungen

Die Projektsteuerungsleistungen sind für Pfarr keine typischen Architektenleistungen, da sie für alle Planer Gültigkeit haben. Sie umfassen im wesentlichen zielgerichtete Koordinations- und Kontrolltätigkeiten im Sinne einer vertikalen Koordination (Planungsablauf).

Die Definition der Projektsteuerung:

Projektsteuerung ist eine Arbeitsmethode und Organisationsform zur Lösung komplexer und zeitlich befristeter Aufgaben, bei denen die Zusammenarbeit mehrerer Mitarbeiter und/oder Abteilungen/Institutionen usw. nötig ist (Planung, Steuerung, Kontrolle).

Für die Dauer des Projekts muß eine zentrale Projektverantwortlichkeit geschaffen werden, die in einer Stelle organisatorisch institutionalisiert ist und deren einzige Aufgabe in der erfolgreichen Leistung besteht.

Der Verantwortliche dieser Stelle (= Projektsteuerer) übernimmt die Aufgaben der Erreichung des Zieles voll verantwortlich und gibt projektbezogene Weisungen.

Projektsteuerungs-Leistungen sind:

Klärung der Aufgabenstellung und Formulierung des Programms für das Gesamtprojekt.

Klärung der Voraussetzungen für die Auswahl von Fach-Planern und anderen am Projekt Beteiligten.

Vorbereitung und Betreuung von Planungswettbewerben.

Koordination und Kontrolle der Fach-Planer und anderer am Projekt Beteiligten.

Aufstellen und Überwachung von Organisations-, Zeit- und Zahlungsplänen bezogen auf Projekt und Institution.

Vorbereitung und Betreuung der Beteiligung von Planungsbetroffenen.

Fortschreibung des Planungszieles und Klärung von Zielkonflikten.

Laufende Information des Bauherrn über die Projektabwicklung und rechtzeitiges Herbeiführen von Entscheidungen des Bauherrn.

Koordination und Kontrolle der Bearbeitung von Finanzierungs-, Förderungs- und Genehmigungsverfahren.

Die bisherige horizontale Koordination der Architekten, die zur Integration der Ingenieurleistungen in die Planungsunterlagen geführt hat, soll dadurch nicht eingeschränkt werden.

Als Grundleistungen werden Tätigkeiten definiert, die zum Erreichen eines Ergebnisses notwendig sind. Aufgrund besonderer Nutzungsanforderungen oder wirtschaftlicher Aspekte in bestimmten Objektbereichen sind dementsprechend zusätzliche Leistungen erforderlich (Zusatzleistung).

Anschließend werden nun die einzelnen Leistungsphasen in einer Übersicht dargestellt und sodann die Einzelphasen näher beschrieben.

2.0 Übersicht

2.1 Leistungsphase 1
Grundlagenermittlung

Grundleistung:

Klärung der Aufgabenstellung und Formulierung von Entscheidungshilfen für die Auswahl von Fachplanern

Zusatzleistung:

Aufstellen von Zustands- und Bedarfsanalysen, z.B. Marktanalyse

Analyse der Nutzerstruktur

Trendstudie

Bestandsaufnahme

Entwicklung von Soll-Vorstellungen bezüglich
Standort (wo)
Bauwerk (was)
Ausführung (wie)
Programm (Raum, Nutzung)
Zeit (wie lange, wann)
Gesamtinvestition (wieviel)
Finanzierung (durch wen)

Erarbeitung der Anforderungsliste.

2.2 Leistungsphase 2
Projekt- und Planungsvorbereitung

Grundleistung:

Analyse der ermittelten Grundlagen

Abstimmung der Zielvorstellungen (Randbedingungen, Zielkonflikte)

Aufstellen eines planungsbezogenen Zielkatalogs (Programmziele)

Erarbeitung eines Programms (Raum, Nutzung)

Erarbeitung eines Planungskonzepts einschließlich Untersuchung der Lösungsmöglichkeiten unter gleichen Bedingungen mit zeichnerischer Darstellung; sowie Klärung und Angabe der wesentlichen städtebaulichen, funktionalen, konstruktiven und wirtschaftlichen Vorgänge

Vorverhandlungen mit Behörden und anderen am Bau Beteiligten

Kostenschätzung (nach DIN 276)

Zusatzleistung:

Analyse der Anforderungsliste

Untersuchung mehrerer Lösungsmöglichkeiten unter verschiedenen Bedingungen

Vervollständigung der Vorplanungsunterlagen aufgrund besonderer Richtlinien

Kostenberechnung nach DIN 276

Aufstellen eines Finanzierungsplanes

Aufstellen einer Kosten-Nutzen-Analyse

Durchführung der Voranfrage (Bauanfrage)

Durchführung von Präsentations- und Informationsarbeit

Anfertigen von Darstellungen durch besondere Techniken, wie z.B.
Perspektiven
Modelle
Muster

Aufstellen eines Zeit- und Organisationsplanes, bezogen auf Projekt und Institutionen.

2.3 Leistungsphase 3
System- und Integrationsplanung (Entwurf, Vorprojekt)

Grundleistung:

Durcharbeitung des Planungskonzeptes (stufenweise Erarbeitung einer zeichnerischen Lösung) unter Berücksichtigung städtebaulicher, gestalterischer, funktioneller, technischer und ökonomischer Gegebenheiten bis zum vollständigen Entwurf.

Integrierung der Leistungen anderer an der Planung Beteiligter

Objektbeschreibung nach DIN 276

Zeichnerische Darstellung des Gesamtkonzeptes

Verhandlungen mit Behörden und anderen am Bau Beteiligten

Kostenberechnung nach DIN 276.

Zusatzleistung:

Ausarbeitung und Darstellung von alternativen Gesamtlösungen der Planungsaufgabe (Alternative)

Ausarbeitung und Darstellung von Teillösungen (Varianten) der Planungsaufgabe

Analyse der Alternativen/Varianten und deren Wertung mit Kostenuntersuchung (Optimierung)

Wirtschaftlichkeitsberechnung

Kostenberechnung durch Aufstellung von Mengengerüsten oder Bauelementkatalog

Integrierungsplanung für Bau-Teilsysteme.

2.4 Leistungsphase 4
Genehmigungsplanung (Einreichprojekt)

Grundleistung:

Erarbeiten der Vorlagen für die nach dem öffentlichen Recht erforderlichen Genehmigungen unter Verwendung der Beiträge anderer an der Planung Beteiligter, einschließlich noch notwendiger Verhandlungen mit Behörden, Vervollständigen und Anpassen der Planungsunterlagen, Beschreibung und Berechnungen.

Einreichen dieser Unterlagen (Bauantrag, Zustimmungsverfahren u.ä.).

Zusatzleistung:

Bearbeitung von Finanzierungsanträgen

Bearbeitung von Befreiungsanträgen und Ausnahmen

Bearbeitung des nachbarlichen Zustimmungsverfahrens

Bearbeitung besonderer Prüfverfahren

Fachliche und organisatorische Unterstützung des Bauherrn im Widerspruchsverfahren, Eilverfahren o.ä.

Änderung der Genehmigungsunterlagen infolge von Umständen, die der Architekt nicht zu vertreten hat.

2.5 Leistungsphase 5
Ausführungsplanung (Ausführungsprojekt)

Grundleistung:

Durcharbeiten der Ergebnisse der Leistungsphasen 3 und 4 (stufenweise Erarbeitung und Darstellung der Lösung) unter Berücksichtigung gestalterischer, technischer und ökonomischer Gegebenheiten, unter Verwendung der Beiträge anderer an der Planung Beteiligter bis zur ausführungsreifen Lösung.

Zeichnerische Darstellung des Objektes mit den notwendigen Einzelheiten und erklärenden sowie kontrollierenden Angaben für die Ausführung

Fortschreiben der Ausführungsplanung während der Objektausführung.

Zusatzleistung:

Aufstellen einer detaillierten Objektbeschreibung als Baubuch zur Grundlage der funktionalen Leistungsbeschreibung.

Erarbeitung von Detailmodellen und Mustern

Änderungen und Ergänzungen der Planung aufgrund der Ergebnisse der Angebote gemäß Leistungsphase 7.

2.6 Leistungsphase 6
Vorbereitung der Vergabe

Grundleistung:

Ermittlung von Massen als Grundlage für Angebote nach Einheitspreisen bzw. Pauschalangeboten

Aufstellen von Leistungsverzeichnissen nach Leistungsbereichen.

Zusatzleistung:

Aufstellen von funktionsbestimmten Leistungsprogrammen (funktionale Leistungsbeschreibung unter Bezug auf Baubuch)[1].

Aufstellen von Leistungsverzeichnissen nach besonderen Auflagen, z.B. Standardleistungsbuch und EDV-Einsatz

Alternative Ausschreibung gleicher Leistungsbereiche

Ermittlung von vergleichenden Kostenübersichten
- durch Einsetzen ortsüblicher Preise oder
- nach Kostenrichtwerten oder
- nach Elementkosten.

2.7 Leistungsphase 7
Mitwirkung bei der Vergabe

Grundleistung:

Durchführung des Vergabeverfahrens mit den erforderlichen Unterlagen

Prüfen und Werten der Angebote einschließlich Aufstellen eines Preisspiegels nach Leistungsbereichen

Verhandlungen mit Unternehmen

Kostenanschlag nach DIN 276 [2]

Mitwirkung bei der Auftragserteilung.

---

1 Diese Zusatzleistung wird bei funktionaler Leistungsbeschreibung Grundleistung. In diesem Falle entfallen die Grundleistungen dieser Leistungsphase.

2 Eine vom Auftraggeber durchgeführte Kostenschätzung.

Zusatzleistung:

Prüfen und Werten der Angebote nach funktionsbestimmten Leistungsprogrammen einschließlich Preisspiegel [1]

Prüfen und Werten alternativer Ausschreibungen gleicher Leistungsbereiche

Prüfen und Werten von Pauschalangeboten nach detaillierter Objektbeschreibung einschließlich eines Preisspiegels

Aufstellen, Prüfen und Werten von detaillierten Preisspiegeln, gegebenenfalls unter Einsatz von EDV.

2.8 Leistungsphase 8
Objektüberwachung (Bauüberwachung)

Grundleistung:

Ausführungsüberwachung, d.h. Überwachen der Baudurchführung auf Übereinstimmung mit der Baugenehmigung und den damit zusammenhängenden technischen Vorschriften und Regeln, den Ausführungsplänen, mit den Leistungsverzeichnissen oder Leistungsbeschreibungen. Abnahme der Bauleistungen.

Aufstellen und Überwachen eines einfachen Zeitplanes

Rechnungsprüfung mit Prüfung eventueller Aufmaße

Antrag auf behördliche Abnahmen und eventuelle Teilnahme daran

Übergabe des Objekts einschließlich Zusammenstellung und Übergabe der erforderlichen Unterlagen, z.B. Bedienungsanleitungen, Prüfprotokolle

Koordinierung der an der Objektüberwachung Beteiligten.

Zusatzleistung:

Ausführungsüberwachung bei Pauschalauftrag, z.B. an Generalunternehmer [2]

---

1 Bei funktionaler Leistungsbeschreibung entfallen die beiden ersten Grundleistungen dieser Leistungsphase.

2 Erfolgt Ausführungsüberwachung bei Pauschalauftrag, so wird diese Zusatzleistung zur Grundleistung. In diesem Falle entfällt die erste Grundleistung dieser Leistungsphase.

Aufstellen und Oberwachen von differenzierten Zeit-Kosten- und Kapazitäts-Plänen (Netzplantechnik EDV)

Führen eines Bautagebuches

Oberwachung und Detailkorrektur bei Herstellen von Fertigprodukten

Tätigkeit als öffentlich-rechtlicher Bauleiter nach Landesbauordnung.

2.9 Leistungsphase 9
Objektbetreuung und Dokumentation

Grundleistung:

Objektbegehung vor Ablauf der Gewährleistungsfristen

Freigabe von Sicherheitsleistungen

Systematische Zusammenstellung der zeichnerischen Darstellungen und rechnerischen Ergebnisse des Objektes.

Zusatzleistungen:

Erstellen von Bestandsplänen

Aufstellen von Ausrüstungs-Inventarverzeichnissen

Objektbeobachtung

Objektverwaltung

Baubegehungen nach Obergabe

Mängelfeststellung, soweit die Mängel nicht der Gewährleistung des Architekten unterliegen

Oberwachung von Wartungs- und Pflegeleistungen

Aufbereiten des Zahlenmaterials für eine Objektdatei

Ermittlung und Kostenfeststellung zu Kostenrichtwerten

Oberprüfung der Kosten-Nutzen-Analyse.

3.0 Einzelphasen

3.1 Grundlagenermittlung

Die Grundlagenermittlung ist eine "interdisziplinäre" Leistungsphase. Im Gegensatz zu den folgenden "projektorientierten" Leistungsphasen ist diese Phase "problemorientiert", das heißt, in dieser Phase werden Probleme formuliert, analysiert und systematisiert, die zu planerischen Konsequenzen führen. In dieser Phase sind nach Prof. Pfarr folgende logischen Schritte zu unterscheiden:

Der Anstoß zur Problemklärung, sowie die Auswahl der zur Problemklärung notwendigen Disziplinen oder Institutionen dieser Tätigkeitsbündel kann entweder vom Bauherrn selbst oder vom Projektsteuerer ausgeführt werden.

Die Bearbeitung der Teilprobleme durch die jeweiligen fachspezifischen Institutionen oder Fachleute.

Die Koordinierung und Zusammenfassung der Ergebnisse der Teilprobleme in einer Anforderungsliste. (Diese Tätigkeiten werden wiederum Aufgabe des Projektsteuerers bzw. Bauherrn sein).

Die Anforderungsliste beinhaltet im wesentlichen "problemorientierte" Nutzungsanforderungen aufgrund der Zielvorstellungen des Bauherrn sowie wirtschaftliche Orientierungsdaten.

Als Beispiel wird eine Checkliste nach Prof. Pfarr angefügt:

A Zweck, Aufgabenstellung und Baubedarf

a Begriffsbestimmung (Charakteristik)
z.B. Kindergärten, Kinderhorte, Kindertagesstätten

b Entwicklungsgeschichte - bauliche Tradition
z.B. bei den Bauten des Beherbergungsgewerbes
Antike: allgemeine Gastfreiheit
Mittelalter: Fremden-Herbergen unter der Schirmherrschaft der Kirchen und Klöster
Renaissance: Beginn der gewerblichen Gastlichkeit
20. Jahrhundert: Ausweitung des Fremdenverkehrs

c Bauaufgabe und vorherrschende Kriterien, z. B. Ästhetik beim Kultbau,
Konstruktion (und Sicherheit) beim Staudamm,
Organisation und Wirtschaftlichkeit beim Verwaltungsgebäude

d Baubedarf (seine Komponenten)

d_1 Dringlichkeit des Bedarfs
Zwangsbedarf (z.B. Schule) oder
Wahlbedarf (z.B. Aussichtsturm)
(weist auf Marktsituation hin)

d_2 Möglichkeit der Bedarfsdeckung
privat
öffentliche Hand
(weist auf Wirtschaftssystem hin)

d_3 Art der Bedarfsdeckung
Neubau, Umbau, Ausbau, Erweiterung, Reparatur

d_4 Zeitraum der Bedarfsdeckung
einmaliges Projekt oder Ausbaustufen

d_5 Weg der Bedarfsdeckung
durch Fremde - in eigener Regie

d_6 Häufigkeit bzw. Regelmäßigkeit der Bedarfsdeckung
einmal (Bauherr eines Einfamilienhauses)
ständig (Wohnungsbaugesellschaft)
kontinuierlich/periodisch (Gleisunterhaltung der Bundesbahn)
zeitweilig (Ausstellungshalle)

d_7 Umfang der Bedarfsdeckung
Platz- bzw. Raumbedarf
Kapazität
Fassungsvermögen
derzeitig
erwartet $\frac{\text{Vergrößerung}}{\text{Verkleinerung}}$

B Nutzung

a Art der Nutzung
ausschließlich
vorwiegend
alternativ (wenn ja, alternative Nutzungsmöglichkeit angeben)

b Nutzenerwartung
Besitz, z.B. Einfamilienhaus
Verdienst, z.B. Mietwohnung
Erbauung, z.B. Kirche
Geltung bzw. Repräsentation, z.B. Botschaftsgebäude
oder
Mischung mehrerer Merkmale

c Nutzungsdauer
erwartet/erforderlich

d Benutzerkreis
Personenkreis gleicher Firmenzugehörigkeit (z.B. Arbeiterwohnheim)
Personenkreis gleicher Altersstufen (Kindergärten, Altersheime).

C Standort

a Grundstück
z.B. Größe $\frac{\text{maximal}}{\text{minimal}}$
Beschaffenheit
Klima
Erschließung und Anschlußwerte
a) Elektrizität
b) Heizung
c) Brauchwasser (Wasserbedarf)
d) Abwasser (Schmutzwasseranfall)
Verkehr (z.B. Stellplätze für PKW)

b Städtebauliche Einordnung
Einzugsbereich/Versorgungsradius (maximal, optimal, minimal)
Forderung nach räumlicher Bindung
z.B. Stadtzentrum, Stadtrandgebiet, Erholungsgebiet
Forderung nach räumlicher Ballung
z.B. zentral, dezentral

c Außenanlagen

	Hauptfunktion	Nebenfunktion	ergänzende Funktion
Konstruktionsfläche	Hauptfunktionsfläche	Nebenfunktionsfläche	Ergänzungsfläche
	Nutzungsfläche		
Bauwerksfläche			
z.B. Einzelhandel	Verkaufsraumfläche einschließlich Kasse und Ausstellung	Warenannahme und Lagerung	Verwaltung
Großmarkthalle	Güteraustausch Marktübersicht für Großhandel und Erzeuger	Marktmeister Zoll	Gaststätten Bank, Post Büros für Spediteure und Importeure

D Funktion und Konstruktion

a Funktionelle Einzelforderungen
Himmelsrichtung
Führung der Verkehrswege
äußere
innere (vertikal - Aufzüge, Treppen)
(horizontal - Flure)
Fenstergröße
Minimalflurbreite (z.B. 2,20 m beim Krankenhaus)
Türbreite (z.B. 1,18 m beim Krankenzimmer)

b Konstruktive Forderungen
Belastung konstant
Schwerlasten (konstant, beweglich)
Dimensionen (Geschoßhöhe, Raumhöhe, Türhöhe und -breite)
Aussparungen
Fußböden

Wände
Decken
Fenster
Wärmeschutz
Schallschutz

c_1 künstlerisch

c_2 Akustik

c_3 Klimatologie (Innentemperatur, Außentemperatur, relative Luftfeuchtigkeit)

c_4 Sanitäre Installation (Wasser, Gas)

c_5 Elektroinstallation
Starkstrom
Schwachstrom

c_6 Diverses und Sicherheitsvorrichtungen

c_7 Behördliche Forderungen und einschlägige Vorschriften
städtebaulich/baupolizeilich

E Bauleistungen

a Materialwahl
nach dem dominierenden Baumaterial der Haupttragkonstruktion
Holz
Stahl
Stahlbeton
Mauerwerk usw.
nach rationalen oder irrationalen Bestimmungsfaktoren der weiteren Materialwahl
z.B. Verwendung von Baustoffen (wie Kupfer), deren Lebensdauer über die wirtschaftliche oder technische Nutzungsdauer des Gesamtgebäudes wesentlich hinausgeht.

b Ausführungsverfahren
nach der möglichen Ausführungstechnik,
und zwar hinsichtlich Anfall und Anzahl gleichartiger Bauelemente (Normungsmöglichkeit),
bzw. vorherrschende Technologie der Erstellung,

d.h. vorwiegend konventionell
oder Vorfertigung möglich,
nach der Anpassungsfähigkeit der Herstellung,
und zwar hinsichtlich der Unterbrechbarkeit der Fertigung.

F Zeit

a Zeitpunkt der Errichtung, des Bezugs

b Zeitdauer der Planung, des Bauens usw.

G Kosten

a einmalige

b laufende

H Erträge

a einmalige

b laufende

I Finanzierung

a Vor- und Zwischenfinanzierung

b Objekt- bzw. Dauerfinanzierung

c Laufende Finanzierung der "Nutzung"

Ob es um Problemlösungen im makroökonomischen Planungs- und Baubereich (Bedarfsentwicklung, Raumentwicklung, Raumordnung) oder um Lösungen in einzelnen Sparten (z.B. Flußbau - schnelles Abführen der Gewässer durch Regulierungen - Hochwässer - Grundwasserabsenkungen - Wasserversorgungsprobleme - Bewässerungsprobleme) oder um Detaillösungen (Typisierung) geht, stets geht es um die Entwicklung, Ordnung und Koordinierung. Nur dadurch lassen sich Fehlschritte durch linearkausale Denkprozesse ausschalten. Es sind daher gerade die Planungsstellen der öffentlichen Verwaltung (Ministerien, Landesbauämter, Stadtplanungsämter, die ja etwa 80 % des Gesamtbauvolumens oder 98 % z.B. des Straßenbauvolumens betreuen) durch ressortintegrierende Planungen zu koordinieren.

Eine Aufgabe der einzelnen Ingenieure ist darin zu sehen, die aus diesen Zielvorstellungen resultierenden Zielkonflikte abzustimmen bzw. abzubauen, um zu einem planungsrelevanten Zielkatalog zu kommen, der den Ausgangspunkt des projektorientierten Planungsprozesses darstellt. Auf der Grundlage des planungsbezogenen Zielkatalogs erfolgen dann die nächsten Tätigkeiten, die zur Erarbeitung eines Programms und eines Planungskonzeptes führen. Das Planungskonzept sollte eine erste verbale und/oder skizzenhafte Beschreibung einmal der Vorgehensweise zur Lösung der Bauaufgabe beinhalten, zum anderen sollten Ansätze zur Realisierung baulicher Strukturen dargestellt werden, wie zum Beispiel:

Funktionsschemata
Raumzuordnungen
Verteilung von Massen und Flächen aufgrund bestimmter Randbedingungen, wie zum Beispiel Ausnutzungsziffern, mögliche Fertigungsverfahren usw.

Das Planungskonzept muß durch Vorverhandlungen mit den Behörden abgestimmt sein. Bestandteil dieser Leistungsphase ist eine Kostenschätzung aufgrund der Aussagen im Planungskonzept und -programm (zum Beispiel Nutzungseinheiten, Flächenangaben, Rauminhalte) nach DIN 276.

3.2 Projekt- und Planungsvorbereitung

Die Projekt- und Planungsvorbereitung beinhaltet bereits jene Tätigkeiten, die konkret auf die Planung "baulicher Strukturen" hinzielen (projektorientiert).

Grundlage der Leistungsphase ist die "problemorientierte" Anforderungsliste, die auf ihre "Planrelevanz" hin analysiert werden muß, das heißt auf ihre bauliche Realisierungsmöglichkeit. Bei der Planung werden eine Reihe unterschiedlicher Zielvorstellungen der beteiligten Institutionen für eine bauliche Maßnahme auftreten, zum Beispiel:

Zielvorstellungen der Baubehörden (Vorschriften, Gesetze)

Zielvorstellungen des Auftraggebers (zum Beispiel "nur" wirtschaftliche Ziele)

Zielvorstellungen des Architekten (zum Beispiel gestalterische Zielvorstellungen)

Zielvorstellungen der Nutzer (Partizipation)

Zielvorstellungen der Finanzierungsinstitute.

Diese Zielvorstellungen werden sich nun je nach der Art der Bauten, ob es sich um Infrastrukturbauten, Folgebauten, Tiefbauten, Industriebauten oder Hochbauten handelt, unterscheiden.

Aus der Vielfalt dieser Bauten läßt sich die Art und Weise des Projektierens ableiten. Allgemein muß nach dem Grundsatz einer koordinierten Projektierung vorgegangen werden.

Kosten-Nutzen-Analysen werden als Zusatzleistung angeführt, da sie nur in bestimmten Objektbereichen realisierbar sind.

3.3 System- und Integrationsplanung (Entwurf, Vorprojekt)

Die System- und Integrationsplanung beinhaltet mehrere Schritte. Auf der Grundlage des Planungskonzeptes wird die zur Lösung anstehende Bauaufgabe in ihre Elemente bzw. in ihre Subsysteme gegliedert, z.B.:

- Konstruktionssystem
- Heizungssystem
- Lüftungssystem
- Installationssystem
- Fertigungssystem
- Ausbausystem usw.

Für jedes dieser Systeme werden Systemziele definiert. Diesen Systemzielen entsprechend werden Lösungswege bearbeitet und dargestellt. Die nun folgende Integration der einzelnen Systeme beinhaltet die Anpassung und Verknüpfung derselben. Das Ergebnis dieses Integrationsprozesses mündet in die Darstellung eines Gesamtkonzeptes, das die zur weiteren Bearbeitung notwendige Darstellung des Projektes aufzeigt.

Das Gesamtkonzept soll alle endgültigen Angaben enthalten, die notwendig sind,

- um die für die Ausführung erforderlichen Pläne ohne grundsätzliche Änderung aufstellen zu können
- um eine Kostenschätzung nach DIN 276 vorzunehmen und
- um erkennen zu können, inwieweit die Ziele des planungsbezogenen Zielkatalogs und die Anforderungen erreicht wurden.

Die Gestaltung dieses Prozesses der Systembearbeitung und Integration der einzelnen Systeme wird

- je nach Objekt und seinen Einflußgrößen und
- je nach Planungsbüro mit seinen Einflußgrößen (Mitarbeiterstruktur, Bürogröße)

unterschiedlich sein.

Eine weitere Auffächerung der Tätigkeiten ist nicht angebracht, sodaß sich die Leistungsphase aus folgenden Tätigkeiten zusammensetzt:

Analyse des Planungskonzeptes unter Berücksichtigung einzelner Subsysteme

Durcharbeitung und Darstellung der einzelnen Systemlösungen

Integration der einzelnen Systeme zu einem Gesamtsystem und Darstellung des Gesamtsystems

Anpassung der einzelnen Systeme zueinander aufgrund des Integrationsprozesses

endgültige Darstellung des Gesamtkonzeptes.

Neben der grundsätzlichen Darstellung des Gesamtkonzeptes (Entwurf) einschließlich aller Besprechungsskizzen und dgl. gehören hierher auch noch überschlägige Baukostenschätzungen (nach Einheiten, wie z.B. umbauter Raum, verbaute Fläche, lfm-Tunnel, km-Autobahn u. dgl.) samt Erläuterungsbericht.

Auf der Basis der Baukostenschätzung wird sodann das Vorbudgetierungsprogramm unter Berücksichtigung der Terminvorplanung erstellt. Im Bereich der öffentlichen Verwaltung werden damit die Grundlagen für den Staatshaushaltsplan (Budgetschranken), im privaten Bereich die Grundlagen für Kreditverhandlungen (Kreditrahmen) oder besondere Finanzierungsmaßnahmen (Anleihen etc.) geschaffen.

Diese Budget- und Terminplanung steht auch in engem Zusammenhang mit den rechtlichen Verfahren. Es ist gerade das Vorprojekt auf die rechtlichen Bedingungen hin zu prüfen, um sämtliche Restriktionen in das Projekt einfließen zu lassen, sodaß negative Rückkopplungsmechanismen in Hinblick auf die Baubewilligungsverfahren auszuschalten sind.

Als Zusatzleistung sind alternative Kostenuntersuchungen vorgesehen. Dazu zählen Kostenuntersuchungen, die über den Rahmen der DIN 276 (neu) hinausgehen, wie zum Beispiel eine Kostenschätzung nach Bauelementen bzw. Bauteilen oder nach Kostenrichtwerten.

Die überschlägige Wirtschaftlichkeitsberechnung als Zusatzleistung beinhaltet Kosten/Nutzen-Analysen oder spezielle Aufwands/Ertrags-Analysen, die die Aufwendungen und Erträge vergleichbarer Baumaßnahmen gegenüberstellen.

Die Ausarbeitung von Alternativen bzw. Varianten und deren Bewertung muß als Zusatzleistung angesehen werden, da in der Regel die "Planverfasser" kaum in der Lage sind, zu eigenen, nach ihren Vorstellungen optimalen Lösungen, "echte", funktionsgerechte Alternativen zu schaffen. Die Schaffung von Alternativen und deren Bewertung müssen unabhängig von der Grundleistung möglich sein; sie müssen gesondert erfaßt werden, da sie entweder von anderen Institutionen oder anderen Fachbereichen angefertigt werden sollten. (Auswahl aufgrund eines Ideenwettbewerbs, oder einer funktionalen Leistungsbeschreibung u.dgl.).

3.4 Genehmigungsplanung (Einreichprojekt)

3.41 Allgemeines

Die Genehmigungsplanung umfaßt alle Tätigkeiten zur Aufstellung der Unterlagen, die zur Genehmigung eines Bauvorhabens gehören. Dazu gehören u.a. auch

- die notwendigen Befreiungsanträge

- die Verhandlungen mit den Behörden

- das Anpassen und Vervollständigen der Planungsunterlagen und Genehmigungsunterlagen aufgrund behördlicher Auflagen usw.

Besondere Prüfverfahren, die über den Rahmen des allgemein üblichen Verfahrens hinausgehen, werden als Zusatzleistung erfaßt.

Das Aufstellen der Wirtschaftlichkeitsberechnung und der Finanzierungsanträge im öffentlich geförderten sozialen Wohnungsbau ist ebenfalls Zusatzleistung innerhalb der Genehmigungsplanung.

3.42 Verfahren

3.421 Grundsätzliches

Damit betrachten wir einen Teilprozeß im Planungs- und Bauablauf, der wohl einer der bedeutendsten Hemmschuhe im gesamten Ablauf ist und dessen Steuerung extern erfolgen muß.

Heute stehen sowohl die gesetzlichen Grundlagen, wie die Genehmigungsverfahren in zunehmendem Maße im Mittelpunkt der öffentlichen Kritik. Es wird Klage darüber geführt, daß die derzeit geltende Regelung und Handhabung des Verfahrens zu erheblichen zeitlichen Verzögerungen und damit zu einer Verteuerung des Bauens führe. Wenn etwa im Straßenbau Zeiträume bis zu mehreren Jahren benötigt werden, so läßt sich das aus den vielen Bindungen (Trassenvarianten, politische Einflüsse etc.) noch eher verstehen. Wenn aber beispielsweise im Fertigteilhochbau die Genehmigungszeiten ein Jahr betragen und die Bauzeiten nur einige Monate, so wird jede Rationalisierung letztlich ad absurdum geführt. Die im öffentlichen Interesse im Rahmen des Genehmigungsverfahrens zu stellenden Anforderungen dürfen daher ebenfalls das Gebot einer Wirtschaftlichkeit des Bauens nicht außer Betracht lassen und auch unter diesem Gesichtspunkt nicht zu stärkeren Bindungen für die Bauherrn führen, als dies von der Sache her unabweisbar erforderlich ist.

Um die legislativen Grundlagen eingehend zu verstehen, muß neben der staatsgeschichtlichen Entwicklung auch die geltende Verfassung berücksichtigt werden.

Das Verfahrensrecht umspannt heute praktisch den größten Teil der rechtlichen Vorschriften im Baugeschehen.

Da es nicht die Aufgabe dieses Buches sein soll und kann, auf die einzelnen Verfahren einzugehen, wird in diesem Zusammenhang auf die gesetzlichen Grundlagen und die Literatur verwiesen, da ohnehin als Grundbedingung jeder Planungstätigkeit die genaueste Kenntnis der Rechtsgrundlagen empfohlen werden muß, um dadurch unangenehme Rückkopplungsmechanismen auszuschalten.

Grundsätzlich soll hier nur auf die Verfahrensgesetze (in Österreich z.B. AVG 1950) und sodann auf die einschlägigen Gesetze (Wasserrecht, Straßenrecht, Schiffahrtsrecht, Starkstromwegerecht, Bergrecht, Baurecht, Gewerberecht, Naturschutz, Denkmalschutz, Raumordnung, etc.) und die dort geltenden Verfahren verwiesen werden.

Um jedoch einen kurzen Überblick über die Probleme der gesetzlichen Grundlagen und über den Ablauf eines Verfahrens zu geben, wird das baurechtliche Genehmigungsverfahren in der BRD und Österreich kurz dargestellt.

3.422 Baugenehmigungsverfahren

In noch weit stärkerem Maße als andere Bereiche müßten die Baugesetze der ständig raschen technischen Entwicklung Rechnung tragen. Daraus ergibt sich die Notwendigkeit, neuen bautechnischen Erkenntnissen auch rechtlich mit der gebotenen Beschleunigung Raum zu ihrer Realisierung zu geben und Sicherheitsanforderungen abzubauen, die auf konventionelle, teilweise überholte Baumethoden abgestimmt sind.

Namentlich für ein industrialisiertes Bauen, das sich auf erheblich vergrößerte Märkte erstreckt und gleiche technische Grundlagen für Planung und Fertigung verlangt, müssen sich aus uneinheitlichen und veralterten Baugesetzen erhebliche Behinderungen ergeben.

Die laufende Verbesserung und Anpassung der Baugesetze an den technischen Fortschritt würde daher der Schaffung einer möglichst einheitlichen Rechtsgrundlage bedürfen. Da die Baugesetzgebung in die Kompetenz der Länder fällt, wird daher diese Forderung nicht realisierbar sein.

Die Uneinheitlichkeit der Rechtsgrundlagen, z.B. hinsichtlich der technischen Vorschriften in der BRD, zeigen zwischen den einzelnen Landesbauordnungen

gravierendste Abweichungen (Walper):
Besonders auffallend sind Abweichungen in den Vorschriften über Mindestabmessungen und -abstände für Bau- und Gebäudeteile und für Anlagen des technischen Ausbaues. Als Beispiel sei verwiesen auf unterschiedliche Maß-, Flächen- oder Querschnittsangaben für Ausstiegsöffnungen bei Dächern, lichte Höhen von Aufenthaltsräumen, Geschäftsräumen, Hotels, Dachwohnungen und Heizräumen,die Breite oder Grundfläche von Aborträumen, die Querschnitte von Rauchschornsteinen und Dicke von Schornsteinwangen, Einstiegsöffnungen von besteigbaren Schornsteinen, die Höhe von Fensterbrüstungen und Treppengeländern, die Abstände von Wasserversorgungs- und Abwässeranlagen. Ebenso deutlich treten Unterschiede zwischen den Vorschriften, die den Rohbau und Ausbau einschließlich des technischen Ausbaues betreffen, zutage. Dies gilt insbesondere für die Anlage von gesonderten Heizölräumen, die Einrichtung von Bädern in Relation zu den Wohnräumen, die Anlage von Treppenräumen und Fluren, die Zuverlässigkeit von Aufenthaltsräumen und Wohnungen in Dachräumen, die Notwendigkeit von Aufzügen und den Einbau von gesonderten Aufzugschächten in Relation zu Geschoßzahlen und Wohnraum, den Bau von Notschornsteinen, die Anlage von Abfallschächten, den Einbau von Lüftungseinrichtungen in Küchen, die Einrichtung von Abstellräumen in Wohnungen, die Zahl der Ausgänge aus Heizräumen, die Einrichtung von unabhängigen Beleuchtungen, von Notstromanlagen, von Blitzableitern, von Stockwerkheizungen und Einzelfeuerwerkstätten, die Anbringung von Waschbecken in Abortanlagen.

Eine Untersuchung ergab folgende Unterschiede im Bauordnungsrecht. Von 127 angeführten Abweichungen lassen sich nur vier sozialpolitisch aus der Verantwortlichkeit der Länderparlamente heraus rechtfertigen, davon sind zwei Fälle (Gestaltung) wesentlich zweckmäßiger durch gemeindliche Satzung zu regeln. Vier weitere Unterschiede sind in ihrem Ursprung landschaftsbedingt, inzwischen jedoch durch allgemeine Anhebung der hygienischen Anforderungen überholt. Für die übrigen 119 Unterschiede,ebenso wie für die unterschiedlichen Einführungstermine,sind keine sachlichen Gründe erkennbar.

99 der betrachteten Unterschiede müssen bei der Planung berücksichtigt werden. Sie stellen zusätzliche Aufwendungen für alle Planenden dar, deren Arbeitsfeld sich auf mehr als ein Bundesland erstreckt. 10 Bestimmungen bedingen eine unterschiedliche bauliche Ausnutzbarkeit von Grundstücken trotz gleichen Zuschnittes und gleicher Nutzbarkeit nach Art und Maß der Nutzung gemäß Bundesbaugesetz und Baunutzungsordnung. Bei Voranfragen und Bauanträgen an die Bauaufsichtsbehörde sind von den Planenden in 26 Fällen

unterschiedliche Verfahrensweisen zu beachten, während ein Bauaufsichtsbeamter bei Übertritt in den Dienst eines anderen Bundeslandes sich auf bis zu 127 unterschiedliche Bestimmungen einzustellen hat. In 49 Fällen verringern die Differenzen zwischen den Ländern die Zahl gleicher Elemente bei der Serienfertigung, indem sie den Markt der Fertigteile oder ihrer Produktionsanlagen durch Landesgrenzen beschränken. In 36 Fällen kann die Serie nur mit Hilfe zusätzlicher Einzelelemente und somit erhöhter Lagerhaltung aufrecht erhalten werden, in 11 Fällen ist die Übertragung eines Fertigungssystems in ein anderes Land insgesamt in Frage gestellt.

99 Unterschiede wirken sich somit erschwerend für die Planung aus und 29 Unterschiede wirken kostensteigernd bei der industriellen Produktion. Sie stellen ein wesentliches Hindernis für die Rationalisierung der Planung und Fertigung dar.

Die Situation in Österreich ist dadurch gekennzeichnet, daß derzeit 13 Bauordnungen, die teilweise aus dem vorigen Jahrhundert stammen, die Bauprozesse wesentlich beeinflussen.

Burgenland:	1926 in Kraft gesetzt, bis dahin (ca. 1920) galt Ungarisches Baurecht
Kärnten:	1969 Kärntner Bauordnung
Niederösterreich:	1833 Landesbauordnung, ursprünglich ähnlich der Wiener Bauordnung
Oberösterreich:	3 Bauordnungen 1875 Landesbauordnung 1887 Stadtbauordnung für Linz, Wels, Gmunden, Ried, Schallerbach 1875 Stadtbauordnung für Steyr
Salzburg:	2 Bauordnungen 1968 Landesbauordnung, basierend auf dem Gesetz 1879 1968 Stadtbauordnung
Steiermark:	1968 Steiermärkische Bauordnung
Tirol:	1901 Landesbauordnung 1896 Stadtbauordnung für Innsbruck

Vorarlberg: 1924 Landesbauordnung, 1962 wurde sie wieder verlautbart

Wien: 1929 Landesbauordnung, verlautbart 1930, dieses Gesetz ist ganz anders als alle anderen Gesetze.

Auch in Österreich besteht hinsichtlich der technischen Bestimmungen eine große Uneinheitlichkeit. Die Abweichungen zwischen den einzelnen Bauordnungen wurden in einer Arbeit der Forschungsgesellschaft für Wohnen, Bauen und Planen aufgezeigt.

Als spezifisches Merkmal der baurechtlichen Verhältnisse in der Schweiz fällt auf, daß praktisch keine einheitliche Gesetzgebung im Sektor des Bauwesens vorhanden ist.

Die eidgenössischen und kantonalen Gesetze verpflichten die zuständigen Behörden, für die Einhaltung der Bauvorschriften zu sorgen. Als Folge des föderalistischen Staatssystems präsentiert sich heute dem Bauinteressenten eine bunte Sammlung von Paragraphenwerken auf allen Stufen öffentlicher Instanzen. Von Kanton zu Kanton, ja von Gemeinde zu Gemeinde variieren die an ein Bauwerk gestellten Anforderungen.

Der Ruf nach übergeordneter externer Steuerung ist deutlich hörbar.
Eine Steuerung dieses Prozesses wird extern erfolgen müssen. Ansätze einer Vereinheitlichung und Neuordnung sind in der Schaffung der Musterbauordnungen bereits geschehen (BRD 1959, Österreich 1960).
Die Musterbauordnung gilt als Arbeitsunterlage für neue Bauordnungen. Sie gliedert sich etwa in folgende Hauptabschnitte:

1. Anwendung der Bauordnung.
   Ergänzt durch eine Begriffsbestimmung, um Fehler zu vermeiden.

2. Planungsabschnitt.
   Ortsplanung, Flächennutzungsplan, Bebauungsplan, Entwicklungsplan.
   Daneben gibt es noch administrative Bestimmungen, Bebauungsregeln sind vorhanden.

3. Bodenordnung.
   Sie ist in anderen Bauordnungen kaum vorhanden. In anderen Ländern Westeuropas (Holland) ist die Bodenordnung von großer Bedeutung.
   Sie beinhaltet ferner Liegenschaften, Umlegungsverfahren (Grundzusammenlegungen) und Grenzberichtigungsverfahren.

Dazu gehört auch das Kapitel der Beschränkung des Grundeigentums und der Enteignung.
Im vorigen Jahrhundert entstand das Eisenbahnenteignungsgesetz.
Alle Enteignungsgesetze weisen heute auf das Eisenbahnenteignungsgesetz hin (Straßengesetz, Wassergesetz).
Aktuell ist auch das Kapitel der Anliegerrechte (Umwelt).

4. Bauvorschriften
   Alle technischen Vorschriften gelten immer für den neuesten Stand.

5. Administrative Vorschriften.
   Grundbuch, Strafsachen.

6. Übergangsbestimmungen.

Die erste Bauordnung in Österreich, die auf der Musterbauordnung basiert, ist die neue Steirische Bauordnung 1968, die sehr modern gestaltet ist. So sind die einzelnen technischen Vorschriften sehr großzügig gehalten, um Neuerungen jederzeit aufnehmen zu können.

In der BRD sind große Bemühungen um eine Vereinfachung des Baugenehmigungsverfahrens im Gange (Enquete über die Bauwirtschaft, Teil 4.3.4,Walper - Zinkahn).

Wie kompliziert der traditionelle Ablauf eines normalen Baugesuchs für eine Großstadt in der BRD ist, zeigt das folgende Organisationsschema:

Annahmestelle:	Prüfung auf äußere und innere Vollständigkeit
Amtsleiter:	Kenntnisnahme
Techn. Abteilung:	
Abt. Leiter	wie vor
Sachbearbeiter	Direktiven überschlägig prüfen, in Umlauf setzen
Umlauf 1	
Vermessungsamt	Hausnumerierung
Planungsamt	Prüfung nach Bundesbaugesetz (BBauG)
Straßenbauamt	Verkehrsführung Straßenhöhen, Straßenbaukosten (Landesstraßenbehörde)
Kanal- und Wasserbauamt	Entwässerung, Kanalhöhen, Kosten. Wasserrechtliche Bestimmungen - (Mittelinstanz) - Wasserbehörde

St. Reinigungsamt	Müllbeseitigungsanlagen
Stadtwerke	Versorgung
(Post	Kabelführung)
(Naturschutzbehörde -	obere Naturschutzbehörde)
Bauverwaltungsamt	Erschließungsverhandlungen mit Bauherrn, Auflagen mit Bauherrn, Auflagen und Bedingungen aus Umlauf, Rückgabe an BAB (Bauaufsichtsbehörde).

Umlauf 2
(gleichzeitig mit Umlauf 1)

Feuerwehr	Vorbeugender Brandschutz
Gewerbeaufsichtsamt (GAA)	Immissionsschutz Rückgabe an Bauaufsichtsbehörde (BAB)
Technischer Überwachungsverein (TÜV)	Immissionsschutz, technische Anlagen wie Aufzüge u. dgl.

Technische Abteilung

Sachbearbeiter	(Bauberatung anhören) statistische Berechnung an Abtlg. Baustatik geben (Nachbarn anhören) endgültige Prüfung nach Landesbauordnung (LBO) Prüfungsbemerkungen eintragen Befreiungsbescheid einschl. Gebührenrechnung Abt. Leiter vorlegen (Amtsleiter-Planungsausschuß-Regierungspräsident) Bauscheingebühren berechnen (Statik) Bauscheinkonzept
Abteilung Baustatik	Prüfen der Berechnungen oder Auftrag an Prüfingenieur vergeben, Gebühren berechnen, an techn. Abteilung - Sachbearbeiter - zurückgeben.

Verwaltungsabteilung	Gebühren auf Richtigkeit prüfen (Statistik) Reinschriften, Gebühren zum Sollstellen, Bauherrn benachrichtigen, Bauschein aushändigen.

Es wurden Empfehlungen erarbeitet, die Möglichkeiten einer Beschleunigung sowohl des Verfahrensablaufes zwischen Baugenehmigungsbehörde und Planfertiger als auch der innerbetrieblichen Rationalisierung aufzeigen.

Die Vorschläge zur Rationalisierung des Verfahrens umfassen etwa:

1. Einreichen der Bauanträge unmittelbar bei der Bauaufsichtsbehörde ohne Zwischenschaltung der Gemeinde

2. Verstärkte Anwendung von Bauvoranfragen und Teilbaugenehmigungen

3. Reduktion der Zahl der zu beteiligenden Dienststellen durch kompetente Vorklärung in der Baugenehmigungsbehörde selbst

4. Räumliche Nähe und regelmäßiger Kontakt mit der zu beteiligenden Dienststelle

5. Vereinheitlichung der Formulare

6. Einsatz von Textverarbeitungsautomaten

7. Bessere personelle Ausstattung der Baugenehmigungsbehörden und laufende Weiterbildung.

8. Zentralisierung der Bauaufsicht in Kreisen mit etwa 200.000 Einwohnern oder kreisfreien Städten ab 80.000 Einwohnern.

Parallel zur Entwicklung einer Vereinfachung des Verfahrens sind jedoch Bestrebungen im Gange, das Genehmigungsverfahren zu verkomplizieren. Einerseits ist das sicherlich bedingt durch den Umweltschutz, andererseits auch dadurch, daß die durch das Bauvorhaben Betroffenen in immer stärkerem Maße an Entscheidungen teilhaben, so daß dieser Prozeß letztlich von politischen Entwicklungen (Bürgerinitiativen) mitgesteuert wird.

Am österreichischen Beispiel wird der Ablauf des Baugenehmigungsverfahrens entsprechend der Steiermärkischen Bauordnung 1968 herausgegriffen.

Dem Ansuchen sind als Beilagen anzuschließen;

1. bei Widmungsansuchen;
   a) ein amtlicher Grundbuchauszug nicht älter als 6 Wochen,
   b) der Grundbesitzbogen,
   c) einen Auszug aus der Katastermappe des Vermessungsamtes, der dem letzten Stand entspricht und auch die Nachbargrundstücke ausweist,
   d) die Zustimmungserklärung des Grundeigentümers, wenn der Antragsteller nicht selbst Eigentümer ist,
   e) ein eingeordneter Lageplan mindestens im Maßstab 1:1000 in dreifacher Ausfertigung mit Angabe der Himmelsrichtung, der eine Darstellung des zu widmenden Grundes einschließlich der geplanten Teilungen, alle benachbarten Grundstücke unter Angabe der Eigentümer und ihrer Anschriften, ferner den Flächeninhalt der zu widmenden Bauplätze und schließlich eine Darstellung der vorhandenen Bauten und anderen Anlagen, wie z.B. Kanäle, Wasserleitungen, Stromleitungen mit den dazugehörigen Schutzstreifen zu enthalten hat.
   f) Angaben über den Verwendungszweck der vorgesehenen Bauten.

2. bei Bauansuchen:
   a) der Nachweis der Widmungsbewilligung oder, wenn gleichzeitig um die Widmungsbewilligung angesucht wird, die hiezu erforderlichen Unterlagen (siehe 1.)
   b) ein amtlicher Grundbuchauszug, nicht älter als 6 Wochen,
   c) die Zustimmungserklärung des Grundeigentümers, wenn der Antragsteller nicht selbst Eigentümer ist,
   d) die Baupläne in zweifacher Ausfertigung,
   e) eine Baubeschreibung mit allen für die Bewilligung maßgebenden Umständen, insbesondere auch mit Angaben über den Verwendungszweck der Bauten, in zweifacher Ausfertigung.

Dazu ist zu bemerken, daß die unter 1. und 2. genannten Unterlagen nicht zur Einsicht der Behörde vorzuweisen sind, sondern als Beilagen dem Ansuchen "anzuschließen", also dem Behördenakte einzuverleiben sind, wobei seitens der Behörde nicht nur auf die ordnungsgemäße Verstempelung des Ansuchens (dzt. je Bogen mit S 15.--) sondern ebensosehr auf die gehörige Verstempelung jeder der Beilagen zu achten sein wird.

Es können hiebei, insbesondere was die Beibringung der Grundbuchauszüge anbelangt, vor allem bei größeren Besitzungen nicht unerhebliche Kosten entstehen. Diese zu vermeiden (vor allem wenn es sich um Landtafelauszüge handelt), können zwei Wege beschritten werden, und zwar entweder

a) bei schon vorhandenen oder weiter als 6 Wochen zurückliegenden Grundbuchauszügen, diese dem Grundbuchgericht mit dem Ersuchen vorzulegen, diese Auszüge zu ergänzen, oder

b) an das Grundbuchgericht das Ersuchen um eine Ausfertigung eines "besonderen Grundbuchauszuges" zu stellen, wobei nur ein Auszug über die zur Widmung bzw. Verbauung vorgesehenen Grundstücke angestrebt bzw. ausgestellt wird.

Die näheren Details erklärt jeder Grundbuchbeamte, weshalb an dieser Stelle hierauf näher einzugehen verzichtet werden kann.

Baupläne

Die Baupläne haben zu enthalten: den Lageplan, die Grundrisse sämtlicher Geschosse, die notwendigen Schnitte, insbesondere die Stiegenhausschnitte, alle Ansichten, die zur Beurteilung der äußeren Gestaltung des Baues und des Anschlusses, äußere Farbgebung, die Darstellung bewilligungspflichtiger Einfriedungen, der Abwasseranlagen, Düngerstätten, Müllgruben u.dgl.

Wenn aus diesen Bauplänen und dem Lageplan allein nicht beurteilt werden kann, ob der geplante Bau den Vorschriften dieses Gesetzes entspricht, sind auf Verlangen der Baubehörde weitere Nachweise zu erbringen.

Die Pläne sind auf haltbarem Papier in Tusche, im Druckverfahren, als dauerhafte Kopien oder dgl. herzustellen. In Plänen für Zu- und Umbauten sind die abzutragenden Bauteile gelb, die neu zu errichtenden Bauteile rot dazustellen.

Baubeschreibung

Die Baubeschreibung enthält Angaben betreffend den Bauherrn, das Grundstück und dessen Lage, die Anrainer und Nachbarn und eine Beschreibung des Bauobjektes.

Für die richtige und fachgemäße Erstellung der Baubeschreibung und der Baupläne haften Verfasser und Bauführer, ebenso auch für die Einhaltung der baurechtlichen Vorschriften. Hinsichtlich der Berechnungen und sonstigen Nachweise haften die Verfasser derselben ausschließlich, wobei die Haftung weder durch die Baubewilligung noch die Benützungsbewilligung oder durch behördliche Überprüfungen der Bauausführung aufgehoben wird.

Die Baupläne, die Baubeschreibung und allfällige weitere Nachweise müssen vom Grundeigentümer, vom Bauwerber, von den Verfassern und vom Bauführer unter Beisetzung ihrer Eigenschaft unterfertigt sein. Ist der Bauführer zur Zeit der Einreichung der Baupläne noch nicht bestimmt, so ist die Unterschrift des Bauführers vor Beginn der Bauarbeiten nachzutragen.

Diese Regelung trägt dem Umstande Rechnung, daß ein Bauvorhaben vielfach erst durch einen Architekten gelöst und in Plänen und Beschreibungen festgehalten, bzw. dieses Projekt der Baubehörde dann zur Bewilligung eingereicht wird, ohne daß schon entschieden wäre, welcher Bauführer dasselbe zur Ausführung übertragen erhalten wird. Denn für gewöhnlich wird eine Ausschreibung erst nach Erteilung der Baubewilligung vorgenommen, wobei meistens der Bestbieter den Zuschlag, also die Ausführung übertragen erhält.

Es wäre nun Pflicht der Baubehörden, mehr auf die nachträgliche Unterfertigung der Baupläne zu achten, wobei die Anzeige über den Baubeginn zwecks unverzüglicher Überprüfung der festgesetzten und abgesteckten Fluchtlinien, spätestens aber die Überprüfung des Rohbaues, allerletzten Falles die Endbeschau, die geeigneten Zeitpunkte wären.

Erfolgen dagegen während des Bauens Abweichungen von den genehmigten Bauplänen, so sind die Abweichungen unter gleichzeitiger Vorlage entsprechender Abänderungspläne - vor deren Ausführung - durch die Baubehörde bewilligen zu lassen, soferne es sich hiebei um bewilligungspflichtige Baumaßnahmen handelt. Solche Abänderungen können daher niemals im Zuge einer Benützungsbewilligung einer nachträglichen Baubewilligung zugeführt werden, ausgenommen geringfügige Mängel, wobei auf die Benützungsbewilligung verwiesen sei.

Die Baubehörde sollte aber die Baupläne und die Baubeschreibung vor Ausschreibung der Ortsverhandlung dem technischen Sachverständigen zur Vorbegutachtung übermitteln. Nicht nur, weil es diesem kaum zugemutet werden kann, ohne diese vorher durchgesehen zu haben, an Ort und Stelle sofort ein einwandfreies Gutachten abzugeben, sondern auch deshalb, weil es möglich ist, daß schon aufgrund dieser Pläne das Ansuchen abgewiesen werden muß.

Bauverhandlung

Die Bauverhandlung kann, muß aber nicht, mit der Widmungsverhandlung gemeinsam, jedenfalls aber für sich getrennt, geführt werden. Dies bedeutet nicht, daß auch mit der zu erteilenden Widmungsbewilligung zugleich die Baubewilligung erteilt werden kann. Vielmehr ist vor Erteilung der Baubewilligung die Rechtskraft der Widmung abzuwarten.

Über das Ansuchen ist eine örtliche Erhebung und mündliche Verhandlung unter Beiziehung der erforderlichen Sachverständigen durchzuführen, es sei denn, daß es bereits aufgrund der Prüfung der Pläne und Unterlagen abzuweisen ist, Zur Bauverhandlung sind die Bauwerber, der Grundeigentümer, die Planverfasser der Bauführer und die Nachbarn zu laden.

Der Nachbar kann gegen die Erteilung der Baubewilligung Einwendungen erheben, wenn diese sich auf Bauvorschriften beziehen, die nicht nur dem öffentlichen Interesse, sondern auch dem Interesse der Nachbarn dienen.

Werden privatrechtliche Einwendungen erhoben, so ist auf eine gütliche Einigung der Parteien hinzuwirken. Kommt eine Einigung nicht zustande, so ist dies unter Anführung der nichterledigten privatrechtlichen Einwendungen in der Verhandlungsschrift festzustellen.

Bewilligung

Die Baubehörde hat einem Ansuchen mit schriftlichem Bescheid stattzugeben, wenn die nach diesem Gesetz für die Bewilligung des Bauvorhabens geforderten Voraussetzungen erfüllt sind.

Über alle Einwendungen, mit Ausnahme der nichterledigten privatrechtlichen, ist zu entscheiden. Liegen nichterledigte privatrechtliche Einwendungen vor, so ist im Bescheid auszusprechen, ob und inwiefern die Bauführung oder die sonstige bewilligungspflichtige Maßnahme, unbeschadet der Rechte nach den §§ 340 ff ABGB., nach den baurechtlichen Vorschriften zulässig ist. Die nichterledigten privatrechtlichen Einwendungen sind ausdrücklich anzuführen und gleichzeitig ist festzustellen, daß deren Austragung dem Zivilrechtsweg vorbehalten bleibt.

Mit dem Bescheid ist eine mit dem Genehmigungsvermerk versehene Ausfertigung der Baupläne und Unterlagen dem Bauwerber auszufolgen.

Die Baubewilligung erlischt, wenn binnen fünf Jahren nach Rechtskraft der Baubewilligung mit dem Bau nicht begonnen wird.

Mit der Baubewilligung übernimmt die Baubehörde auch ihren baupolizeilichen Auftrag zur Überwachung, die sich über die Überprüfung während der Bauausführung, über die Rohbaubeschau, Endbeschau und Benützungsbewilligung bis zur Überwachung des Bauzustandes bestehender Bauten fortsetzt.

Die Baubehörde nimmt dabei jedoch den am Planungs- und Bauprozeß Beteiligten keinerlei Verantwortung ab.

3.5 Ausführungsplanung (Ausführungsprojekt)

Die Ausführungsplanung entspricht in ihrer Vorgehensweise der System- und Integrationsplanung und führt zur umfassenden Darstellung der zur Realisierung der Baumaßnahme notwendigen Einzelheiten. Diese Darstellung sollte fertigungsorientiert sein, das heißt sie muß alternative Lösungen aufgrund von Informationen und Vorangeboten einzelner Firmen bzw. Hersteller berücksichtigen.

Zur Leistungsphase gehören selbstverständlich die Koordination und Anpassung der zur Darstellung der Einzelheiten notwendigen Unterlagen und Informationen durch andere Fachleute.

Die Ausführungsplanung im technischen Bereich (im wirtschaftlichen Bereich - siehe Ablaufphasen der Auftragnehmerseite) umfaßt sämtliche Ausführungs- und Detailzeichnungen, Berechnungen, Modellversuche, sonstige Nachweise etc., das sind die baureife Durcharbeitung aufgrund der genehmigten Einreichunterlagen samt Auflagen, mit allen Maßen und konstruktiven Angaben in Zusammenarbeit mit den Sonderfachleuten, sowie alle für die Ausführung erforderlichen Detailzeichnungen in einem nach dem Ermessen des Planers geeigneten Maßstab. Dieser wird sich je nach der Art des Bauvorhabens
(Tiefbau - Autobahn, Straße, Tunnel, Brücke, Flußbau, Kraftwerk,
Abwasserbeseitigung, Wasserversorgung etc.
Industriebau - Fertigungshalle, Lagergebäude etc.
Hochbau - Wohnbau, Verwaltungsbau, Institutsbau etc.)
grundlegend unterscheiden, sodaß generelle Richtlinien hier bewußt nicht angeführt werden.

Die Berechnungen (baumechanische - statisch-dynamische, baukonstruktive, bauphysikalische, hydraulische etc.) sind in prüfbarer Form unter Berücksichtigung sämtlicher technischer Vorschriften zu erstellen. Neben diesen Ausführungsunterlagen gehört noch eine detaillierte Baubeschreibung als Vervollständigung und Ergänzung dazu.

Als Zusatzleistung wird das Erstellen eines Raumbuches angeführt, das nur bei bestimmten Objektbereichen notwendig ist.

3.6 Vorbereitung der Vergabe

3.61 Grundsätzliches

Die "Vorbereitung der Vergabe" besteht aus drei Schritten:

Massenermittlung
Leistungsverzeichnis (konventionell bzw. funktional)
Kostenberechnung.

Die Kostenberechnung umfaßt die Kostenberechnung nach Gewerken oder die Kostenberechnung nach Elementen (DIN 276) durch Einholung, Prüfen und Zusammenstellen der Vorangebote einzelner Untersuchungen einschließlich Alternativen oder durch Einsetzen ortsüblicher Preise.

Die Kostenberechnung nach Kostenrichtwerten wird als Zusatzleistung betrachtet, da nur für bestimmte Objektbereiche Kostenrichtwerte vorhanden sind.

Unter "Vergabe" sind alle Vorgänge zu verstehen, die zum Abschluß eines Leistungsvertrages führen.

Diese sind:

Ausschreibung
Angebot und
Zuschlag.

Um den,den Begriff der Vergabe einschließenden, verschiedenen Maßnahmen einen geordneten Verlauf zu geben und Mißbräuche auszuschalten, sind in den meisten Staaten allgemeine Vergabeordnungen in Geltung, die auch auf die Vergabe von Bauleistungen angewendet werden. In einigen Staaten bestehen sogar für letztere spezielle Vergabeordnungen.

Unterschiedlich ist auch der Grad der Verbindlichkeit. In manchen Staaten besteht eine gesetzliche Verankerung, in anderen ist die Anwendung nur empfohlen und wird gegebenenfalls durch interne Verwaltungsakte verbindlich gemacht.

Unterschiedlich ist auch die rechtliche Stellung der Vertragspartner. So tritt die "Öffentliche Hand" (Staat - Bund, Länder - Provinzen, Gemeinden etc.) als Auftraggeber beispielsweise in Deutschland, Österreich und in der Schweiz als Subjekt im Sinne des Privatrechtes in Erscheinung. Zwischen den Vertragspartnern bestehen rein rechtlich gesehen keinerlei Unterschiede.

In Frankreich und anderen Staaten wiederum, ist die Auftragsvergabe der "Öffentlichen Hand" ein Hoheitsakt, der demgemäß nach dem öffentlichen Recht abgehandelt wird.

Nachstehend werden die wesentlichen europäischen, dem Bereich der freien Marktwirtschaft zugehörigen Staaten bezüglich ihrer Vergabeordnungen besprochen.

Bundesrepublik Deutschland:

VOB-Verdingungsordnung für Bauleistungen: Ausgabe 1973, herausgegeben vom Deutschen Normenausschuß
Teil A-DIN 1960 "Allgemeine Vergabebestimmungen"
Teil B-DIN 1961 "Allgemeine Vertragsbestimmungen"
Teil C-DIN - Nummern der Reihe DIN 18300 - 18450 mit "Allgemeinen Technischen Vorschriften für verschiedene Bauleistungen."

Diese Verdingungsordnung beruht nicht auf gesetzlicher Grundlage und ihre Anwendung ist daher freiwillig. Bundes- und Landesbehörden haben ihren Dienststellen die Anwendung der VOB vorgeschrieben, ihr dadurch in der Praxis weitgehend zum Durchbruch verholfen, ohne daß im allgemeinen ein Unternehmer einen Rechtsanspruch auf ihre Anwendung durch die jeweilige Behörde erlangt.
In Einzelfällen tritt dies jedoch ein, z.B. wenn Vergaben von Wohnungsbauten im Zusammenhang mit der Gewährung von Wohnbaudarlehen aus öffentlichen Mitteln stehen.

Österreich:

ÖNORM A 2050, herausgegeben vom Österreichischen Normenausschuß.

Gilt ohne Beschränkung auf bestimmte Sachgebiete; keine gesetzliche Grundlage, jedoch durch Verwaltungsakte für bestimmte Bereiche für verbindlich erklärt.

Die ÖNORMEN B 2110 bis B 2113 sind die Vertragsnormen für das Bauwesen.

Schweiz:

Einheitliche Regelungen gelten nur für Auftragsvergabe betreffend Agenden, die verfassungsmäßig Bundessache sind und sich nach dem Bundesgesetz für Nationalstraßen vom 8. März 1960 orientieren. Alle übrigen Ausschreibungen unterliegen den Submissionsordnungen der zuständigen Verwaltungen, meist Kantone und Gemeinden.

EWG:

Für den Bereich der Europäischen Wirtschaftsgemeinschaft wurden bisher Vorschläge für Richtlinien zur Koordinierung der Vergabeverfahren für öffentliche Bauaufträge ausgearbeitet, die sich im allgemeinen auf gemeinsame Vorschriften über die Beschreibung technischer Merkmale, gemeinsame Bekanntmachungsvorschriften und gemeinsame Teilnahmebestimmungen beschränken, die jeweiligen nationalen Vergabeordnungen unberührt lassen und die für Verträge mit öffentlichen Auftraggebern Gültigkeit haben sollen.

Grundsätze der Vergabe:

Die Vergabeordnungen aller hier angeführten Staaten haben ungefähr folgende Grundsätze gemeinsam:

a) den Wettbewerb unter den Bietern
b) die Forderung nach der einschlägigen Befugnis, Fähigkeit und Zuverlässigkeit des Bewerbers
c) die Vergabe zu angemessenen Preisen.

Arten der Vergabe:

Hinsichtlich der Art der Vergabe gelten für alle der vorhin angeführten Staaten, mit Ausnahme der Niederlande und Dänemarks, drei Verfahren, nämlich:

a) Die öffentliche Ausschreibung, bei der an eine unbeschränkte Anzahl von Unternehmen die öffentliche Aufforderung gerichtet wird, Angebote einzureichen, die also in Zeitungen, Zeitschriften etc. zu verlautbaren ist.

b) Die beschränkte Ausschreibung, bei der an eine beschränkte Anzahl von Unternehmern eine Aufforderung zur Anbotstellung in schriftlicher Form gerichtet ist.

   Sie ist der öffentlichen Ausschreibung vorzuziehen, wenn die Herstellung des Bauwerkes vom ausführenden Unternehmen besondere Fachkenntnisse, Vertrauenswürdigkeit, Geheimhaltung etc. verlangt, oder wenn terminliche Überlegungen, das geringfügige Ausmaß des Vorhabens oder eine vorausgegangene erfolglose öffentliche Ausschreibung dazu veranlassen.

c) Die freihändige Vergabe, bei der der Auftrag ohne förmliches Verfahren nach freiem Ermessen des Auftraggebers vergeben wird. Sie wird überall nur eine Ausnahmeerscheinung sein, die dann zur Anwendung gelangt, wenn aus Gründen, die in den meisten nationalen Vergabebestimmungen beispielhaft angeführt sind, die öffentliche oder die beschränkte Ausschreibung unzweckmäßig sind.

Bezüglich wesentlicher,weiterer allgemeiner Bestimmungen der Vergabeordnungen soll hier nur mehr auf die VOB, Teil A und die ÖNORM A 2050 eingegangen werden.

Preiserstellung

a) Preisangebotsverfahren, bei dem der Bewerber in das ihm zur Verfügung gestellte Leistungsverzeichnis (LV) seine Preise einzusetzen hat und

b) das Preisaufschlags- und Nachlaßverfahren, bei dem der Bewerber zu vom Ausschreibenden aufgestellten Richtpreisen seinen Zu- oder Abschlag anzugeben hat.

Sowohl in der DIN als auch in der ÖNORM sind die Anwendung des zweiten Verfahrens nur ausnahmsweise, für den Fall regelmäßig wiederkehrender und gleichartiger Unterhaltungsarbeiten vorgesehen.

Preisarten

Der Art nach kann der Preis ein Einheitspreis, Bauschpreis oder Regiepreis sein.

Einheitspreis, ist der Preis für die Einheit einer Leistung, deren Menge in Stückzahl, nach Maß oder Gewicht vom Ausschreibenden anzugeben ist.

Bauschpreis (BRD: Pauschalsumme), ist der für eine Gesamtleistung oder auch eine Teilleistung in einem Betrag angegebene Preis.

Regiepreis ist der Preis für eine Leistung, der nach dem tatsächlichen Aufwand, also nach den Selbstkosten, ermittelt wird.

Nach Einheitspreisen soll vergeben werden, wenn sich eine Leistung nach Art und Güte genau, nach Umfang zumindestens annähernd bestimmen läßt.

Nach Bauschpreisen (BRD Pauschalsumme) soll nur dann vergeben werden, wenn Art, Güte und Umfang, sowie die Umstände unter denen die Leistung zu erbringen ist, zur Zeit der Ausschreibung genau bekannt sind.

Nach Regiepreisen soll nur vergeben werden, wenn Art, Güte und Umfang einer Leistung nicht genau erfaßt werden können, sodaß eine Vergebung sowohl nach Einheitspreisen, als auch nach Bauschpreisen nicht möglich wäre. Die Selbstkosten sind dabei nachzuweisen und der Unternehmerzuschlag festzulegen.
Die DIN 1960 kennt noch einen Stundenlohnvertrag, der für Bauleistungen geringen Umfanges, die überwiegend Lohnkosten verursachen, angewendet werden kann.

Der besonders bei längerfristigen Bauvorhaben sehr ins Gewicht fallende Umstand der ständigen Lohn- und Baustoffpreiserhöhungen, sowie eventuellen Erhöhungen der sozialen Zuschläge während der Laufzeit eines Bauvertrages machten entsprechende Bestimmungen erforderlich, die Preisänderungen auch während dieser Zeit ermöglichen. Die DIN 1960 (VOB Teil A) hält nun ganz allgemein fest, daß bei unvorherzusehenden wesentlichen Änderungen der Preisermittlungsgrundlagen eine angemessene Änderung der Vergütung in den Verdingungsunterlagen, unter Festlegung diesbezüglicher Einzelheiten, vorgesehen werden kann. Die ÖNORM sieht hier die Vergabe zu Festpreisen und zu veränderlichen Preisen vor.

Festpreis und veränderlicher Preis

Festpreise sind ohne Rücksicht auf etwa einzutretende Änderungen der Preisgrundlagen unter allen Umständen unveränderlich, während ein veränderlicher Preis unter bestimmten Voraussetzungen bei Änderungen vereinbarter Preisunterlagen geändert werden kann. Wie diese Voraussetzungen beschaffen sein müssen, ist in den Vertragsnormen behandelt und wird im Zusammenhang mit der Abrechnung näher besprochen.

Grundsätzlich soll zu Festpreisen vergeben werden. Wenn eine Festpreisvereinbarung einem der Vertragspartner ein unzumutbares Wagnis auferlegen würde, was insbesondere bei langfristigen Verträgen zutrifft, soll zu veränderlichen Preisen vergeben werden. Da nicht immer alle Preisgrundlagen von einer Veränderung betroffen sein müssen, soll auch in diesen Fällen getrachtet werden, bestimmte Preise oder Preisanteile als fest zu vereinbaren.

3.62 Die Ausschreibung

Unter "Ausschreibung" wird die nach bestimmten Regeln an Unternehmer gerichtete Aufforderung verstanden, Angebote zur Erbringung einer bestimmten Leistung einzureichen.

Form, Inhalt und Aufbau der Ausschreibung:

Grundsatz:

Sämtliche Daten sollen so beschrieben werden, daß sie später Inhalt des Bauvertrages sein können.
Außerdem sollen die aufgrund einer Ausschreibung ausgearbeiteten Angebote miteinander vergleichbar sein. Dies gilt zunächst einmal für die Vertragsbestimmungen, vor allem aber für die geforderten Leistungen, sodaß sie in derselben Fassung - sowohl für das Angebot, als auch für den Bauvertrag verwendet werden können. Dieser Grundsatz gilt auch, wenn für die ganze Leistung oder für Teile derselben Varianten ausgeschrieben werden, um Alternativangebote oder Angebote von Wahlpositionen zu erhalten. Diese Grundsätze sind auch auf die Leistungsbeschreibung mit Leistungsprogramm gültig, wobei hier allerdings die Bewertungsprobleme wesentlich stärker hervortreten.

Eine Ausschreibung wird daher folgende Teile enthalten müssen:

1. Die Bekanntmachung, bzw. das Einladungsschreiben
2. Die Vertragsbestimmungen
3. Die Beschreibung der Leistung.

Die Bekanntmachung

Die Bekanntmachung, nach den Regeln der öffentlichen Ausschreibung in Tageszeitungen oder Fachzeitschriften kundgetan, bzw. das Einladungsschreiben bei beschränkter Ausschreibung, sollen jene Angaben enthalten, die den Interessenten die Beurteilung ermöglichen, ob eine Teilnahme in Frage kommt. Neben den rein formalen Aufgaben, die Bezeichnung der ausschreibenden Stelle, Angebotsfrist, Ort der Abgabe, Modalitäten der Eröffnung, Zuschlagsfrist, eventuelle Auflage eines Vadiums, sind hier vor allem der Gegenstand der Leistung, Art und Umfang, sowie Ort und Zeit ihrer Erbringung in groben Zügen darzustellen und auch anzugeben, wo die zur Abfassung des Angebotes notwendigen Unterlagen wie z.B. Leistungsverzeichnis und Pläne zu beschaffen oder zumindest einzusehen sind.

Anzuführen sind auch die Kosten dieser Unterlagen, wobei bei beschränkten Ausschreibungen in der Regel eine kostenlose Beistellung erfolgt und bei öffentlichen nur die reinen Papier- und Vervielfältigungskosten in Anrechnung gebracht werden.

Die Vertragsbestimmungen

Hier unterscheiden wir zwischen den allgemeinen und den besonderen Vertragsbestimmungen.

Die allgemeinen Vertragsbestimmungen - auch Vertragsbedingungen genannt - in der Deutschen Bundesrepublik in der DIN 1961 = Vertragsbedingungen für Bauleistungen (VOB Teil B) und in Österreich in der ÖNORM B 2110 "Allgemeine Vertragsbestimmungen, Werksvertragsnorm" zusammengefaßt, beanspruchen allgemeine Gültigkeit für die Ausführung von Bauarbeiten jeder Art des Bauhaupt-, Bauhilfs- und Baunebengewerbes im Rahmen eines Werkvertrages. Sie sollen daher gemeinsam mit den einschlägigen Fachnormen, in der Bundesrepublik Deutschland in der VOB Teil C zusammengefaßt, die gleichbleibenden Vertragsbestandteile von Bauaufträgen bilden.

Die besonderen Vertragsbestimmungen können die der gegebenen Baumaßnahme entsprechenden örtlichen Verhältnisse hinsichtlich Topographie, Geologie, Bodenmechanik, Hydrologie, Verkehrslage, Vermessungsgrundlagen, Wasser- und Energieversorgung, Abwasserbeseitigung, Fernmeldewesen, Umweltschutz etc., behandeln und spezifische Angaben über bestimmte Punkte der allgemeinen Vertragsbestimmungen machen.

3.63 Die Beschreibung der Leistung

Die VOB A 1973 sieht im § 9

31 die Leistungsbeschreibung mit Leistungsverzeichnis und

32 die Leistungsbeschreibung mit Leistungsprogramm

vor.

3.631 Leistungsbeschreibung mit Leistungsverzeichnis

Die Beschreibung der Leistung soll ein möglichst erschöpfendes Bild des Bauwerkes geben, und alle Umstände ersichtlich machen, die für dessen Ausführung und damit für die Erstellung des Angebotes von Bedeutung sind; besondere Erschwernisse oder Erleichterungen aber auch besondere Wünsche hinsichtlich der zur Verwendung gelangenden Baustoffe müssen angeführt werden.

Das Kernstück ist das Leistungsverzeichnis, dem eine zusammenfassende Beschreibung der Gesamtleistung vorangeht und das durch die Ausführungspläne und gegebenenfalls weitere Auflagen ergänzt wird. Unter letzteren sind z.B. Ergebnisse von Bodenaufschlüssen, hydrologische Daten, Lawinenkarten etc. zu verstehen.

Neben der möglichst klaren und eindeutigen Textierung der einzelnen Teilleistungen ist auch deren mengenmäßige Erfassung aufgrund der Ausführungspläne erforderlich. Die den einzelnen Positionen zugeordneten Mengen, sind zwar auf Nachweis abzurechnen, doch sollen die Mengen der Ausschreibung den tatsächlichen Mengen in etwa entsprechen.

Ein Leistungsverzeichnis erhält folgende Gliederung:

I. Allgemeiner Teil

In diesem werden Leistungen erfaßt, die nicht einzelnen Teilleistungen, sondern der gesamten Baustelle zugeordnet sind und die daher häufig auch als "Gemeinkosten der Baustelle" bezeichnet werden.

II. Besonderer Teil

Dieser beinhaltet die einzelnen Teilleistungen, wobei diese nach Gruppen, nach der Art der Arbeit, zusammenzufassen sind.

Beispiele einer solchen Gliederung eines Leistungsverzeichnisses:

Straßenbau:

I. Allgemeiner Teil
II. Erdarbeiten
III. Entwässerungsarbeiten
IV. Beton- und Mauerungsarbeiten
V. Oberbau, Profilherstellung und Profilinstandsetzung (ohne Fahrbahndecken)
VI. Deckenarbeiten
VII. Nebenarbeiten (Straßenbegrenzungen, Straßengrabenausbildungen, Bankette etc.)
VIII. Straßenausrüstung (Kilometersteine, Hektometersteine, Geländer, Leitschienen, Leitpflöcke etc.)
usw.

Brückenbau:

I. Allgemeiner Teil
II. Gründungsarbeiten (Vor- und Erdarbeiten)
III. Beton- und Mauerwerksarbeiten
IV. Nebenarbeiten und Brückenausrüstung (Lager, Kabelführungen, Entwässerungen, Isolierungen, Randausbildung, Beläge, Geländer, Anstriche)
V. Straßenbauarbeiten (unmittelbar mit der Brücke in Zusammenhang stehende Anrampungen etc.)

Hochbau:

I. Allgemeiner Teil
II. Erd- und Abbrucharbeiten
III. Entwässerungsarbeiten
IV. Gründungsarbeiten
V. Mauerarbeiten
VI. Beton- und Stahlbetonarbeiten
VII. Putz- und Stukarbeiten
VIII. Estricharbeiten
IX. Platten und Fliesenlegerarbeiten
X. Zimmerarbeiten
usw.

Die Benummerung und Textierung der einzelnen Positionen eines Leistungsverzeichnisses ist nun bis heute keinesfalls einheitlich. Jede ausschreibende Stelle bedient sich ihrer Art der Beschreibung der einzelnen Teilleistungen, die vielfach an vorhandenen Musterleistungsverzeichnissen angelegt, eigene Erfahrungen zum Niederschlag bringen.

Selbst wenn einzelne Hoheitsverwaltungen sich zur Herausgabe von für ihre nachgeordneten Dienststellen verbindlichen Positionstexten entschlossen, wurden diese durch Änderungen und Ergänzungen der ausschreibenden nachgeordneten Behörden zunehmend verändert und damit der Einheitlichkeit beraubt.

So standen und stehen die Unternehmungen heute noch bei jeder Ausschreibung vor den verschiedensten Textierungen auch gleichartiger Leistungen, die bei den Vorarbeiten für die Erstellung von Anboten immer wieder zum genauen Studium der einzelnen Texte zwingen, widrigenfalls Mißverständnisse und Fehleinschätzungen die Folge sind. Verschiedene Auslegungen der Texte sind dann auch vielfach Ursache von Meinungsverschiedenheiten bei der nachfolgenden Ausführung und vor allem der Abrechnung.

Eine generelle Lösung, die also für sämtliche auf der Auftraggeber- und der Auftragnehmerseite Tätigen Gültigkeit hat und doch zusätzlich die Ausarbeitung von Ausschreibungen, Angebot und eventuelle Kalkulation und Nachkalkulation mit Hilfe elektronischer Rechenanlagen ermöglicht, ist in der Aufstellung sogenannter Standardleistungen für das Standardleistungsbuch (STLB), Standardleistungskatalog (STLK) bzw. Normpositionskataloge zu sehen. Das Standardleistungsbuch wird in der Deutschen Bundesrepublik vom "Gemeinsamen Ausschuß Elektronik im Bauwesen" (GAEB) in Verbindung mit dem Deutschen

Verdingungsausschuß für Bauleistungen aufgestellt und vom Deutschen Normenausschuß herausgegeben und liegt derzeit bereits für die meisten Leistungsbereiche vor.

Das System des Standardleistungsbuches:

Wie bereits erwähnt, ist das Standardleistungsbuch eine Sammlung von Beschreibungen von Teilleistungen, wobei diese Standardbeschreibungen durch Nummern verschlüsselt sind. Die Zwänge jeder Systematisierung treten natürlich auch hier auf.

Gliederung:

Alle Leistungen im Bauwesen werden in Leistungsbereiche geteilt und diese durch eine zweistellige Leistungsbereichnummer gekennzeichnet. Für jeden Leistungsbereich besteht ein Standardleistungsbuch (LB). In jedem Standardleistungsbuch ist die Ordnung der Verschlüsselung so vorgenommen, daß das Zusammenfügen der Textteile der Beschreibung sowohl für die Aufstellung von Leistungsverzeichnissen (LV) in der herkömmlichen Art als auch zur Anwendung in der Datenverarbeitung geeignet ist.

Beispiel aus dem Leistungsbereich 13, Beton- und Stahlbetonarbeiten:

Im Standardleistungsbuch:

TEXTTEILNUMMER					STANDARDLEISTUNGSBESCHREIBUNGEN		
T1	T2	T3	T4	T5	TEXTE	K-Nr.	EINH.
115					Ortbeton d. Fundamente		
	01				(für technische Anlagen)		
		03			aus Beton B 160		
			01		Grundfläche bis 1,0 m^2		
				02	Höhe bis 1,5 m		m^3

Im Leistungsverzeichnis:

115 01 03 01 02 m^3

Ortbeton der Fundamente,
für technische Anlagen,
aus B 160,
Grundfläche bis 1,0 m^2
Höhe bis 1,5 m.

70 m^3 EP................. GP ....

Erklärung:

Textteilnummer:

T1 (3-stell.), T2, T3 (je 2-stell.): Beschreibende Texte.

T4, T5 (je 2-stell.): Angabe über Abmessung, Dimension. Das Überspringen von Textteilnummern ist durch Einsetzen von Nullen möglich

Leistungsnummer (L-Nr.): z.B. 115 01 03 01 02

Durch Aneinanderreihung von T1 - T5 entsteht die Leistungsnummer, durch die ein Text einer Beschreibung eindeutig gekennzeichnet ist.

Standardleistungsnummer (STL-Nr.): 13 115 01 03 01 02

Die vorangestellte Leistungsbereichnummer ergibt mit der Leistungsnummer die Standardleistungsnummer.

Textergänzungen können nur eingesetzt werden, wenn die betreffende Textstelle durch eine Punktfolge (Freistellung) gekennzeichnet ist.

Am Ende der Zeilen für Textergänzungen sind zweistellige Zahlen, sogenannte Kennummern (K-Nr.) aufgeführt.

Hier gibt die erste Stelle die Spalte der Textteilnummer an, für die eine Ergänzung zugelassen ist, der zweiten Stelle ist jeweils die Textergänzung zugeordnet.

Beispiel für Textergänzungen

Textergänzungen in der Textteilnummer T4 (Seite 30):

T1	T2	T3	T4	T5	TEXTE	K-Nr.	EINH.
			29		mittlere Dicke....cm	41	m^3

Beispiel für eine Textergänzung in T 4 29 für K-Nr. 41=40.

29	mittlere Dicke 40 cm	m^3

Textergänzung: T4 29 - K.Nr. 41 = 40

das heißt: mittlere Dicke 40 cm.

Weiters wurde in der BRD von Angehörigen der Straßenbauverwaltungen des Bundes und der Länder im Rahmen des Arbeitsausschusses "Ausschreibung" im EDV-Ausschuß Bund/Länder der Standardleistungskatalog für den Straßen- und Brückenbau (STLK) aufgestellt.

Das System des Standardleistungskataloges

Der STLK ist eine Sammlung von standardisierten, datenverarbeitungsgerechten Texten zur Beschreibung von Standardleistungen im Straßen- und Brückenbau (Standardleistungstexte). In ihm sind alle Leistungen erfaßt, die in dieser Sparte in der Regel ausgeschrieben und vergeben werden. Er enthält daher außer den typischen Bauleistungen auch Leistungen, die regelmäßig nicht oder nur teilweise von Baufirmen ausgeführt werden (Leiteinrichtungen, Beleuchtung, Lichtzeichenanlagen usw.), sowie Leistungen, die meist von Ingenieurbüros erbracht werden (Vermessung, Entwurf).

Bei der Bearbeitung des STLK wurden die in Abschnitt 3 herausgestellten Ziele für die Aufstellung von Standardleistungstexten ganz besonders beachtet. Aufgrund eingehender Überlegungen im Arbeitsausschuß "Ausschreibung", natürlich auch nach zum Teil langwierigen Diskussionen, wurde schließlich die jetzige Systematik des STLK gefunden und festgelegt. Die formalen Gesichtspunkte dokumentieren sich in dem strengen "Ordnungssystem", dem "Nummernsystem" und in den ausschließlich verwendeten "Formalien"; letztere wurden ganz entscheidend von den Anforderungen der Datenverarbeitung beeinflußt. Die materiellen Gesichtspunkte zeigen sich in den angewandten "Grundsätzen für die Standardleistungstexte".

Ordnungssystem

Die Standardleistungstexte müssen zur übersichtlichen Anordnung und zur Ermöglichung einer raschen manuellen und einfachen automatisierten Handhabung nach einem klaren und festen System geordnet werden, dessen Aufbau maßgeblich durch die bisherigen Gewohnheiten der Ausschreibungspraxis im Straßen- und Brückenbau, nicht unerheblich von den Möglichkeiten der automatisierten Datenverarbeitung, im wesentlichen aber auch von der Menge der zu ordnenden Texte bestimmt wird. Das hiernach entwickelte Ordnungssystem des STLK ist monohierarchisch mit unverzweigter Baumstruktur und erfordert nur verhältnismäßig einfache Suchstrategien. Als Oberbegriff dient der STLK. Unterbegriffe sind, in dieser Hierarchiefolge, der "Leistungsbereich", der "Abschnitt" eines Leistungsbereiches, die "Standard-Teilleistung", der "Grundtext" und der "Folgetext". Bei den Standardleistungstexten werden "Grundtexte" und "Folgetexte" unterschieden, die zu "Standard-Teilleistungen" so zusammengefaßt werden, daß sich aus den Texten einer Standard-Teilleistung jeweils die Beschreibung einer Teilleistung (Position) im Leistungsverzeichnis unter Beachtung bestimmter Regeln zusammensetzen läßt.

Der STLK ist in 30 Leistungsbereiche (LB) gegliedert, die in gedruckter Form jeweils als Einzelhefte herausgegeben werden. In jedem Leistungsbereich sind die Standard-Teilleistungen zusammengefaßt, die sich unter einen übergeordneten Begriff, wie "Erdbau" oder "Tragschichten" einordnen lassen.

Nummernsystem

Im STLK ist jeder Standard-Leistungstext mit einer Nummer gekennzeichnet (numerisch verschlüsselt). Die Verschlüsselung ist für die automatisierte Anwendung notwendig, erleichtert aber auch die manuelle Anwendung.

Jeder Leistungsbereich hat eine dreistellige Nummer von 101 bis 199 (LB-Nr.). Die Ziffer in der ersten Stelle ('1') kennzeichnet den Fachbereich z.B. "Straßen- und Brückenbau".

Jeder Grundtext ist ebenfalls eine dreistellige Nummer, innerhalb jedes Leistungsbereichs von 001 bis 999 (Grundtext-Nr.). Die erste Stelle dient der Abschnitts-Numerierung innerhalb eines Leistungsbereichs. Da jede Standard-Teilleistung nur einen Grundtext aufweist, ist durch die Kombination der LB-Nr. mit der GT-Nr. (sechsstellige Katalog-Nummer) die Standard-Teilleistung innerhalb des STLK eindeutig gekennzeichnet.

Jede Folgetext-Gruppe innerhalb einer Standard-Teilleistung wird durch die Nummer 1. bis 8. gekennzeichnet. Bei verketteten FT-Gruppen wird nur die Nummer der ersten der beiden verketteten FT-Gruppen angegeben.

Jeder Folgetext wird innerhalb einer Folgetext-Gruppe durch die Ziffern 0 bis 9 gekennzeichnet, wobei der Folgetext mit der Ziffer 0 keinen Text aufweist (Nulltext). Bei verketteten Folgetext-Gruppen werden die einzelnen Folgetexte durch die Ziffern 00 bis 99 gekennzeichnet, wobei 00 beim Nulltext steht.

Der Kurzgrundtext und die Kurzfolgetexte haben keine eigenen Nummern.

In Österreich wird von der Arbeitsgemeinschaft für das Österreichische Standardleistungsbuch, verschiedenen Prüfgruppen und dem Österreichischen Institut für Bauforschung auf der Grundlage der Buchausgaben des Standardleistungsbuches in der Bundesrepublik Deutschland ebenfalls an einem Standardleistungsbuch gearbeitet, von dem bisher erst einige Leistungsbereiche erschienen sind.

Einzelne Länder (Steiermark) haben auch eigene Positionskataloge aufgestellt, mit dem Ziel einer einfacheren Numerierung.

In der Schweiz wird mit sogenannten Normpositions-Katalogen, herausgegeben von der Schweizerischen Zentralstelle für Baurationalisierung, gearbeitet.

3.632 Leistungsbeschreibung mit Leistungsprogramm

Die funktionale Leistungsbeschreibung (FLB) stellt eine Weiterentwicklung der uns bisher vertrauten konstruktiven Leistungsbeschreibung mit Leistungsverzeichnissen dar, bei welcher Konstruktionsart, Dimension und Material eines Bauteiles eindeutig vorgegeben sind.

Die FLB hingegen ist die Beschreibung der von einem Gegenstand verlangten Funktion hinsichtlich eines ganz bestimmten Zweckes.

Die Erweiterung der Leistungsbeschreibung mit Leistungsprogramm im Bauwesen bewirkt, daß unterschiedliche konstruktive Lösungen sich gleichberechtigt dem Wettbewerb stellen können.

Im Raumschiffbau und bei Entwicklungsprojekten stellt sie oft die einzig mögliche Form dar, da Konstruktionen vielfach noch unbekannt sind und lediglich die Funktion des Produktes definiert werden kann.

Aber auch in anderen Wirtschaftszweigen, wie z.B. dem Maschinen- oder dem Flugzeugbau, ist sie seit langem bekannt.

In der Bauindustrie ist die FLB erst in der Diskussion, seitdem komplette Gebäude zur Errichtung durch einen gesamtverantwortlichen Unternehmer ausgeschrieben werden. Bei der Ausschreibung von Fachlosen, also einzelnen Gebäudeteilen, lag die Verantwortung für das Zusammenpassen und die Verträglichkeit der einzelnen Teile, auf der Seite des Nachfragers.

Die Verlagerung der Verantwortung auf die Seite des Anbieters hatte zur Folge, daß Unternehmer sich mit der konstruktiven Planung von Gebäuden auseinanderzusetzen begannen und diese durch die Entwicklung von Bausystemen zunehmend systematisierten. Diese veränderten Bedingungen erfordern auch veränderte Ausschreibungsverfahren. Unter diesen Umständen können die Bauunternehmen ihren Aufgaben in der Rolle des reinen Bereitschaftsgewerbes nicht mehr gerecht werden. Eine vorgreifende Produktentwicklung wird für sie zur Notwendigkeit.

Die Bearbeitung von Angeboten zu funktional ausgeschriebenen Projekten erfordert bekanntlich vom Bieter einen erheblichen höheren Aufwand als die Bearbeitung von Ausschreibungen mittels Leistungsverzeichnissen. Vom Bieter werden nicht nur kalkulatorische Arbeiten verlangt, sondern auch entwurfliche Leistungen.

Die Vertragsunterlage zu einem Funktionswettbewerb muß inhaltlich so abgefaßt sein, daß der Bieter alle für die Bearbeitung seines Angebotes wichtigen Angaben genau und leicht auffindbar zur Verfügung hat und daß die Gefahr von Fehlinterpretationen, die ihn im Wettbewerb benachteiligen können, auf ein Minimum reduziert wird.

Während die allgemeinen und besonderen Vertragsbedingungen wie bisher zu behandeln sind, unterscheidet sich die Beschreibung der Leistung mittels Leistungsprogrammes vom Leistungsverzeichnis ganz wesentlich.

Die funktionsanalytische Gestaltung von Leistungsbeschreibungstexten ist zunächst nicht so einfach. Wie bekommt man eine lückenlose Definition der Funktion eines Bauwerks? Wie erfaßt man alle Voraussetzungen und Bedingungen? Welche Nachweise sichern die Funktionsbedarfserfüllungen? Wie führt man letztlich die Bewertung der Angebote durch? Dies sind Fragen, welche auf wertanalytisches Denken hinzielen.

Im Hochbau sind beispielsweise die verschiedensten Beschreibungsebenen möglich (Gebäude, Bauteile, etc.). Gleichlaufend dazu ist auch eine Stufung der Verantwortungsverteilung. Wenn ganze Gebäude (oder Bebauungen) ausgeschrieben werden, verlagert sich die Verantwortung auch für die Planung zum Auftragnehmer, bei der Ausschreibung von Bauteilen verbleibt die Planungsverantwortung für den Funktionszusammenhang der Elemente beim Auftraggeber usw.

All diese Fragen führen letztlich neben einem klaren Aufbau (Forderungssystem - Nachweissystem - Bewertungssystem) zur Standardisierung der Texte sämtlicher Teilverfahren einer funktionalen Leistungsbeschreibung.

So wurden bereits Untersuchungen über die "Verwendung des Standardleistungsbuches bei der funktionalen Leistungsbeschreibung" gemacht, um festzustellen, ob sich eine funktionale Leistungsbeschreibung unmittelbar aus dem Standardleistungsbuch ableiten läßt, oder ob hierzu die Entwicklung neuer Leistungsbereiche notwendig ist.

Weiters wurden von den verschiedensten Stellen (Hauptverband der Deutschen Bauindustrie, Studiengemeinschaft für Fertigbau e.V.) sogenannte Musterentwürfe für Formblätter erarbeitet, auf die verwiesen wird. Sie dienen dem Aufbau der Vertragsunterlagen in einer strengen, standardisierten Gliederungssystematik, die durch eine Reihe umfassender Checklisten vervollständigt wird.

Diese Systematik ist sowohl für das Aufstellen der Ausschreibungsunterlagen, aber auch direkt beim Ausarbeiten vergleichbarer Angebote (Bewertung) dienlich.

So beschreibt das Forderungssystem die Leistungen, die vom Produkt erbracht werden müssen. Das Nachweissystem dient zur Bestätigung der Forderungserfüllungen. Solche Nachweise können anhand von Referenzobjekten oder -entwürfen erfolgen. Dabei ist jedoch exakt zu beschreiben, in welcher Beziehung sie Richtlinie sein sollen, da oft nicht alle Eigenschaften verbindlich sein können. Eine vollständige Reproduktion eines Referenzobjektes ist ja allein schon aufgrund verschiedenartiger Voraussetzungen (Lage) meist nicht denkbar. Insbesondere wird man aber als Nachweis von Forderungserfüllungen Teile der Bauleistungsbücher als Nachweisersatzmöglichkeiten zulassen, ebenso natürlich auch die materialgebundenen Normen. Zu bedenken ist auch, daß ein großer Bereich der Baukonstruktion nicht eindeutig prüfbar ist.

Das Bewertungssystem ist die Grundlage, um aus der Summe der einzelnen Forderungserfüllungen ein objektives Bild über die angebotenen Problemlösungen zu erhalten.

So sind einerseits die einzelnen Forderungserfüllungen einer Problemlösung untereinander bzw. auch die Gesamtwerte der Projekte als Vergleichsgrundlage zu bewerten.

Es wurden die verschiedensten Bewertungsmodelle entwickelt bzw. werden noch diskutiert. Jedenfalls ist das Bewertungssystem für alle Bieter mit der Ausschreibung bekanntzugeben, da es ja nach Art und Umfang der gestellten Aufgabe auch individuell aufgebaut sein kann.
Als Beispiel wird hier noch ein Auszug der Gliederung des Qualitätsspeichers der FLB nach DIN 276 gezeigt.

Auszug aus der "Gliederung des Qualitätsspeichers der FLB nach DIN 276"

2.0.0.0. Erschließung

2.1.0.0. Öffentliche Erschließung
2.1.1.0. Abwasseranlagen/Kanalisation
2.1.2.0. Wasserversorgung
2.1.3.0. Fernwärmeversorgung
2.1.4.0. Gasversorgung
2.1.5.0. Elektrische Stromversorgung
2.1.6.0. Fernmeldeanlagen
2.1.7.0. Verkehrsanlagen + Beleuchtung
2.1.8.0. Grünflächen
2.1.9.0. Sonstige öffentliche Erschließung

2.2.0.0. Nichtöffentliche Erschließung
2.2.1.0. Abwasseranlagen/Kanalisation
2.2.2.0. Wasserversorgung
2.2.3.0. Fernwärmeversorgung
2.2.4.0. Gasversorgung
2.2.5.0. Elektrische Stromversorgung
2.2.6.0. Fernmeldeanlagen
2.2.7.0. Verkehrsanlagen + Beleuchtung
2.2.8.0. Grünflächen
2.2.9.0. Sonstige nichtöffentliche Erschließung

2.3.0.0. Andere einmalige Abgaben
2.3.1.0. Ansiedlungsgebühren/Ansiedlungsleistungen
2.3.2.0. Beiträge zum Bau von Kfz-Stellplätzen
2.3.9.0. Sonstige einmalige Abgaben

3.0.0.0. Bauwerk

3.1.0.0. Baukonstruktionen
3.1.1.0. Fundamente/Bauwerksohle
3.1.1.4. Bodenabtrag, Aushub für Baugrube
3.1.1.5. Aushub für Fundamente und Schächte
3.1.1.9. Sonstige Kosten normaler Gründung

3.1.2.0. Geschosse im Erdreich (ganz oder teilweise)
3.1.2.1. Tragende Konstruktionen
3.1.2.2. Nichttragende Außenwände
3.1.2.3. Nichttragende Innenwände
3.1.2.4. Schächte, Kanäle

3.1.2.5. Abdichtung gegen nichtdrückendes Wasser
3.1.2.6. Innenwandflächen, soweit nicht in 3.1.2.2. und/oder 3.1.2.3. enthalten
3.1.2.7. Deckenflächen, soweit nicht in 3.1.2.1. enthalten
3.1.2.8. Fußbodenflächen, soweit nicht in 3.1.2.1. enthalten
3.1.2.9. Sonstige Konstruktionen im Erdreich

3.1.3.0. Geschosse über dem Erdreich
3.1.3.1. Tragende Konstruktionen
3.1.3.2. Nichttragende Außenwände
3.1.3.3. Nichttragende Innenwände
3.1.3.4. Schächte, Kanäle
3.1.3.5. Abdichtung gegen nichtdrückendes Wasser
3.1.3.6. Innenwandflächen, soweit nich in 3.1.3.2. und/oder 3.1.3.3. enthalten
3.1.3.7. Deckenflächen, soweit nicht in 3.1.3.1. enthalten
3.1.3.8. Fußbodenflächen, soweit nicht in 3.1.3.1. enthalten
3.1.3.9. Sonstige Konstruktionen über dem Erdreich

3.1.4.0. Dach/Dachgeschoß
3.1.4.1. Tragende Konstruktionen
3.1.4.2. Nichttragende Außenwand und Dachflächen
3.1.4.3. Nichttragende Innenwände
3.1.4.4. Schächte, Kanäle
3.1.4.5. Abdichtung gegen nichtdrückendes Wasser
3.1.4.6. Innenwandflächen, soweit nicht in 3.1.4.2. und/oder 3.1.4.3. enthalten
3.1.4.7. Deckenflächen, soweit nicht in 3.1.4.1. enthalten
3.1.4.8. Fußbodenflächen, soweit nicht in 3.1.4.1. enthalten
3.1.4.9. Sonstige Konstruktionen im Dachgeschoß

3.1.9.0. Sonstige Leistungen, soweit nicht in 3.1.1.0. bis 3.1.4.0. enthalten
3.1.9.1. Baukonstruktionen als Vorleistungen des Nachbarn (z.B. gemeinsame Brandmauer)
3.1.9.5. Sonstige Wasserhaltung
3.1.9.9. Baustelleneinrichtung

3.7 Mitwirkung bei der Vergabe

3.71 Grundsätzliches

Die "Mitwirkung bei der Vergabe" umfaßt alle notwendigen Tätigkeiten von der Erstellung der Angebotsunterlagen über die Prüfung der Angebote bis zur Erteilung des Auftrages (Zuschlag) an die einzelnen Unternehmungen, einschließlich des Aufstellens des Kostenanschlages nach DIN 276 aufgrund der endgültigen Angebote.

3.72 Das Angebot

"Das Angebot ist die Erklärung eines Unternehmens eine Leistung unter Einhaltung festgelegter Bestimmungen erbringen zu wollen."

Die Angebote müssen sich in der Regel auf die ausgeschriebene Gesamtleistung beziehen. Der Bieter hat sich bei Erstellung des Angebotes an die Ausschreibung zu halten. Die Angebote müssen formgerecht sowie vollständig und sollen frei von Schreib- und Rechenfehlern sein.

3.73 Der Zuschlag

Unter Zuschlag versteht man die "Verständigung des Auftraggebers an den Bieter, daß sein Angebot angenommen worden ist."

In der Bundesrepublik Deutschland ist laut VOB der niedrigste Angebotspreis für die Vergabe nicht entscheidend. Dem Auftraggeber wird die Entscheidung übertragen, das nach Berücksichtigung aller technischen und wirtschaftlichen Gesichtspunkten annehmbarste Angebot festzustellen.

In Österreich spricht die ÖNORM von der Angemessenheit der Preise in bezug auf die angebotene Leistung und unter Berücksichtigung aller Umstände, unter denen sie zu erbringen sind, es wird also das Bestangebot empfohlen.

Die Schweiz bevorzugt im allgemeinen das Bestangebot gegenüber dem Billigstangebot, d.h. den offensichtlichen Konkurrenzpreisen werden kostendeckende Preise vorgezogen.

Für den Auftraggeber ist die Entscheidung nach dem Kriterium des Billigst = Niedrigstangebotes weitaus leichter zu treffen, da neben der Überprüfung der sonstigen Eigenschaften des Bewerbers, wie Zuverlässigkeit, Befugnis, Fähigkeit etc. keine Beurteilung der Preisbildung hinsichtlich technischer und wirtschaftlicher Gesichtspunkte zu erfolgen braucht.

Es sind damit aber zweifellos volkswirtschaftliche Nachteile verbunden, da die Praxis, Angebote nach den Gesichtspunkten des reinen Wettbewerbes unter Vernachlässigung des Grundsatzes kostendeckender Preise zu erstellen, zu Unteranboten führen muß. Dies schädigt natürlich die Unternehmung oder zwingt sie, die entstandenen Verluste durch höhere Preise bei anderen Aufträgen wett zu machen und damit andere Wirtschaftskreise zu belasten. Daher ist ihre Angemessenheit, also nach dem Grundsatz der Feststellung des Bestbieters, der mit dem Niedrigstbieter keinesfalls ident sein muß, aus allgemeinen volkswirtschaftlichen Erwägungen vorzuziehen. Man muß sich auch im klaren sein, daß damit bei den entscheidenden Stellen ein großes Maß an Fachkenntnissen, sowie Erfahrungen auf dem Gebiete der Baudurchführung und der Preisbildung vorausgesetzt werden muß. Schon des öfteren wurde der Ausspruch wahr: "Wer billigst baut, baut teuer".

3.8 Objektüberwachung

3.81 Allgemeines

Diese Leistungsphase umfaßt alle Tätigkeiten, die zur Überwachung der technischen, wirtschaftlichen und zeitlichen Durchführung des Bauvorhabens notwendig sind, sowie die abschließenden Tätigkeiten, die zur Übergabe des Bauwerkes führen.

Zu dieser Überwachungstätigkeit gehört das Aufstellen eines geeigneten Zeit- und Zahlungsplanes.

Als Zusatzleistung muß die Tätigkeit des verantwortlichen Bauleiters nach § 79 der Musterbauordnung aufgeführt werden.

Wenn man von der Ausschreibungsmethode nach der funktionalen Leistungsbeschreibung absieht, treten hier nach den ersten Kontaktnahmen zwischen

Auftraggeber und Auftragnehmer durch Ausschreibung, Angebot und Zuschlag die gemeinsame Ablaufphasen auf. Bedingt durch die aufgezeigten Entwicklungen einer "gemeinsamen Sprache" (Standardleistungsbeschreibungen, elektronische Bauabrechnungen usw.) werden die Vorgangsweisen der beiden Vertragspartner immer mehr angenähert.
Sie umfassen grob gegliedert:

Bauleitung
Bauüberwachung
Bauabrechnung
Bauübernahme.

3.82 Bauleitung

Die Bauleitung des Auftraggebers umfaßt neben künstlerischer, technischer und geschäftlicher Oberleitung auch die Koordination der Baustelle.

Die künstlerische Oberleitung umfaßt neben der Überwachung der Herstellung des Entwurfs, die Klärung von Einzelheiten hinsichtlich der Gestaltung. Die Wirtschaftlichkeit der künstlerischen Oberleitung entzieht sich der sogenannten Meßbarkeit. Da Kunst nicht meßbar ist, kann ihre Rolle nur über abgeleitete Wertungen kostenbegrifflich gemacht werden. Die Wirtschaftlichkeit der künstlerischen Oberleitung ist also nur auf Umwegen meßbar, wenn sie nämlich gewisse Teilziele berücksichtigt: das Bauwerk technisch, funktionell, gestalterisch und betriebskostengünstig zu gestalten, um die gestellte Bauaufgabe optimal zu lösen.

Die Wirtschaftlichkeit der künstlerischen Oberleitung zeigt sich rückwirkend auf die Fertigungsgerechtheit der Planung der Bauten und der Fertigungsgerechtheit der Planung des Bauens selbst.

Die technische und geschäftliche Oberleitung umfaßt die Beratung und Vertretung des Bauherrn, die Führung der notwendigen Verhandlungen mit Behörden, Sonderfachleuten, und sonstigen, mit der Planung und Bauführung im Zusammenhang stehenden Dritten, usw. Weiters die Aufstellung eines Ablauf- und Finanzplanes unter Berücksichtigung der Leistungen der Professionisten und Sonderfachleute. Es soll hier nicht weiter auf alle Einzelheiten detailliert eingegangen werden, da viele Leistungen in den folgenden Kapiteln enthalten sind. Jedenfalls orientiert sich diese Tätigkeit vor allem erst einmal am Prinzip der Wirtschaftlichkeit.

Die örtliche Bauaufsicht hat neben der Überwachungsfunktion vor allem für die örtliche Koordinierung aller Lieferungen und Leistungen zu sorgen. Die Wirtschaftlichkeit der örtlichen Bauaufsicht wird vorgezeichnet durch die Arbeit in der technischen und geschäftlichen Oberleitung.

Die Bauleitung des Auftraggebers führt in der Regel auch das sogenannte Baubuch, in dem die für die Vertragsabwicklung wichtigen Umstände und Vorkommnisse festzuhalten sind. Die Eintragungen sind von beiden Teilen zu unterfertigen.

3.83 Bauüberwachung

Die Bauüberwachung hat zunächst einmal die Überwachung der Baudurchführung im Hinblick auf eine vertragsgemäße Ausführung wahrzunehmen, deren Mängel festzustellen, bzw. deren Beseitigung zu überprüfen. Grundlagen hiefür: Pläne, Leistungsverzeichnis, technische Vorschriften, Termine usw.

Weiters sind darin die Überwachung und Durchführung behördlicher Vorschriften enthalten (Auflagen, Bedingungen, Überprüfungen wie Rohbaubeschau usw.). Diese Maßnahmen gelten als Grundlage für die Endbeschau und der Benützungsbewilligung.

Außerdem umfaßt die Bauüberwachung die Teilnahme an Aufmaßen von Bauleistungen, Prüfung und Leistungsabgrenzung derselben als Grundlage für die Bauabrechnung.

3.84 Bauabrechnung

Die einzelnen Preisarten wurden im Kapitel Ausschreibung näher behandelt. Soweit nach veränderlichen Preisen abgerechnet wird, sind die Leistungsabgrenzungen vorzunehmen.

Die Tätigkeiten auf der Auftraggeberseite erstrecken sich hier über die fristgerechte Prüfung der Abschlags- und Schlußrechnungen. Weiters sind die fristgerechte Anweisung der Rechnungsbeträge, die Sicherung der Sicherstellungen, das Ablösen von Bankbürgschaften und diverse Kostenvergleiche etc. durchzuführen.

Im Hinblick auf die elektronische Bauabrechnung ist, angeregt durch die Stellen der öffentlichen Verwaltung, eine zunehmende Tendenz der Prüfung durch den Auftraggeber abzulesen. Dafür wurden von den zuständigen Ministerien (BMFT - BRD, BfBuT - Österreich) Richtlinien erarbeitet, die allen Behörden zur Anwendung empfohlen werden. Der Auftraggeber kann den Auftragnehmer verpflichten, elektronisch abzurechnen, falls dies Gegenstand des Vertrages ist.

3.85 Bauübernahme

Durch die Bauübernahme geht die Leistung vom Auftragnehmer in die Gewahrsame und in die Obsorge des Auftraggebers über. Es soll darüber möglichst eine Niederschrift verfaßt werden, wobei auch Feststellungen über Mängel und dgl. aufzunehmen sind.

Vom Zeitpunkt der Übernahme weg läuft auch noch die Gewährleistungsfrist. Der Gewährleistungsanspruch umfaßt alle Mängel, die im Zeitpunkt der Übernahme vorhanden sind bzw. während der Gewährleistungsfrist auftreten. Mit den zunehmenden Bauschäden ist diesem Anspruch zunehmende Bedeutung beizumessen. Außerdem hat der Auftraggeber dafür zu sorgen, daß von behördlicher Seite die Endbeschau vorgenommen wird, um die Benützungsbewilligung zu erreichen. Von der Behörde wird dann der Zeitpunkt festgesetzt, ab wann das Bauwerk in Betrieb genommen werden darf. Auch hier wiederum kann aus der Benützungsbewilligung kein Recht auf die Belassung eines nicht entsprechenden Zustandes abgeleitet werden.

3.9 Objektbetreuung und Dokumentation

3.91 Objektbetreuung

Die "Objektbetreuung" beinhaltet eine bautechnische Überwachung des Objektes für eine bestimmte Zeit, sowie die damit verbundenen Verwaltungsarbeiten, wie zum Beispiel Baubegehung, Feststellung von Mängeln, Überwachung der Beseitigung, Schlußfeststellung vor Ablauf der Gewährleistungsfrist und Rechnungsprüfung. Zur Objektbetreuung gehören weiterhin die Mitwirkung und Beratung bei der Inbetriebnahme des Bauvorhabens, die Bauleitung bei Reparaturen, sowie die allgemeine Objektbeobachtung auf das Systemverhalten

(Funktion - Änderungen, Konstruktion - Bauschäden).
Im Zusammenhang mit der Objektverwaltung können während der Objektbetreuung die Daten für die Kosten-Nutzen-Analysen ermittelt werden. Damit kommt der Wirtschaftlichkeit der Objektbetreuung erst ihre entsprechende Bedeutung zu. Daraus können wiederum wertvolle Vergleichszahlen gewonnen werden, so daß durch diese Rückkopplungseffekte wertvolle Steuerungsgrundlagen gewonnen werden.

Die baubehördliche Objektbetreuung erstreckt sich bis zum Abbruch, da ihr die Aufsicht hinsichtlich des Bauzustandes bestehender Bauwerke übertragen ist (vergl. Bauordnungen).

3.92 Dokumentation

Die "Dokumentation" beinhaltet das Erfassen, Ordnen und Aufbereiten aller bei Planung und Baudurchführung angefallenen Daten, als Ausgangspunkt für eine bessere Durchdringung und Lösung zukünftiger Planungsaufgaben sowohl für den Planer als auch für den Bauherrn.

Die Dokumentation ist Grundlage zum Beispiel für Rationalisierungsmaßnahmen, Nutzungsvergleiche, Kostenrichtwerte, wirtschaftliche Vergleiche, Entwicklung von Einflußgrößen und Erfolgskontrolle.

Weiters gehören zu dieser Leistungsphase das Aufbereiten der für die Nutzungszeit notwendigen Informationen, wie zum Beispiel Bestandspläne oder Bedienungsanleitungen.

Als Zusatzleistung sei die Überprüfung einer Kosten-Nutzen-Analyse für Gebäudebetrieb und Gebäudebewirtschaftung angeführt.

TEIL C

BAUBETRIEBLICHE GRUNDLAGEN

1.0 Der Mensch im Baubetrieb

1.1 Die menschliche Arbeitsleistung

Trotz aller Mechanisierung steht der Mensch im Vordergrund alles sich im Baubetrieb abspielenden Geschehens.
Unter menschlicher Arbeit verstehen wir den Einsatz der physischen und psychischen Fähigkeiten eines Menschen zur Realisierung der betrieblichen Zielsetzungen. Die menschliche Arbeitsleistung ist einerseits von der physischen und psychischen Leistungsfähigkeit, andererseits vom Willen abhängig.

Das Ergebnis jedes baubetrieblichen Handelns ist sicherlich davon abhängig, inwieweit es dem Führungsmanagement gelingt die Mitarbeiter ihrer spezifischen Eignung entsprechend einzusetzen und zur Leistung zu motivieren.

Dieser Leistungswille läßt sich von zwei Faktoren ableiten.

a) von den Arbeitsbedingungen allgemeinster Art
b) vom Arbeitsentgelt.

Der erste Problemkreis kann dadurch bewältigt werden, daß man die für den Mitarbeiter optimalen Arbeitsbedingungen schafft. Die Erfüllung dieser Aufgabe beginnt bei den Führungskräften. Diese müssen in der Lage sein, sowohl die fachlichen als auch menschlichen Qualitäten ihrer Mitarbeiter zu erkennen und dementsprechend eignungsgerecht einzusetzen. Ein falscher Einsatz führt nicht nur zu Störungen im Betriebsablauf, sondern auch zur Unzufriedenheit der Betroffenen selbst. Zum Unterschied zur stationären Industrie ist im Baubetrieb durch häufige Fluktuation der Belegschaft diese Aufgabe wesentlich schwieriger zu erledigen und erfordert besondere Führungsqualitäten.

Weiters muß gefordert werden, daß die Anforderungsprofile des Arbeitsplatzes sich weitestgehend mit den Fähigkeitsprofilen decken. Um dieser Aufgabe gerecht zu werden, bedarf es der Durchführung von Arbeitsstudien, welche Arbeitsvorgänge, Arbeitsbedingungen, Arbeitszeit und Arbeitskosten zu untersuchen haben.
Aus dieser Untersuchung ergeben sich verschiedene Anforderungsarten, welche sich nach dem 1950 aufgestellten Genfer Schema einteilen lassen in:

1. geistige Anforderungen
2. körperliche Anforderungen
3. geistige Beanspruchung
4. körperliche Beanspruchung
5. Verantwortung
6. Arbeitsbedingungen

Die geistigen Anforderungen müßten berücksichtigen:

die Beobachtungs- und Auffassungsgabe
das Einfühlungsvermögen und
die Führungserfordernisse
die Notwendigkeit zur Konzentration und Ausdauer und
selbständiges Handeln und Verantworten.

Die körperlichen Anforderungsarten könnten unterteilt werden in:

Geschicklichkeit
Muskelbelastungen

Schwindelfreiheit
Allgemein guter Gesundheitszustand.

Im Baubetrieb ist die Anforderungsart "Verantwortung" als Verantwortung für Geräte, Produkte, Sicherheit und Gesundheit anderer und für den Arbeitsablauf besonders hervorzuheben.

Die Hauptanforderungsart "Arbeitsbedingungen" leitet sich hauptsächlich von Umgebungseinflüssen ab, wie z.B. Klimatischen Verhältnissen, Temperatur, Nässe, Schmutz, Gas und Dämpfen, Lärm, Erschütterungen, Lichtverhältnissen, Erkältungsgefahren, Arbeiten im Freien und Unfallgefährdung.

Dem so erstellten Anforderungsprofil des Arbeitsplatzes sind nun die entsprechenden Fähigkeiten des Mitarbeiters konform gegenüberzustellen. (Fähigkeitsprofil).

Die so ermittelten Fähigkeitsprofile können jedem Personalakt zugeordnet werden, sodaß damit eine optimale Zuordnung der Mitarbeiter erreicht werden kann.

Bei der Neuaufnahme von Mitarbeitern sollte versucht werden, über Fragebogen die Fähigkeiten zu erfassen, um sie später für die Erstellung des Fähigkeitsprofils auswerten zu können. Grundsätzlich ist ein persönliches Gespräch mit dem Bewerber immer aufschlußreich und zu empfehlen. Hinsichtlich des Einsatzes selbst muß natürlich bedacht werden, daß für bestimmte Arbeiten eben bestimmte Eigenschaften erforderlich sind, daß sich aber die Eigenschaften der Menschen im Laufe der Zeit durch verschiedene Einflüsse auch ändern können.

Für die einzelnen Mitarbeitergruppen könnten folgende Kenntnisse und Fähigkeiten gefordert werden:

Hilfsarbeiter: Ungelernter Arbeiter, bei dem es auf Körperkräfte, Beweglichkeit und Geschicklichkeit ankommt.

Facharbeiter: Handwerkliche Fähigkeiten, durch Lehre und durch weitere Tätigkeiten vervollkommnet, allgemein technische Fähigkeiten, muß bis zu einem gewissen Grad Pläne, Anweisungen, Tabellen erfassen und auswerten können (Zeugnis!).

Angelernte: Zwischenglied zwischen Hilfsarbeiter und Facharbeiter, haben keine eigentliche Lehrzeit und kein Lehrzeugnis, meist Maschinisten, Mineure, Betonierer, für bestimmte Verrichtungen anlernbare Hilfsarbeiter.

Vorarbeiter: Kann Angelernter oder Facharbeiter sein, der selbst mitarbeitet, aber gleichzeitig eine kleine Arbeitsgruppe führt. z.B.: Drittelführer im Stollen und Tunnelbau, Partieführer im Straßenbaubereich.
Erforderliche Eigenschaften:
Intelligenz, Erfahrung auf seinem Einsatzgebiet, bereits Eignung zur Führung.

Poliere, Meister: Man muß von ihnen verlangen:
Sicherheit der einschlägigen Kenntnisse, Selbstbewußtsein, Verläßlichkeit, Pflichtbewußtsein, Führungseigenschaften, Organisationstalent.

Bauingenieur auf der Baustelle: (Bauführer)
Konzentrationsfähigkeit, auch unter den größten äußeren und inneren Störungen, Umsicht und Fähigkeit die zahlreichen Arbeiten und Geschäfte neben und ineinander rechtzeitig erledigen zu können, leicht erregbare Aufmerksamkeit, gute Beobachtungsgabe, Geistesgegenwart, Treffen rascher Entscheidungen in wichtigen Augenblicken und bei Gefahr, Einfühlungsvermögen auf Mitarbeiter und Geschäftspartner, Lust an Ortsveränderungen und Abwechslung, Freude am primitiven Leben auf einer Baustelle, Eignung für den Umgang mit Arbeitern.

Zusätzlich für den Bauleiter:
Unerschüttliches Gleichgewicht, rasche Entschlußfähigkeit, Verantwortungsfreudigkeit, Selbstbeherrschung, Willens- und Tatmensch; darf kein Bürokrat sein.

Konstrukteur: Muß über technisch-konstruktives Ordnungsvermögen, theoretisches Fachwissen, darstellerisches Denken und Phantasie verfügen.

Vermessungs-Ingenieur: Körperliche Eignung (besonders im Hochgebirge) Genauigkeit in der Arbeit, aber gleichzeitig auch Schnelligkeit entsprechend dem Bedarf der Baustelle.

Baukaufmann: Praktische Kenntnisse aller Sparten der kaufmännischen Verwaltung und der Buchhaltung, Durchsetzungsvermögen, Unbestechlichkeit, Geschick bei Verhandlungen mit Partnern.

Materialverwalter: Kenntnis aller Baustoffe, der unzähligen Bauhilfsstoffe, der Geräte und Verschleißartikel. Muß genau, verläßlich und unbestechlich gegenüber Lieferanten sein.

Lohnverrechner: Muß die Löhne, Lohnnebenkosten, Steuern, Soziallasten usw. genau kennen, ein genauer Rechner sein, den richtigen Ton im Umgang mit den Arbeitern treffen. Fehler in der Lohnverrechnung sind am leichtesten geeignet, Konfliktsituationen unter der davon betroffenen Arbeiterschaft zu erzeugen!

Die den hier approximativ angeführten Kenntnissen und Fähigkeiten der einzelnen Mitarbeiter entsprechende Zuordnung zu den einzelnen Betriebsfunktionen führt zur Steigerung ihrer Leistungsfähigkeit und damit auch zum Ziel aller betrieblichen Überlegungen, zur Steigerung der zu erbringenden Leistung selbst. Um dies aber erreichen zu können, müssen noch weitere Einflüsse berücksichtigt werden.

Am Bau hat man es nicht nur mit Einzelmenschen, sondern vornehmlich mit Menschengruppen bzw. Arbeitergruppen zu tun, die jede für sich, oder zusammen genommen, als mehr oder weniger große Menschengruppe auftreten. Für deren Verhalten gelten aber ganz besondere Regeln, die das Führungspersonal kennen und richtig beurteilen muß und die nun kurz angeführt werden, da sie besonders im Hinblick auf die zu erbringende Leistung wichtig sind.

a) Der Nachahmungstrieb, bewußt oder unbewußt, kann so stark werden, daß selbständiges Denken und Handeln ausgeschaltet werden.

b) Die Leistungen des Einzelnen werden in der Gruppe gleichmäßiger, die des Schlechteren gehoben, die des Besseren gesenkt. Bei geeigneter Zusammensetzung von fast Gleichwertigen läßt sich eine Leistungssteigerung der Gruppe erzielen.

c) Der Wettbewerb kann Leistungen beträchtlich steigern.

d) Für die Schwächeren gibt eine Gemeinsamkeit Ansporn, sie stärkt Mut und Entschlußkraft. Das gilt auch für das Aufsichtspersonal. Ein Polier kann sich z.B. auf einer großen Baustelle sehr gut bewähren, aber a l l e i n auf einer kleinen Baustelle versagen.

e) In der Gruppe tritt das Unbewußte, Triebhafte leicht an die Oberfläche. Auch die geistigen Wege sind andere, Logik und Kritik sind unbekannt, das Denken wird sprunghaft und sehr abhängig von äußeren Einflüssen und Zufälligkeiten.
Die gesteigerte Erregbarkeit kann zur kollektiven Nervosität führen. In der Gruppe wird der einzelne Mensch, der sonst überlegt und beherrscht ist, unter Umständen heftig und unbeherrscht, aber unter anderen Umständen auch begeistert und aufopfernd sein.

f) Die Gruppe ermöglicht andererseits dem Einzelnen starke Willensanspannung und das Bewußtsein gegenseitiger Unterstützung erzeugt wertvolle Solidarität und ermöglicht die Aufrichtung einer straffen Disziplin.

Der geschickte Führer kann in Kenntnis dieser Eigenschaften die Gruppe zu hohen Leistungen heranbilden und begeistern; andererseits wird aber auch er selbst durch das Bewußtsein, eine mit ihm gehende Gruppe hinter sich zu haben, seinerseits zu außerordentlichen Leistungen angespornt!

Zur Durchführung einer Bauaufgabe ist eine Menschengruppe notwendig, die aber durch Verträge, Gesetze, Tarife und Vorschriften einerseits, durch das gemeinsame Ziel und den Selbsterhaltungswillen andererseits zur B e t r i e b s g e m e i n s c h a f t verbunden ist. Trotz der Verschiedenheit der einzelnen Menschen, trotz des häufigen Wechsels wird sich eine Art Kameradschaft herausbilden, die vielleicht nicht über die ganze Belegschaft, wohl aber über einzelne Gruppen (Arbeitspartien, Stollendrittel, etc.) stark anhaltend wirken wird.

Der Bauleiter darf aber auch nicht vergessen, daß die Betriebsgemeinschaft über eine besondere Mentalität verfügt und daß sie ihre Gewohnheiten nur langsam und schwerfällig ändert. Das hat Vor- und Nachteile.

Vorteile: Auch unter ungünstigen Einflüssen ändert sich der Mechanismus des Bauablaufes nicht sofort, es besteht eine gewisse Stabilität, die nicht ohne weiteres gestört werden kann.

Nachteile: Notwendige Änderungen in den Baudispositionen lassen sich nicht ohne weiteres schlagartig durchführen oder, wenn sie erzwungen werden m ü s s e n , so ist mit einem vorübergehenden Leerlauf, einem Leistungsabfall zu rechnen.

In jeder Betriebsgemeinschaft, insbesonders auf jeder Baustelle wird zur Erzielung des Erfolges eine weitgehende Arbeitsteilung notwendig sein, d.h. es wird jedem führenden Angestellten und jeder Arbeitergruppe eine besondere Arbeit zugewiesen. Die Form, in der dies geschieht, muß möglichst einfach und klar sein, die Aufgabe muß den Kenntnissen und Kräften des Einzelnen und der Gruppen angepaßt sein, ihre Erfüllung muß auch persönliche Befriedigung bei den Leuten auslösen. Darauf ist besonders bei der Vergabe von Akkorden zu achten. Die Aufgaben müssen natürlich in den Gesamtplan passen.

Man wird dabei immer trachten, formelle Gruppen zu bilden. Es bilden sich aber auch informelle Gruppen, die zum Beispiel durch gemeinsame private Interessen entstehen.

Der Betrieb braucht den ganzen Menschen mit seiner ganzen Schaffens- und Lebenskraft, dafür darf er ihm aber nicht nur Geldlohn, sondern muß ihm auch Lebenswerte geben. Diese Lebenswerte resultieren aus der Befriedigung menschlicher Bedürfnisse verschiedener Kategorien:

Physiologische Bedürfnisse (Primärbedürfnisse)
Physische und wirtschaftliche Sicherheitsbedürfnisse (z.B. Einkommenssicherheit)
Soziale Bedürfnisse
Psychologische Bedürfnisse (Anerkennung, Prestige, Achtung)
Bedürfnis nach Selbstverwirklichung und Selbsterfüllung.

Maschinisten und Kraftfahrern muß man z.B. die Möglichkeit geben, daß sie "ihre Maschinen" ständig richtig betreuen können (also möglichst kein Wechsel). Sie werden dann diese Maschinen als *ihren* Besitz behandeln und dafür sorgen, daß sie ständig hohe Leistungen erbringen und keine Pannen haben.

Feiern aus verschiedenen Anlässen (Gleichenfeiern, Stollendurchschlagfeiern usw.) geben auch Gelegenheit, daß sich Bauleiter, Ingenieure und sonstige Angestellte der Bauunternehmung und des Auftraggebers mit den Mitarbeitern auch informellen Kontakt aufnehmen.

1.2 Die Entlohnung und ihre Formen

Der zweite Faktor, der den Leistungswillen wesentlich beeinflußt ist das gerechte Entgelt für eine geleistete Arbeit. Dabei gilt als oberstes Prinzip, die Lohngerechtigkeit, wonach Leistung und Entgeltleistung einander angemessen sein müssen.

Wesentlich für die Ergiebigkeit der Leistung ist, daß der Mitarbeiter das Gefühl hat, daß er nach dem Wert seiner Leistung entlohnt wird und daß sein Arbeitsentgelt in einem angemessenen Verhältnis zum Lohn seiner Arbeitskollegen steht (Lohngefüge).

Das Arbeitsentgelt hat betriebswirtschaftlich gesehen eine doppelte Funktion, es ist:

Einkommen der arbeitenden Menschen und
Kostenfaktor für den Betrieb.

Die Entlohnung kann erfolgen in Form von:

a) Zeitentlohnung
b) Leistungsentlohnung.

1.21 Der Zeitlohn

In den Baubetrieben ist der Zeitlohn heute noch die am weitesten verbreitete Lohnform. Beim Zeitlohn erfolgt die Entlohnung nach der Dauer der Arbeitszeit ohne Rücksicht auf die während dieser Zeit geleistete Arbeit. Grundsätzlich bildet beim Arbeiter die Arbeitsstunde, beim Angestellten der Monat die Verrechnungsbasis.

Das Arbeitsentgelt pro Zeiteinheit bleibt auf die Leistung bezogen konstant, d.h. qualitative oder quantitative Leistungsschwankungen werden bei den Zeitlohnformen grundsätzlich nicht berücksichtigt.

Die Mindestlöhne der Lohnsätze bei den Zeitlohnformen werden durch Tarife geregelt.

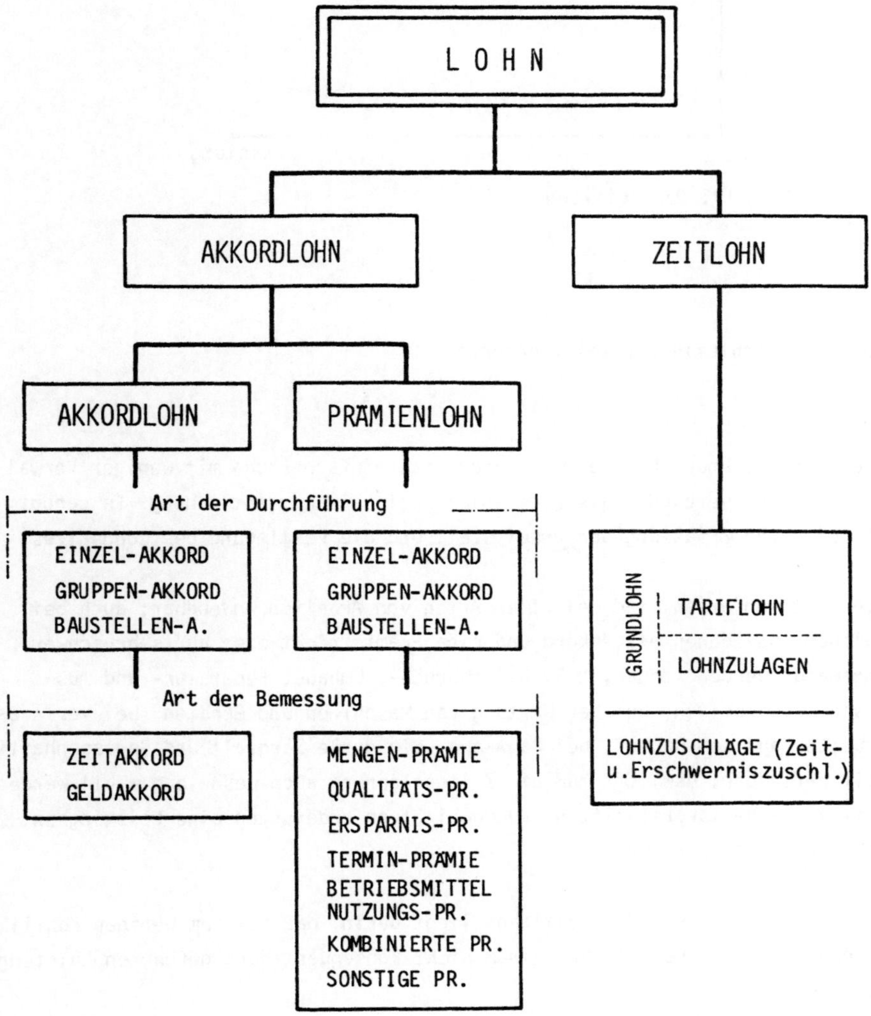

Abb. 18: Übersicht über Lohnformen

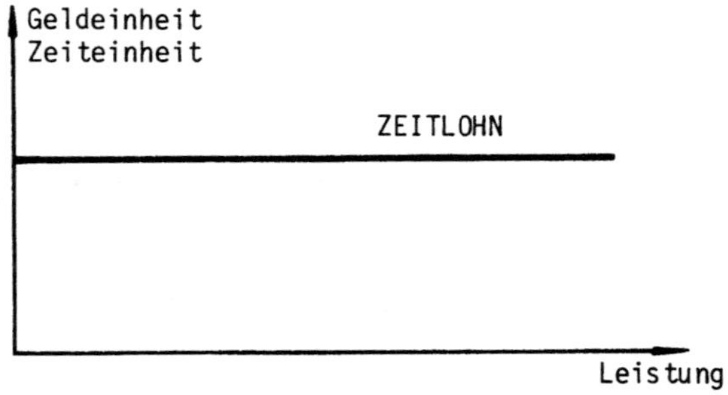

Abb. 19: Der Zeitlohn

Vor- und Nachteile der Zeitlohnformen

Vorteile:

Die Lohnabrechnung bei Zeitentlohnung ist einfacher und mit weniger Verwaltungsaufwand verbunden als eine solche bei Leistungsentlohnung. Es genügt die einfache Erfassung der Arbeitszeit und die Festlegung des Lohnsatzes.

Die Zeitlohnformen sind bei allen Arten von Arbeiten anwendbar; auch bei solchen, bei denen ein Akkord und eine Prämie nicht oder nur sehr schwer angewandt werden können, z.B. bei Abbruch-, Umbau-, Reparatur- und Ausbesserungsarbeiten, bei der Wartung von Maschinen und Geräten, bei Verladearbeiten auf dem Bauhof, bei Bauwache, die große Sorgfalt und Gewissenhaftigkeit erfordern, usw. Oft muß die Zeitentlohnung auch deshalb gewählt werden, weil Sicherheitsvorschriften und Qualitätsanforderungen eine Leistungsentlohnung nicht zulassen.

Ein weiterer Vorteil des Zeitlohns liegt darin, daß bei ihm weniger Konfliktspannungen entstehen als bei einem nicht konsequent durchgeführten Leistungslohn-System.

Nachteile:

Die Zeitentlohnung geht von der Voraussetzung aus, daß durchschnittlich eine bestimmte als normal anzusehende Leistung (Normalleistung) erbracht wird. Bei überdurchschnittlicher Leistung erhält der Arbeiter, der im Zeitlohn arbeitet, gegenüber einer leistungsabhängigen Entlohnungsform einen zu niedrigen Lohn. Bei unterdurchschnittlicher Leistung erhält er dagegen vom

Betrieb zu viel Lohn. Diese Ungerechtigkeit und ihre negativen Auswirkungen werden noch dadurch verstärkt, daß bei den Arbeitern, die eine durchschnittliche oder überdurchschnittliche Leistung erbringen, die Meinung aufkommt, ihre Arbeit sei unterbezahlt, bzw. sie müßten ihre Leistung verringern. Daraus ergibt es sich, daß beim Zeitlohn der Grundsatz der leistungsbezogenen Lohngerechtigkeit schlecht verwirklicht werden kann.

Eine ähnliche Auswirkung ist auf der Kostenseite gegeben. Bei einer direkten Beziehung zwischen Leistung und Lohn verursacht jede Leistungseinheit dieselben Lohnkosten. Beim Zeitlohn dagegen hängen die Lohnkosten pro Leistungseinheit von der durchschnittlichen Leistungsintensität der Arbeiter ab. Damit erwächst dem Betrieb ein Risiko. Die Bedeutung dieses Risikos im Baubetrieb wird deutlich, wenn man berücksichtigt, daß der Lohnkostenanteil einschließlich der lohngebundenen Kosten trotz aller Mechanisierungs- und Rationalisierungsmaßnahmen immer noch zwischen 30 und 50 % der Gesamtkosten ausmacht. Bei der Kalkulation eines Bauauftrages sind bekanntlich die Lohnkosten das unsicherste und kalkulatorisch am schwersten erfaßbare Kostenelement. Beim Leistungslohn läßt sich dieses Risiko einschränken, da Leistung und Lohn proportional zueinanderstehen.

Ein weiterer Nachteil des reinen Zeitlohnes besteht darin, daß der Leistungsanreiz fehlt. Wenn auch der Arbeiter beteuert, daß er die normal von ihm verlangte Leistung im System des Zeitlohns genauso erfülle, wie im System eines Leistungslohns, so ist doch erwiesen, daß bei der Chance, mehr zu verdienen, die Leistung steigt. Oft steigt sie nur aus dem Grund, weil bei einer leistungsabhängigen Entlohnungsform mehr mitgedacht und mitgeplant wird.

1.22 Der Leistungslohn

1.221 Der Akkordlohn

Um dem Grundsatz der Wirtschaftlichkeit zu entsprechen, müssen die Lohnkosten der Leistung angemessen sein. Dies führt zu der Forderung nach einer leistungsbezogenen Entlohnung.

Besonders bei den Baubetrieben können die Mitarbeiter mit einer leistungsbezogenen Entlohnung an die Rationalisierung und damit an eine Leistungssteigerung und Kostensenkung herangeführt werden. Je knapper die Arbeitskräfte, je höher die Löhne und je anspruchsvoller die Menschen in ihren sozialen Forderungen werden, desto mehr wird auch der Baubetrieb gezwungen, gegen die dadurch bedingten Kostensteigerungen und gegen ein Mißverhältnis von Leistung und Lohn entsprechende Maßnahmen zu ergreifen.

Wesentliche Merkmale der Akkordlohnformen:
Alle Akkordlohnformen sind durch folgende gemeinsame Merkmale gekennzeichnet:

Die Lohnkurve verläuft direkt proportional zur Mengenleistung.

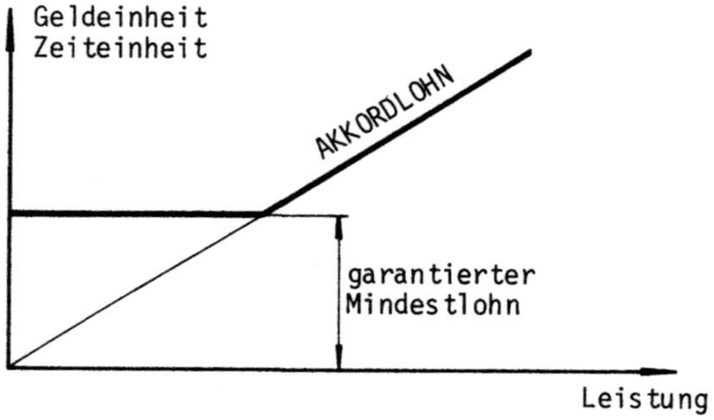

Abb. 20: Der Akkordlohn

Akkordlohnformen sind in der betrieblichen Praxis nur realisierbar, wenn bestimmte Voraussetzungen gegeben sind. Man faßt diese unter den Bezeichnungen "akkordfähig" und "akkordreif" zusammen.

Akkordfähig ist eine Arbeit, wenn

die Leistung durch den Arbeiter beeinflußt werden kann,
die Ausführungsart, der Umfang und die Faktoren, die die Durchführung der Arbeit beeinflussen, bekannt sind,
die Arbeitsmenge und Arbeitszeit wirtschaftlich erfaßbar sind,
ein Vorgabewert gebildet werden kann.

Wenn danach eine Arbeit als akkordfähig gilt, so ist noch nicht gesagt, daß sie in jedem Fall auch im Akkord durchgeführt werden kann. Die Arbeit muß auch akkordreif sein. Die Voraussetzung "Akkordreife" bezieht sich mehr auf die Durchführung der Arbeit. Der Arbeitsablauf muß möglichst von allen Mängeln und Einflüssen,die den reibungslosen Ablauf behindern, befreit, d.h. entstört sein.

Dazu gehört, daß

- die notwendigen Pläne und Angaben zur Durchführung der Arbeiten vorliegen,
- das erforderliche Personal und Material zur Verfügung steht oder rechtzeitig abgerufen werden kann,
- die Zusammenarbeit mit anderen Gruppen geklärt ist,
- der Einsatz der Betriebsmittel, Hilfsbetriebe und Nachunternehmer abgestimmt ist und
- der Arbeitsablauf auch mit allen außerbetrieblichen Stellen (Auftraggeber, Architekt, Behörden, Straßenverkehr usw.) koordiniert ist.

Allgemein bedeutet "Akkordreife", daß die Voraussetzungen für eine volle Leistungsentfaltung gegeben sein müssen. Die Realisierung und damit alle positiven Effekte des Leistungslohnes werden im Baubetrieb durch mehrere bestehende Mängel erschwert:

- Fehlen einer arbeitswissenschaftlichen Ausbildung bei den Bautechnikern und Bauingenieuren der Baubetriebe
- Mängel in der Berufsausbildung und vor allem in der Berufsfortbildung - besonders bei den Aufsichtführenden
- Facharbeitermangel und starke Fluktuation, vor allem in Zeiten der Konjunktur.

Eine weitere Besonderheit ist in der bereits erwähnten Tatsache zu sehen, daß die Bauarbeiten im allgemeinen den Einsatz einer Gruppe und nicht des einzelnen Arbeiters allein erforderlich machen. Dadurch kann die Leistung des einzelnen Arbeiters nicht für sich ermittelt werden, wie dies beim Einzelakkord in der stationären Industrie häufig möglich ist. Die Ermittlung muß vielmehr für die ganze Gruppe erfolgen und dies ist schwieriger und unübersichtlicher als beispielsweise bei einem Einzelakkord. Dazu kommt, daß sich die Ausführung einer für sich abzugrenzenden Teilleistung oft über einen größeren Zeitraum erstreckt, währenddessen Zwischenabrechnungen erforderlich werden. Damit entsteht das Problem der Leistungsabgrenzung von halbfertigen Arbeiten, das einen erheblichen Aufwand an Zeit und eine entsprechende Organisation erfordert.

Weitere Schwierigkeiten für die Leistungsentlohnung im Baubetrieb sind die Einflüsse des Wetters und der Jahreszeit. Sie erschweren eine sichere Vorausbestimmung des Arbeitsablaufes, der Termine und des erforderlichen

Aufwands an Arbeitszeit. Dadurch wird die Durchführung der Arbeitsvorbereitung oft erschwert. In jedem Leistungslohn-System muß deshalb die Möglichkeit bestehen, Störungen des Arbeitsablaufes durch Witterungseinflüsse zu berücksichtigen. Es ist aber kaum möglich, diese Schwankungen entsprechend den tatsächlichen Störungen - Regen, Frost, Hitze - bei den Vorgabewerten einzurechnen.

Zeitakkord - Geldakkord

Der Unterschied zwischen diesen beiden Akkordlohnformen besteht darin, daß die Vorgabewerte beim Zeitakkord in Zeiteinheiten und beim Geldakkord in Geldeinheiten ausgedrückt werden. In der Praxis findet man in der Regel den Zeitakkord. Er hat gegenüber dem Geldakkord den Vorteil, daß bei Änderungen der Lohntarife die Vorgabewerte nicht geändert zu werden brauchen.

Der Akkordlohn besteht grundsätzlich aus zwei Bestandteilen,

dem garantierten Mindestlohn und
dem Akkordzuschlag.

Beide Komponenten ergeben den Grundlohn (Akkordrichtsatz).
Der Akkordlohn liegt demnach grundsätzlich über dem Zeitlohn, da von vornherein gerechnet werden kann, daß bei Akkordentlohnung die Arbeiterintensität höher liegt.

Einzelakkord - Gruppenakkord - Baustellenakkord

Neben der Unterscheidung Zeitakkord - Geldakkord wird in der Praxis noch eine weitere Unterteilung nach Einzelakkord, Gruppenakkord und Baustellenakkord vorgenommen. Der Einzelakkord ist im Baubetrieb relativ selten, da nur sehr wenige Arbeiten vorkommen, die von einem Arbeiter allein ausgeführt werden können. Wo dies aber der Fall ist, dürfte der Einzelakkord die beste Form eines Akkordes darstellen, weil bei diesem die Leistung der einzelnen Arbeiter am besten meßbar und der Leistungsanreiz am wirksamsten wird.

Der Gruppenakkord ist die häufigste Erscheinungsform des Akkords im Baubetrieb. Die Größe der Gruppe und der Umfang der im Akkord durchzuführenden Arbeit richtet sich nach den jeweiligen Verhältnissen der Baustelle. In der Praxis hat sich beim Gruppenakkord folgende allgemeine Erfahrung ergeben: Je kleiner die Gruppe und je weniger verschiedenartige Arbeitsvorgänge es sind, desto größer ist die leistungssteigernde Wirkung eines Gruppenakkords. Umgekehrt nimmt der Leistungsanreiz beim einzelnen Gruppenmitglied ab, je größer die Gruppe wird und je unübersichtlicher die Arbeitsvorgänge werden.

Der Baustellenakkord ist eine erweiterte Form des Gruppenakkords. Er wird dort durchgeführt, wo die Arbeitsvorgänge und die Arbeitsgruppen auf einer Baustelle nicht so genau gegeneinander abgegrenzt werden können, daß eine getrennte Erfassung und Abrechnung in Form einzelner Gruppenakkorde möglich oder wirtschaftlich wäre. In diesen Fällen werden alle Arbeitsvorgänge der Baustelle - auch die songenannten Neben- und Randarbeiten und teilweise sogar die Nachweisarbeiten - in den Baustellenakkord mit einbezogen. Dies hat den Vorteil einer einfachen Berechnungsart, aber den Nachteil, daß bei einer größeren Baustellengruppe die Kontrolle der Leistungen des einzelnen Arbeiters und der Leistungsanreiz nicht mehr so gegeben ist, wie bei kleinen Akkordgruppen und beim Einzelakkord.

Eine gewisse Schwierigkeit beim Gruppenakkord und beim Baustellenakkord besteht noch darin, den erzielten Mehrlohn auf die einzelnen Gruppenmitglieder einigermaßen gerecht zu verteilen.

Im folgenden Beispiel wird die Mehrverdienstberechnung bei Gruppenakkorden aufgezeigt.

	Leistungsstunden	Lohn/ Summe	Leistungsst. x Lohn/Std.	Aufteilungsfaktor	Leistungslohn effektiv
Facharbeiter	10	40.--	400.--	$\frac{1800}{1270}$ =	566.90
Angelernter	12	35.--	420.--		595.30
Hilfsarbeiter	15	30.--	450.--	= 1,4173	637.80
			1.270.--		1.800.--

Besondere Schwierigkeit im Baubetrieb bereitet die Ermittlung der V o r g a b e w e r t e , welche

a) nach methodisch ermittelten Vorgabewerten
b) durch freie Vereinbarung

festgesetzt werden können.

In vielen Baubetrieben kommen Akkorde durch Vereinbarung zustande. Der Nachteil dieses Verfahrens ist, daß dabei viele subjektive Momente mitwirken. Die Objektivität wird oft ausgeschaltet durch Angebot und Nachfrage oder die jeweilige Taktik und Stärke auf Arbeitnehmer- und Arbeitgeberseite. Dies ist volkswirtschaftlich und betriebswirtschaftlich nicht immer einwandfrei, weil die Gefahr besteht, daß frei vereinbarte Vorgabewerte entsprechend der Marktsituation entweder Überforderungen oder Benachteiligungen eines Partners mit sich bringen. So zeigt die Praxis bei frei vereinbarten Akkorden, daß dabei Mehrlöhne von 100 % keine Seltenheit mehr sind. Manchmal lassen sich fliegende Akkordkolonnen nur auf Vorgabewerte ein, die ihnen mindestens solche Mehrlöhne einbringen. Das ist kein Leistungslohn mehr, sondern zum großen Teil ein "Konjunkturlohn", der zu Lasten der Volkswirtschaft geht. Weiters ist auf die gesetzliche Auflage des Arbeitsverfassungsgesetzes Rücksicht zu nehmen.

Der Begriff "Akkorde nach methodisch ermittelten Vorgabewerten" ist umstritten: Viele wollen diese Akkordlohnformen durch Begriffe, wie arbeitswissenschaftlich, andere durch echt und wieder andere durch Akkorde nach Zeitstudien charakterisiert wissen.

Da dieser Begriffsstreit wenig bringt, soll hier die neutrale Bezeichnung "Akkorde nach methodisch ermittelten Vorgabewerten" gewählt werden. Unter methodischer Ermittlung von Vorgabewerten sollen in diesem Zusammenhang - im Gegensatz zur freien Vereinbarung - alle objektiven Verfahren zur Ermittlung von Vorgabewerten verstanden werden, also Arbeitsstudien, Nachkalkulationen, Vergleichsberechnungen,Interpolationen u.ä. Bei Akkorden nach methodisch ermittelten Vorgabewerten werden neben Art und Umfang der Leistung auch Einarbeitung, Art der eingesetzten Betriebsmittel sowie sonstige wichtige Einflüsse berücksichtigt.

Grundsätzlich gilt aber hier, wie auch bei frei vereinbarten Vorgabewerten, daß der Wert vorgegeben wird, d.h. daß er vor Inangriffnahme der Arbeit ermittelt und festgelegt wird, sodaß beim Betrieb und bei der Akkordgruppe Klarheit besteht, mit welchen Werten abgerechnet wird.

Vor- und Nachteile der Akkordlohnformen

Vorteile:

Der Leistungslohn im allgemeinen und der Akkordlohn im besonderen bringt für jeden einzelnen Arbeiter einen Leistungsanreiz, der sich mannigfaltig auswirkt. Die Möglichkeit der Leistungsentfaltung, kombiniert mit der Chance, mehr Geld zu verdienen, kann die Arbeitsintensität auf der Baustelle so stark beeinflußen, wie dies im Zeitlohn kaum möglich ist. Dies stellt zwar an den Betrieb, vor allem an Aufsichtsführende, Bauleiter und Arbeitsvorbereiter erhöhte Anforderungen und verursacht auch zunächst höhere Kosten. Diese Kosten stehen jedoch in keinem Verhältnis zu dem Nutzeffekt, den ein gut organisierter Akkordlohn mit sich bringt.

Ein weiterer Vorteil des Akkordlohnes besteht noch darin, daß die Vorgabewerte eine gute Grundlage für eine ganze Reihe weiterer Planungen und Dispositionen bilden. Der Personaleinsatz und die Termine können damit vorausberechnet werden, die Disposition für den Einsatz von Betriebsmitteln, Stoffen, Hilfsbetrieben und Nachunternehmern läßt sich sicher treffen.

Im Gegensatz zum Zeitlohn wird das Risiko bei den Lohnkosten für den Betrieb geringer. Bei richtiger Handhabung und bei entsprechendem Einsatz des erforderlichen technischen Personals ergeben sich die Möglichkeiten, von der im Baubetrieb üblichen Improvisation zu einer gewissen Perfektion in Planung und Disposition zu kommen.

Nachteile:

Als Nachteil des Akkordlohnes wird mit Recht geltend gemacht, daß die Vorbereitung eine ganze Reihe organisatorischer Maßnahmen erforderlich macht, die dem Personal der Baubetriebe wenig geläufig sind und deshalb oft abgelehnt werden.

Im Drang nach möglichst hohen Akkordeinkommen wird die Leistungsfähigkeit des Mitarbeiters von ihm selbst überschätzt, was einerseits gesundheitliche Schäden, andererseits Qualitätsminderungen zur Folge haben kann. Auch die Unfallverhütungsmaßnahmen werden oft speziell von Akkordarbeitern vernachlässigt.

1.222 Der Prämienlohn

Der Prämienlohn unterscheidet sich vom Akkordlohn dadurch, daß bei ihm der Lohn meist nicht mehr in einem proportionalen Verhältnis zur Leistung steht. Er findet in zunehmendem Maße Anwendung, da die Bezugsgrößen variierbar sind.

Der Prämienlohn setzt sich zusammen aus der garantierten Zeitlohnbasis und der nach verschiedenen durch den Mitarbeiter beeinflußbaren Bezugsgrößen ausgerichteten Prämie.

Diese Bezugsgrößen können sein:

Menge des Ausstoßes
Qualität der Arbeit
Nutzung und Pflege der Betriebsmittel
Ersparnis an Bau-, Hilfs- und Betriebsstoffen
Ordnung auf der Baustelle u.ä.
Termineinhaltung.

Prämienlohnsysteme

Die Mengenprämie bezieht sich - wie der Akkordlohn - zunächst nur auf die erbrachte Leistungsmenge. Vorgabewertermittlung und Sollstundenberechnung sind grundsätzlich genauso wie beim Akkordlohn durchzuführen. Lediglich der Mehrlohn wird nach einer vorgegebenen Kurve ermittelt, also gegenüber dem proportionalen Akkord unterproportional gemindert oder überproportional gesteigert. Entscheidend dafür, ob im Einzelfall eine proportionale, unter- oder überproportionale Prämienkurve gewählt werden soll, ist der mit der Prämie angestrebte Zweck, der Grad der Beeinflußbarkeit der Leistungsmenge o.ä.

Verschiedene Arten der Mengenprämiengestaltung können aufgezeigt werden:

a) Zum Grundlohn wird eine Mengenprämie gewährt, deren Höhe mit der Leistung steigt.

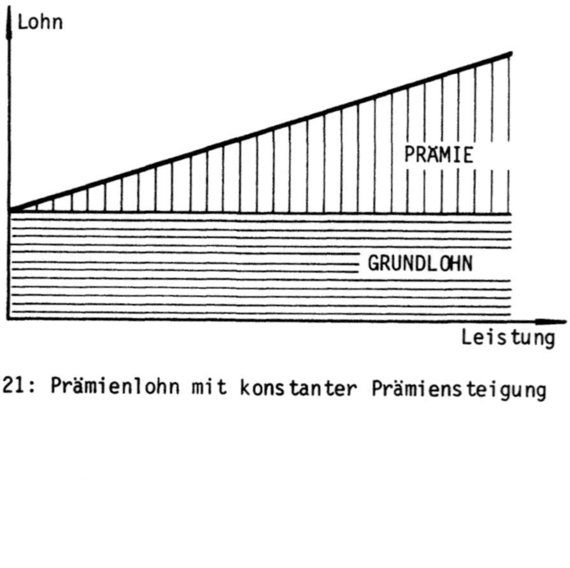

Abb. 21: Prämienlohn mit konstanter Prämiensteigung

b) Eine leistungsbezogene Prämie wird erst nach Erreichen einer bestimmten Mindestleistung gewährt und kann nach oben begrenzt werden oder auch unbegrenzt bleiben (Pensum-System nach Gantt).

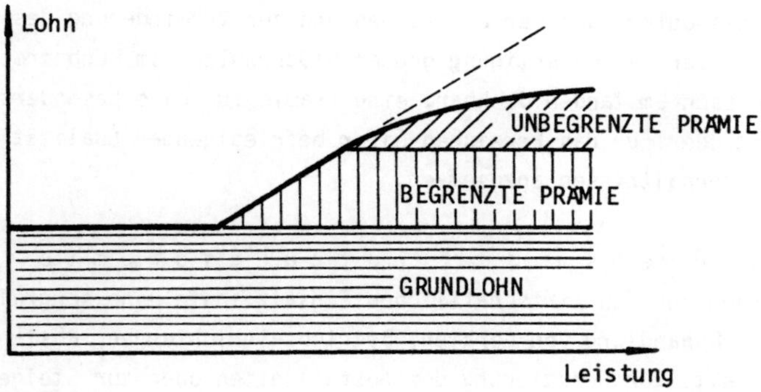

Abb. 22: Prämienlohn mit begrenzter und degressiver Prämie

c) Nach Überschreitung einer Mindestleistung wird eine feste Prämie gewährt, sollte aber nach einer bestimmten Leistungsgrenze entweder gleich bleiben oder degressiven Verlauf aufweisen (Bedaux-System).

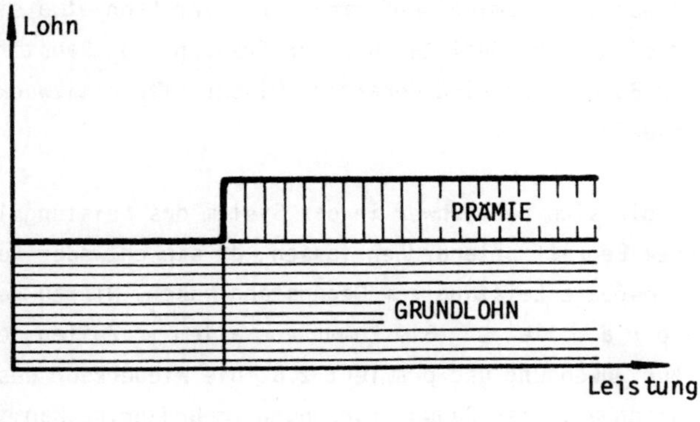

Abb. 23: Prämienlohn mit fester Prämie

Die E r s p a r n i s p r ä m i e honoriert die Verminderung oder die Einhaltung vorgegebener Werte für den Verbrauch von Bau-, Hilfs- und

Betriebsstoffen. Hierunter fallen außerdem Prämien für die Einhaltung oder Unterschreitung geplanter und vorgegebener Kosten, beispielsweise für Gerätereparaturen.

Die Q u a l i t ä t s p r ä m i e dient in der stationären Industrie zur Erhöhung des Gütegrades der Leistungen und zur Verminderung des Ausschußanteils bei der Serienfertigung großer Stückzahlen. Im Baubetrieb ist es unter gewissen Umständen denkbar, eine Prämie für eine besonders gute Qualitätsarbeit oder für das Erreichen einer befriedigenden Qualität unter erschwerten Verhältnissen anzusetzen.

Eine B e t r i e b s m i t t e l n u t z u n g s p r ä m i e kann ausgesetzt werden für den wirtschaftlichen Einsatz sowie eine sorgfältige und pflegliche Behandlung von Geräten, Betriebseinrichtungen, Rüst- und Schalmaterial, evt. zur Reduzierung der Ausfallzeiten oder zur Steigerung des Nutzungsgrades.

Die T e r m i n p r ä m i e ist die grobe Form einer Zeitvorgabe. Sie kann im Baubetrieb angesetzt werden, um Baufertigstellungstermine oder einen festgelegten Bauablauf (Taktplan) einzuhalten. Sie kann einen Akkordlohn oder eine Mengenprämie ersetzen, sie kann aber auch neben solchen Formen bestehen.

K o m b i n i e r t e P r ä m i e n stellen eine Zusammenfassung verschiedener vorerwähnter Prämienlohnformen dar. Hier kann etwa eine Mengenprämie mit Beurteilung der Qualität und der Ersparnis an Baustoffen kombiniert werden. Im Baubetrieb sind derartige Mischformen oft zweckmäßiger als die reinen Prämienlohnformen.

Es gibt Formen, die sich nur schwer in das System des Leistungslohns einordnen und diesem Begriff unterordnen lassen, da sie entweder keine oder eine nur schwer meßbare Leistung zum Gegenstand haben. Hierzu gehört u.a. die T r e u e p r ä m i e . Sie kommt vor allem in Zeiten des Arbeitskräftemangels zur Anwendung und prämiert z.B. die Wiederkehr des Arbeitnehmers nach saisonbedingter Bauunterbrechung (mehrjährige Baustellen in entlegenen Gebieten) oder überhaupt mehrjährige Zugehörigkeit zur Unternehmung.

Mit der A u f s i c h t s p r ä m i e können im Baubetrieb Poliere und Vorarbeiter für eine besonders erfolgreiche Ausübung ihrer Funktion zusätzlich belohnt werden. Auch hier gibt es objektive und subjektive

Bewertungsmaßstäbe, meßbare und nicht meßbare Leistungserfolge.
Die sogenannten A n e r k e n n u n g s p r ä m i e n kann man nicht als eigentliche Prämienlohnform bezeichnen. Sie stellen Prämierungen besonderer Leistungen dar, wie z.B. unfallfreies Arbeiten, Verbesserungsvorschläge, Ordnung und Sauberkeit auf der Baustelle, Perfektion in der Organisation u.ä. Die Bewertungsmaßstäbe sind in der Regel eine Mischung aus objektiver und subjektiver Beurteilung.

Vor- und Nachteile der Prämienlohnformen

Vorteile:

Die Prämienlohnformen haben zunächst alle diejenigen Vorteile, die auch der Akkordlohn gegenüber dem Zeitlohn hat.

Darüber hinaus haben sie gegenüber dem Akkordlohn den weiteren Vorteil, daß sie bei Arbeiten, deren Ablauf nicht genau vorauszusehen und vorauszubestimmen ist, für Betrieb und Arbeiter anpassungsfähiger und risikoärmer als der Akkordlohn gestaltet werden können.

Das Anwendungsgebiet der Prämienlohnformen ist wesentlich größer als das der Akkordlohnformen. Anwendungsmöglichkeiten für die Prämienlohnformen gibt es auch dort, wo viel im Akkordlohn gearbeitet wird und es erforderlich ist, für die nicht am Akkord beteiligten Arbeiter eine Leistungskontrolle und einen Leistungsanreiz zu schaffen, verbunden mit der Chance, mehr verdienen zu können. Ein Prämienlohn läßt sich oft einfacher organisieren und stellt deshalb häufig die erste Stufe einer leistungsgebundenen Entlohnung im Baubetrieb dar.

Gewisse Vorteile der Prämienlohnformen liegen noch darin, daß sie über größere Zeiträume und für größere Arbeitsabschnitte gestaltet werden können und dadurch die wechselnden Risiken, denen der Baubetrieb ausgesetzt ist, ausgleichen.

Nachteile:

Im Vergleich zum Akkordlohn ist in vielen Fällen der echte und voll wirksame Leistungsanreiz gemindert.

Da die Leistung bei manchen Prämienlohnformen nur schwer gemessen werden kann, ist in diesen Fällen oft eine objektive Bewertung nicht möglich.

2.0 Die Organisation im Baubetrieb

Das gesamte baubetriebliche Geschehen hat sich in einer bestimmten Ordnung abzuwickeln. Dies bedingt eine klare und einwandfrei funktionierende Organisation, welche eine Voraussetzung für rationelle Abläufe ist. Unter Organisation versteht man die Gesamtheit aller Regelungen, deren sich die Unternehmungsleitung und die untergeordneten Organe bedienen, um die entworfene Ordnung aller betrieblichen Prozesse und Erscheinungen zu realisieren.

Die Organisation muß dem Umfang und der Struktur der Unternehmung angepaßt sein.

Jede Unternehmung besteht aus einer Anzahl von Unternehmensbereichen. Diese Tatsache begründet die Voraussetzung, daß Instanzen errichtet und deren Kompetenzen klar abgegrenzt werden müssen.

Unter diesen Voraussetzungen kann eine Bauunternehmung als technisch soziale Organisation zur Erfüllung der baubetrieblichen Zielsetzungen bezeichnet werden. Diese Organisationsaufgaben werden in drei Ebenen erfüllt.

a) Ebene der Bauunternehmung
b) Ebene der baubetrieblichen Produktionsstätten (Baustellen)
c) Ebene der Hilfs- und Nebenbetriebe.

2.1 Die Organisation der Bauunternehmung

Jede Bauunternehmung ist durch ihre Kapazität und Struktur gekennzeichnet. Die Organisation der Bauunternehmung hat diesen Gegebenheiten zu entsprechen.

Die Kapazität einer Unternehmung ist durch die Anzahl und Qualität der dispositiv beschäftigten Mitarbeiter, der ausführend tätigen Mitarbeiter und des verfügbaren Kapitals in Form von Maschinen und sonstigen Betriebsmitteln gekennzeichnet.

Das Wirken der Kapazitäten wird maßgeblich durch die finanzielle Kapazität ermöglicht bzw. beeinflußt.

Neben der Kapazität einer Unternehmung ist aber auch die Struktur für die Unternehmungsorganisation bestimmend. Es muß dabei unterschieden werden, zwischen Produktionsbreite und Produktionstiefe.

Unter Produktionsbreite sind die verschiedenen Sparten (Hochbau, Industriebau, Kanalbau, Straßenbau, Tunnelbau etc.) zu verstehen, in der eine Unternehmung tätig wird. Je größer die Produktionsbreite eines Betriebes ist, umso höher werden in der Regel auch die Anforderungen sein, die an die Betriebsorganisation gestellt werden.
Unter Produktionstiefe ist die Intensität zu verstehen, mit der eine Sparte betrieben wird.
Die Produktionstiefe ist z.B. groß, wenn im Wohnungsbau schlüsselfertig gearbeitet wird und gegebenenfalls noch Grunderwerb einerseits und Liegenschaftsverkauf andererseits hinzukommen. Auch die Produktionstiefe beeinflußt die Betriebsorganisation.

Äußere Bestimmungsfaktoren für Kapazität und Struktur einer Unternehmung sind die örtlichen und wirtschaftlichen Gegebenheiten im Tätigkeitsgebiet ebenso wie der Markt. Innere und äußere Bedingungen bestimmen gemeinsam die optimale Organisation einer Unternehmung.

Die Organisation der Bauunternehmung ist also demnach das sinnvoll gestaltete Zusammenwirken ihrer verschiedenen Organe zur Erfüllung der betrieblichen Funktion. Dies bedingt eine klare Festlegung von I n s t a n z e n , welche Funktionsträger mit bestimmten Befugnissen darstellen (Stellen mit Anordnungsbefugnissen). Jeder Instanz sind genau abgegrenzte K o m p e t e n z e n zuzuordnen.

Die Bereiche zur Erfüllung dieser Funktionen können so gegliedert werden, daß sich außer der Unternehmensleitung drei Funktionsbereiche abzeichnen.

1) Der dispositive Bereich
   (Technische und kaufmännische Leitung mit ihren Unterorganen)

2) Der ausführende Bereich
   (Bauführungen)

3) Der Bereich der Hilfsbetriebe
   (Werkstätten, Geräteverwaltung, usw.).

Die Organisationsstruktur (Abb. 24) könnte beispielsweise folgender Art dargelegt werden:

Leitung der Unternehmung

Technische Leitung mit den Abteilungen

Konstruktion (Technisches Büro, Statik, etc.)
Auftragswesen (Kalkulation, Nachkalkulation, etc.)
Arbeitsbüro (Arbeitsvorbereitung, Leistungslohnberechnung, etc.)

Baudurchführung (technisch-wirtschaftliche Betreuung der Arbeitsgemeinschaften, technisch-wirtschaftliche Überwachung der Baustellen)

Leitung der Hilfs- und Nebenbetriebe
(Geräte- und Materialverwaltung, Bauhöfe mit Werkstätten, Nebenbetriebe wie Fertigteilerzeugung, Aufbereitungsanlagen für Zuschlagstoffe, Frischbeton, bituminöses Mischgut, etc.)

Kaufmännische Leitung mit den Abteilungen

Rechnungswesen (Finanzbuchhaltung, Betriebsbuchhaltung, Lohnbüro, Rechnungsprüfung, Kasse, Revision, kaufmännische Betreuung von Arbeitsgemeinschaften)

Allgemeine Verwaltung (Personal, Vertragsangelegenheiten, Gebäudeverwaltung, etc.)

Die Unternehmungsorganisation und der Kommunikationsfluß sind in ähnlicher Weise darzustellen und jedem Mitarbeiter zugänglich zu machen.
Dabei gelten folgende Grundsätze:

Jede Stelle darf nur eine direkte vorgesetzte Stelle haben.

Die vorgesetzte Stelle muß die Arbeit der ihr untergebenen Stellen überwachen können.

Eine Stelle darf nur so viele Funktionen erhalten, wie sie auch ausfüllen kann.

Anordnungen gehen in der Regel den Instanzenweg (Dienstweg).

Informationen werden von allen an alle Stellen erteilt, die dies aus dienstlichen Gründen benötigen.

Aufgaben, Kompetenzen und Verantwortungen müssen einander entsprechen.

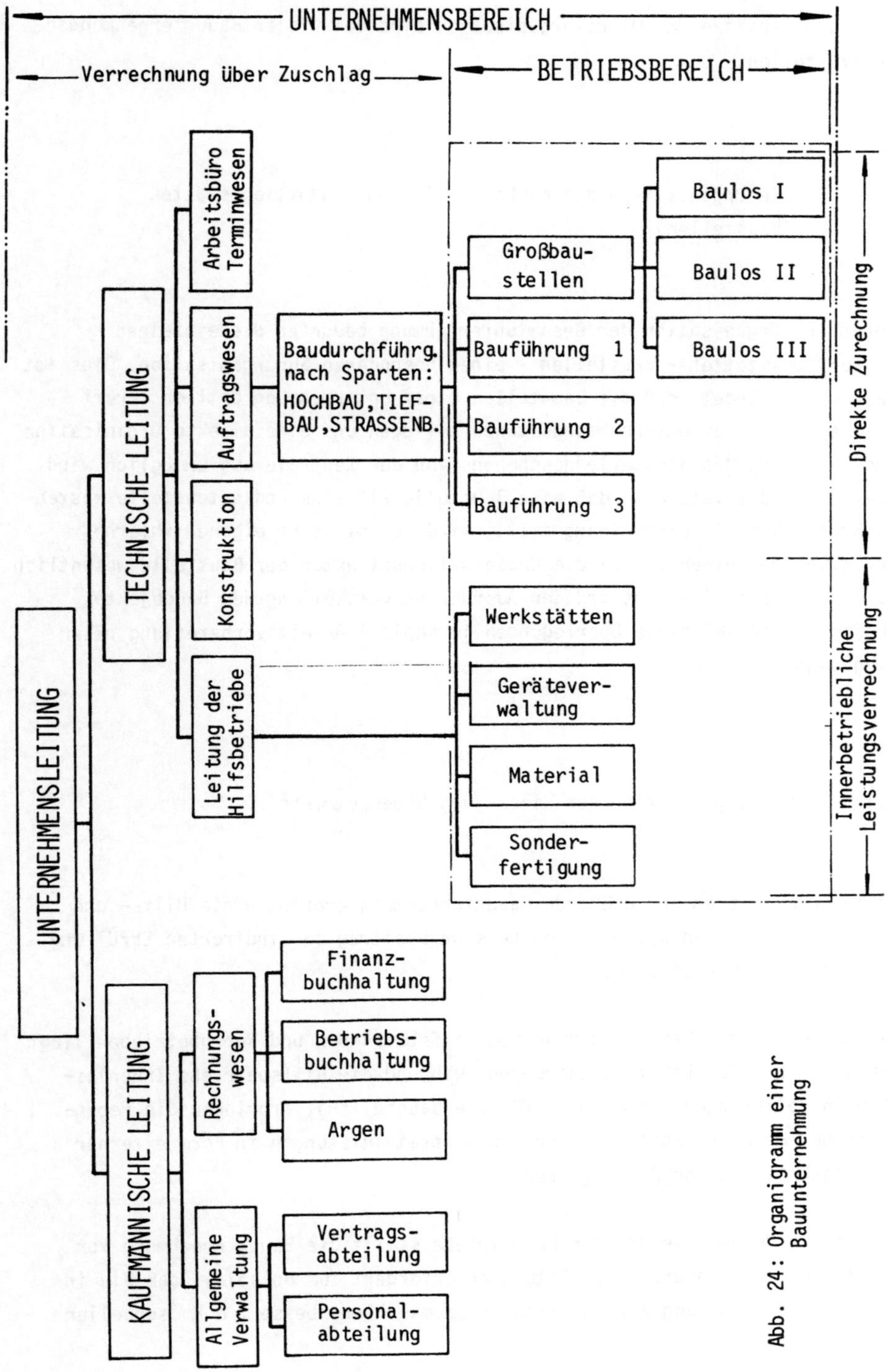

Abb. 24: Organigramm einer Bauunternehmung

Zur Erfüllung der baubetrieblichen und bauwirtschaftlichen Aufgaben hat sich in Bauunternehmungen das System der Stablinienorganisation bewährt. Aber auch Ansätze der Matrixorganisation sind bei vielen Bauunternehmungen festzustellen.

2.2 Die Organisation der baubetrieblichen Produktionsstätten (Baustellen)

Neben der Organisation der Gesamtunternehmung bedürfen die einzelnen Produktionsstätten - Baustellen - einer besonderen Suborganisation. Dies ist dadurch begründet, daß die Baustellen einer Unternehmung örtlich derart weit entfernt vom Unternehmungsstandort liegen und eine direkte Organisation und Steuerung des Baustellengeschehens von der Zentrale aus unmöglich wird. Aber durch die Tatsache, daß eine Baustelle als eine Endkostenstelle kostenrechnungsmäßig in Erscheinung tritt, wird für sie eine eigene "interne" Organisation notwendig. Da die Organisationsstruktur der Baustelle wesentlich von der Sparte, der Art und der Ausführungsvorstellung des Bauobjektes abhängt, wird auf diese Überlegungen im Kapitel Arbeitsvorbereitung näher eingegangen.

2.3 Die Organisation der Hilfs- und Nebenbetriebe

In jeder mittleren und größeren Bauunternehmung erbringen die Hilfs- und Nebenbetriebe einen wesentlichen Leistungsbeitrag zur indirekten Erfüllung der Unternehmungsaufgaben.

Das Kriterium der Unterscheidung von Hilfsbetrieben und Nebenbetrieben liegt auf der Ebene der Leistungszuordnung. Während die Hilfsbetriebe Innenleistungen vollbringen (Leistungen für die Baustellen), erbringen die Nebenbetriebe neben innerbetrieblichen auch Absatzleistungen in Form externer Auftragsbeiträge von Auftraggebern.

Die starke Mechanisierung der Baubetriebe stellt die Bauunternehmung vor geänderte Bedingungen. Diese Situation erfordert zum Beispiel, daß die in immer größerem Umfang anzuschaffenden Baumaschinen besser, d.h. schneller und wirtschaftlicher, bei möglichst richtiger, also schonender Weise eingesetzt werden, um den Maschinenpark bestens auszunützen, d.h. tote Zeiten für Transport, Montage, Demontage, Reparaturen und Fehleinsätze auf ein Minimum zu reduzieren.

Der Bauingenieur muß heute, sei er als Baustelleningenieur, als Kalkulant oder als Planer für Baustelleneinrichtungen im Arbeitsbüro oder in der Baugeräteabteilung eingesetzt, ein hohes Durchschnittswissen über Baugeräte aufweisen. Die Geräteverwaltung und -disposition wird zu einem immer wichtigeren Instrument der Bauunternehmung.

Besonders im Tiefbau ist das Baugerät zum Maßstab für die Leistung und den Fertigungstermin geworden. Auch der Preis wird von ihm maßgeblich beeinflußt.

Die Hilfs- und Nebenbetriebe und deren Leitung untersteht der technischen Leitung der Unternehmung, die sich größtenteils aus Bauingenieuren zusammensetzt.

Unter Hilfs- und Nebenbetriebe lassen sich einordnen:

a) Der Bauhof
b) Der Geräteverwaltung
c) Die Werkstätten
d) Der Fuhrpark
e) Die eigentlichen Nebenbetriebe
   z.B. Kiesgruben
   Steinbruch
   Transportbetonbetrieb
   Fertigteilerzeugung
   Sägewerk usw.

2.31 Der Bauhof

Mit der Bezeichnung "Der Bauhof" wird hier eine fest umrissene Grundfunktion im innerbetrieblichen Ablauf zugrunde gelegt. Es wird darunter nur die Grundsubstanz und Betreuung (Hofpartie) des Werkhofes verstanden, welche als solche die räumliche Voraussetzung für die Existenz der anderen Hilfsbetriebs-, Nebenbetriebs- und Verwaltungsbereiche darstellt. Es sind räumliche Voraussetzungen für

Allgemeine Geschäftsleitung

Lagerplätze
Lagerräume
Magazine
Werkstätten
Verladeeinrichtungen (evt. Bahnanschluß)
Geräteinstandhaltungseinrichtungen
Aufenthaltsräume und soziale Einrichtungen
Treibstofflager
Stahllager- und Biegeplatz
Zimmerei, Schreinerei
Transportbetonmischanlagen und
Fertigteilerzeugung.

Die Situierung der genannten Anlagen muß ihre Verbindung untereinander, der Wichtigkeit ihrer betrieblichen Zuordnung entsprechend, sichern (siehe Abb. 25, 26). Hiezu gehören dem Entwurf des Bauhofes vorausgehende Ablaufüberlegungen für die einzelnen Werkplätze, die hier in Form von Flußdiagrammen und der daraus resultierenden Anlage für einen Schalzimmerplatz und einen Stahlbiegeplatz (Abb. 27, 28, 29) beispielhaft angeführt werden. Der gesamte Platzbedarf ist natürlich von der Unternehmungsgröße abhängig.

Die Erfüllung der Aufgaben des Bauhofes verursachen in erster Linie Bereitschaftskosten, welche im Normalfall über die allgemeinen Geschäftskosten (Zentralregie) verrechnet werden.

2.32 Die Geräteverwaltung

Die Bedeutung dieses Unternehmungsbereiches nimmt ständig zu, da in jeder kapitalintensiven Bauunternehmung die Baugeräte zum wertvollsten Inventar gehören. Dementsprechend wachsen auch die mannigfaltigen Aufgaben dieser Verwaltungsstellen.

Schon in der Planung der B a u s t e l l e n e i n r i c h t u n g ergibt sich eine notwendige Zusammenarbeit mit der Leitung der Baustellen und der Arbeitsvorbereitung.

Die anforderungsgerechte E i n s a t z s t e u e r u n g der vorhandenen Geräte erfordert ein hohes Wissen über die Eigenschaften und Leistungen der einzelnen Maschinen und Geräte, um den leistungs- und termingerechten

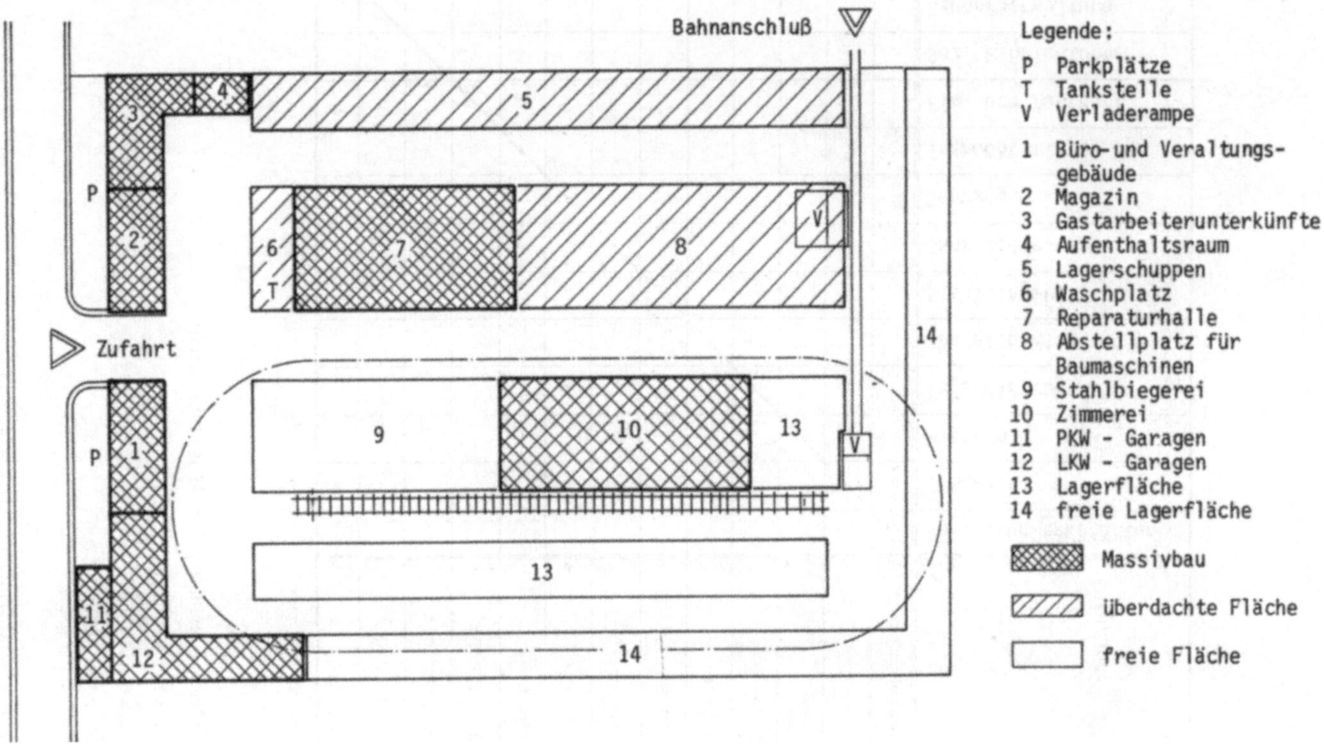

Abb. 25: Beispiel eines Bauhofes

Teil / Zuordnung zu:	Reparaturwerkstätten	Zimmerei	Magazin	Lagerplätze	Abstellplätze	Stahlbiegerei	Tankstelle	Fahrwege	Transportmittel	Ein- und Ausfahrt	Soz. Einrichtungen	Bauhofverwaltung	Hauptverwaltung
Reparaturwerkstätten													
Zimmerei													
Magazin													
Lagerplätze													
Abstellplätze													
Stahlbiegerei													
Tankstelle													
Fahrwege													
Transportmittel													
Ein- und Ausfahrt													
Soz. Einrichtungen													
Bauhofverwaltung													
Hauptverwaltung													

Bewertung der Zuordnung der Arbeitsbereiche:

1.........sehr wichtig

2.........wichtig

3.........noch zu beachten

Abb. 26: Zuordnungstabelle für den Bauhof

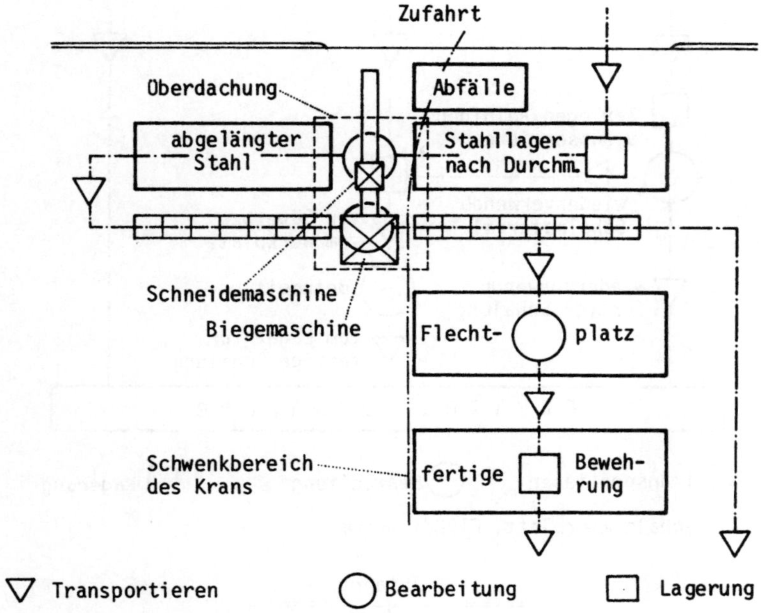

STAHLBIEGEPLATZ, auf Baustelle eingerichtet

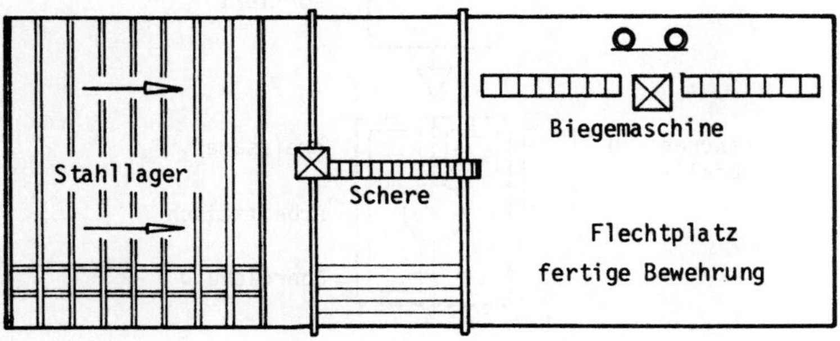

STAHLBIEGEPLATZ, stationärer Betrieb

Abb. 27: Stahlbiegeplätze

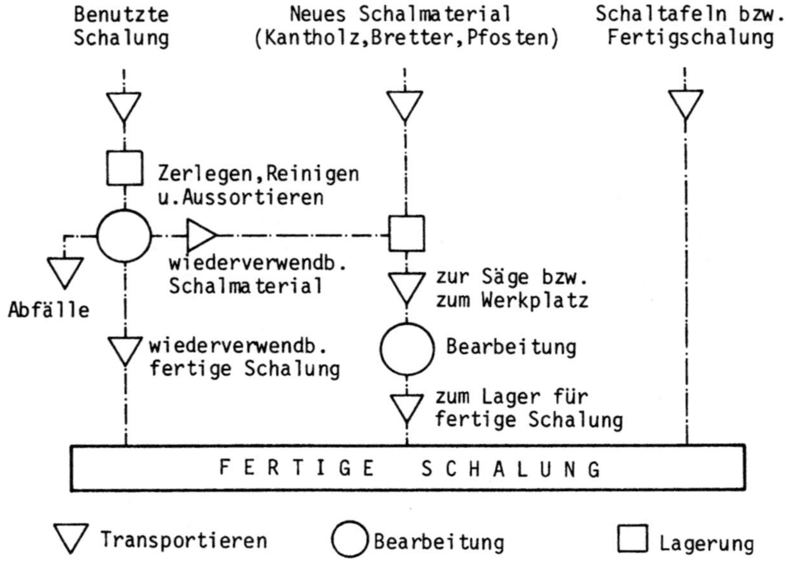

Abb. 28: Schalzimmerplatz, Flußdiagramm

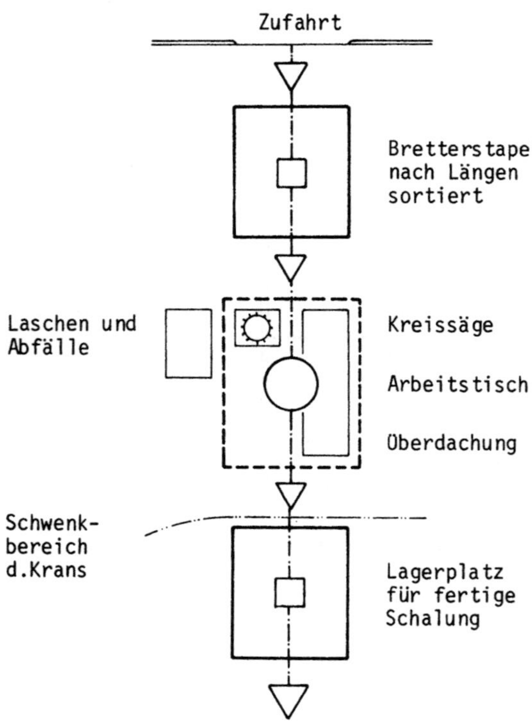

Abb. 29: Schalzimmerplatz, Beispiel

Einsatz zu gewährleisten. Diese Aufgabe kann nur ein Ingenieur mit Erfolg bewältigen, der neben grundlegenden maschinenbaulichen Kenntnissen entsprechende Erfahrung im Baustelleneinsatz der Geräte hat. Das Abstimmen und Steuern der Geräte innerhalb einer Gerätekette bezogen auf die spezielle Leistungserstellung ist Voraussetzung, um die Bauaufgaben termingerecht, wirtschaftlich und in der verlangten Güte zu erbringen.

Den tragenden Teil im gesamten Investitionsprogramm der Bauunternehmung bilden die G e r ä t e i n v e s t i t i o n e n . Durch permanente Beobachtung des Baumaschinenmarktes und durch gesammelte Erfahrungen des Baustelleneinsatzes der Geräte wird die Geräteverwaltung zu einer Schlüsselstelle für Entscheidungen bei Geräteinvestitionen. Sie weiß Bescheid über Entwicklungstendenzen am Baumaschinensektor und kann sicherlich die Brauchbarkeit und Einsatzmöglichkeit beurteilen.

Eine Investitionsentscheidung ist ein wesentlicher Faktor der Rentabilität, der Liquidität und somit der Stabilität der Unternehmung. Sie beeinflußt im wesentlichen die zukünftige Ertragskraft und die Anpassungsfähigkeit an wechselnde Marktlagen.

Die Investitionsentscheidung wird deshalb zu einem betrieblichen Kernproblem da jede Geräteinvestition durch l a n g f r i s t i g e B i n d u n g v o n K a p i t a l eine dementsprechende l a n g f r i s t i g e W i r k u n g auf die Unternehmensstrategie ausübt.

Alle Investitionen verursachen zukünftige fixe Kosten und bewirken damit eine Erstarrung gegenüber Beschäftigungsschwankungen. Die Risiken der steigenden Anlagenintensität und der damit fallenden Elastizität können nur durch eine wohlüberlegte Auswahl der Investitionsvorhaben reduziert werden. Der Investitionsentscheidung gehen viele Entscheidungsargumente voraus. Ein solches Entscheidungsargument wird mit der Investitionsrechnung geliefert.

Die Methoden der Investitionsrechnung lassen sich gliedern in:

Statische Methoden:

1) Kostenvergleichsrechnung
2) Gewinnvergleichsrechnung
3) Rentabilitätsrechnung
4) Amortisationsrechnung

Dynamische Methoden:

1) Kapitalwertmethode
2) Annuitätenmethode
3) Methode des internen Zinsfußes
4) Dynamische Amortisationsrechnung

Mapi Methode.

Während bei den statischen Methoden auf die Zeitunterschiede im Ablauf der Investitionen nicht Bedacht genommen wird, berücksichtigen die dynamischen Methoden die zeitlichen Unterschiede im Anfall der Ausgaben- und Einnahmenströme eines Investitionsprojektes. Das bedeutet, daß alle mit einem Investitionsprojekt verbundenen Ausgaben- und Einnahmenströme (Zeitwerte) auf einen bestimmten Zeitpunkt bezogen und damit gleichnamig gemacht werden (Barwerte). Bei Baugeräten finden die Kostenvergleichsrechnung, Amortisationsrechnung, die Kapitalwertmethode und die Annuitätenmethode Anwendung.

Bei der K o s t e n v e r g l e i c h s r e c h n u n g werden die Kostenfunktionen (K_A, K_B, K_C) mehrerer Investitionsalternativen gegenübergestellt. Meist ergeben sich dadurch Beschäftigungsbereiche, welche die Vorteilhaftigkeit der verschiedenen Verfahren zum Ausdruck bringen.

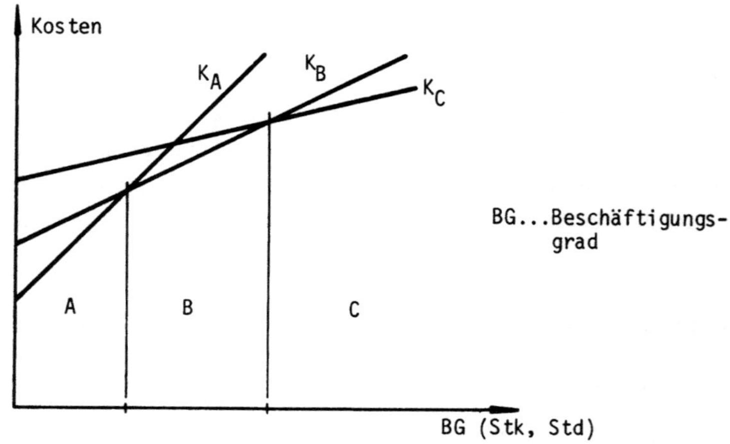

Abb. 30: Der Kostenvergleich

Die A m o r t i s a t i o n s r e c h n u n g ermittelt den Zeitraum, innerhalb welchen der Kapitaleinsatz in Form von Erlösen rückfließt. (Amortisationszeit).

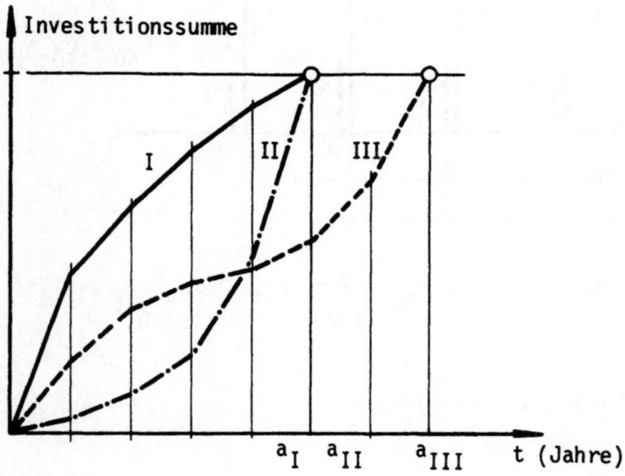

Abb. 31: Die Amortisationsrechnung

Dies würde laut Abb. 31 die Investitionen I und II gleichwertig setzen, würde nicht das Risiko des Rückflusses ebenso in Betracht gezogen werden. Diese zusätzliche Aussage läßt aber die Variante I vorteilhafter erscheinen.

Die K a p i t a l w e r t m e t h o d e berücksichtigt die zeitlichen Unterschiede der Ein- und Ausgabenströme und bejaht vom rechnerischen Standpunkt eine Investition dann, wenn der Kapitalwert des Investitionsprojektes größer als Null ist.

Verschiedene Nutzungsdauern und verschiedene Höhen der Investitionsausgaben (Differenzinvestitionen) bringen bei dieser Methode Schwierigkeiten mit sich.

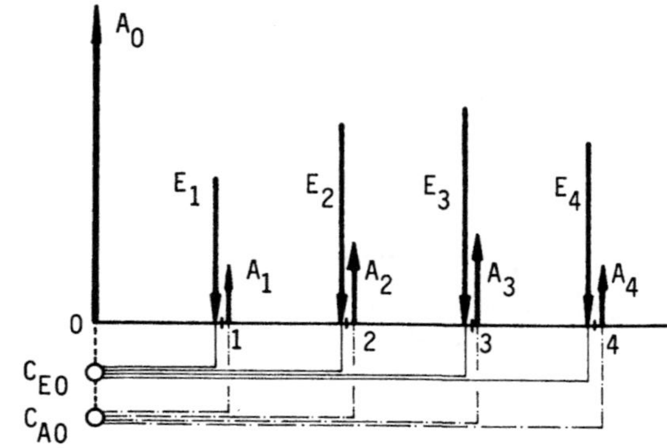

$$C_{E0} = \sum_{t=0}^{n} E_t \, (1+i)^{-t}$$

$$C_{A0} = \sum_{t=0}^{n} A_t \, (1+i)^{-t}$$

Kapitalwert: $C_0 = C_{E0} - C_{A0} = \sum_{t=0}^{n} E_t \, (1+i)^{-t} - \sum_{t=0}^{n} A_t \, (1+i)^{-t}$

Abb. 32: Die Kapitalwertmethode

Die A n n u i t ä t e n m e t h o d e schaltet die Diskrepanz der verschiedenen Nutzungsdauern aus und errechnet ausgehend vom Kapitalwert und unter Zuhilfenahme des Wiedergewinnungsfaktors die gleichbleibende jährliche Rate, die Annuität.

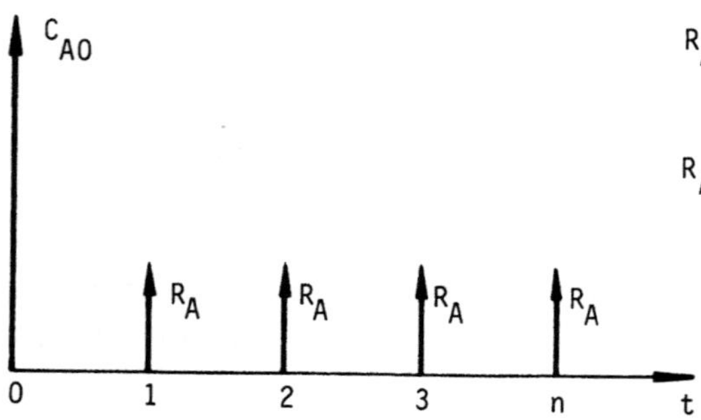

R_A.... Annuität

$$R_A = C_{A0} \cdot \frac{(1+i)^n \cdot i}{(1+i)^n - 1}$$

Abb. 33: Die Annuitätenmethode

Diese Methode diente als Grundlage bei der Errechnung des Kapitaldienstes der Baugeräteliste 1961.

Hingewiesen sei noch auf mehrere vereinfachte Investitionsrechnungsmethoden, die, berücksichtigt man die Toleranzen der Prämissen, oft auch aussagekräftige Ergebnisse zeitigen.

Jede Investitionsentscheidung ist kein ausschließlich technisches Problem der Anlagenwirtschaft, sondern vornehmlich ein finanzwirtschaftliches Problem des gesamten Kapitaleinsatzes. Die wirtschaftliche Zweckmäßigkeit einer Investition muß über die Kapitalverwendung entscheiden. Die technische Leistungsfähigkeit der Anlagen ist zwar die Basis der Anlagenbeurteilung, jedoch kein ausreichender Maßstab für die Disposition des Kapitaleinsatzes. Sofern diese Voraussetzung zutreffender Investitionsentscheidungen vernachlässigt wird, strebt die Anlagenwirtschaft nach technischer Perfektion, die der wirtschaftlichen Zweckmäßigkeit und damit der Forderung nach rationeller Kapitalverwendung nicht entsprechen muß.

Sämtliche Bereiche eines Unternehmens sind durch die F i n a n z i e r u n g miteinander verbunden, sodaß die Entscheidung für den Kapitaleinsatz gleichzeitig den Verzicht auf eine anderweitige Kapitalverwendung bedeutet. Zutreffende Investitionsentscheidungen sind deshalb nur durch Vergleich der alternativen Kapitalverwendungen möglich. Die Investitionsvorschläge sämtlicher Betriebsbereiche müssen nach vergleichbaren Kriterien beurteilt, zusammengefaßt und in einem gesamtbetrieblichen Investitionsplan koordiniert werden.

Bei Geräteinvestitionen wird neben der Selbst- und Eigenfinanzierung die Fremdfinanzierung, also die Beschaffung von Fremdkapital, besonderer Gewichtung unterliegen. Diese Fremdfinanzierung bedeutet eine b e f r i s t e t e Kapitalvorstreckung.

Es soll hier nicht auf die klassische Finanzierung näher eingegangen werden, die von der Selbstfinanzierung über Eigenfinanzierung, lang-, mittel- und kurzfristiger Fremdfinanzierung reicht. Hingewiesen sei hier auf die bei Geräteinvestitionen gebräuchliche Teilzahlungsfinanzierung.

Mit dem L e a s i n g wurde eine Finanzierungsart kreiert, die im Bauwesen durch das financial-leasing Einführung gefunden hat.

Bei jeder Leasing-Finanzierung ist man indirekt mit drei Vertragspartnern konfrontiert.

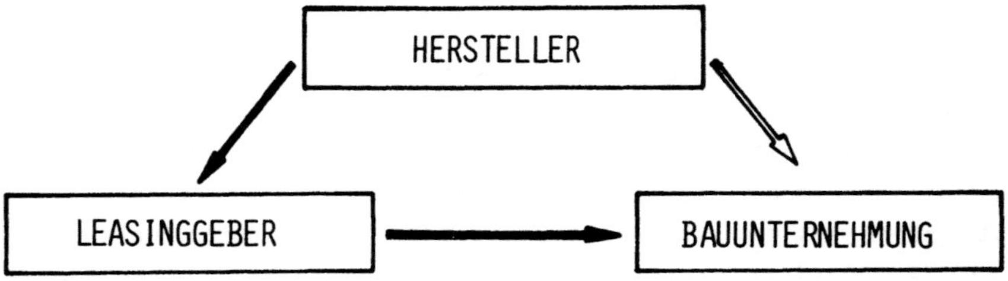

Abb. 34: Leasingpartnerschaft

Beim financial-leasing finden wir die Grundmietzeit als unkündbar, der Leasingnehmer trägt volles Investitionsrisiko. Nach Ablauf der Grundmietzeit hat der Leasingnehmer folgende Möglichkeiten.

1) Das Gerät wird der Leasinggesellschaft zurückgegeben, der Vertrag läuft aus.

2) Der Leasingnehmer hat die Möglichkeit gegen geringe Raten das Gerät über die Grundmietzeiten weiterzumieten und

3) Der Leasingnehmer kann das Gerät zu einem günstigen Preis kaufen.

Werden alle Finanzierungsüberlegungen angestellt, so hat auch das Leasing unter bestimmter Investitionskonstellation eine echte Finanzierungschance. Jeder Finanzierungsüberlegung ist jedoch eine ehrliche Finanzplanung voranzustellen, die für eine prospektive Vermögens- und Kapitaldeckung zu sorgen hat. Diese Finanzplanung hat zur Aufgabe, die Anpassung der Struktur der gesamten Kreditzeiten an die Struktur der entsprechenden Bindungszeiten der finanzierten Vermögensteile zu bewältigen, d.h. eine zeitorientierte Planung der Ausgaben- und Einzahlungsströme nach Qualität und Quantität zu erstellen. Das Ziel der Finanzplanung sollte es sein, bei optimaler Liquidität eine maximale Rentabilität zu erwirtschaften.

Eine wesentliche Funktion der Geräteverwaltung ist in der Vorarbeit für die i n n e r b e t r i e b l i c h e G e r ä t e v e r r e c h n u n g zu suchen. Hand in Hand mit der Einsatzsteuerung der Baugeräte gehen die regelmäßigen Belastungen und Entlastungen der Baustellen mit bzw. von Kosten, die durch Beistellung von Geräten anfallen (Vorhaltekosten, Transportkosten, usw.).

Um diesen organisatorischen Anforderungen nachkommen zu können, bedarf es des Einsatzes bestimmter Organisationsmittel. Im Bereiche der Geräteverwaltung ist die G e r ä t e k a r t e i der Speicher aller notwendigen Grunddaten und der Erfahrungsdaten. Neben der Gerätekartei, die neben diesen Grunddaten sämtliche Aufzeichnungen über Einsatzdauer, Abschreibungen, Reparaturkosten, Betriebsstoffverbrauch u.a. erfaßt, erlaubt die Gerätebewegungskartei die Verfolgung der Baumaschinenbewegungen.
Da es sich dabei vielfach um Datenerfassung und -verwertung handelt, wird diese routinemäßige Arbeit weitgehend über EDV-Anlagen erledigt.

Die Disposition der I n s t a n d h a l t u n g und R e p a r a t u r der Geräte in den Werkstätten der Unternehmung, die laufende Nachschaffung der Ersatzteile, die Überwachung des Maschinenservice auf den Baustellen, soweit dieses Service nicht durch mobilen Servicedienst der zentralen Werkstätte ausgeführt wird, sind Aufgaben der Geräteverwaltung.

Da der Erfolg des Maschineneinsatzes wesentlich von der Qualität des Maschinenpersonals abhängt, ist der Schulung und Betreuung desselben und die Obsorge für den Nachwuchs ein weiteres Betätigungsfeld der Geräteverwaltung.

Hier sind echte Probleme der Menschenführung zu meistern. Der Einsatz eines guten, fähigen Maschinenmeisters auf einer Großbaustelle ist oft für Erfolg oder Mißerfolg dieser Baustelle entscheidend.

3.0 Die Kosten im Baubetrieb

3.1 Einleitung

Jedes unternehmerische Geschehen wird durch einen Wertkreislauf charakterisiert, der sich durch zwei entgegengesetzte Ströme darstellt.

Dieser Wertkreislauf wird quantitativ durch das betriebliche Rechnungswesen beschrieben.

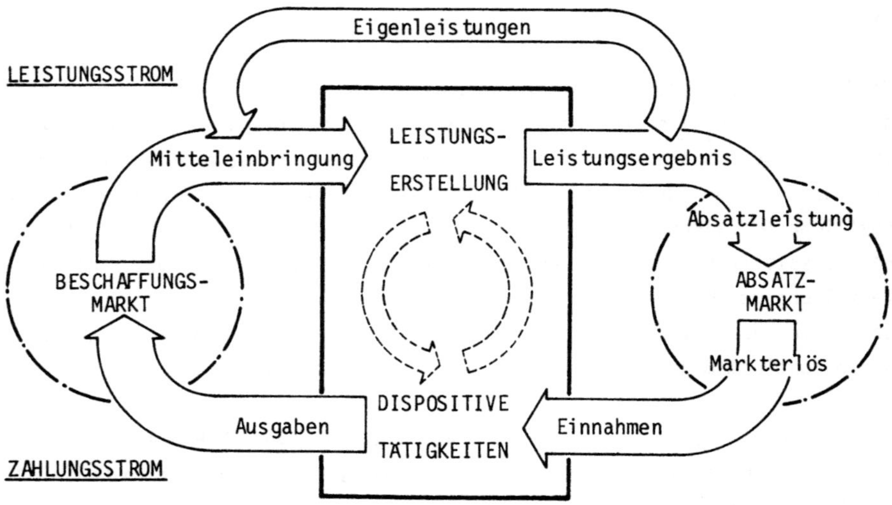

Abb. 35: Der betriebliche Wertkreislauf

Das betriebliche Rechnungswesen hat 2 Hauptfunktionen:

Einerseits den Bereich der gesamten Finanzbuchhaltung, die als Ziel die Bilanz, die Gewinn- und Verlustrechnung mit ihrer spezifischen Aussagekraft hat, andererseits auf der Betriebsebene unter dem gemeinsamen Titel Betriebsbuchhaltung. Diese Betriebsbuchhaltung beinhaltet den gesamten Bereich der Kostenrechnung.

Als wesentliche Aufgaben der Kostenrechnung können angeführt werden:

1) Kontrolle der Betriebsgebarung (Betriebsabrechnung)
2) Hilfeleistung bei der Preiserstellung (Vorkalkulation)
3) Kosten- und Preiskontrolle (Nachkalkulation, Erfolgsrechnung)
4) Hilfestellung gegenüber anderen Teilen des Rechnungswesens (Basisdaten für Bewertungen, Investitionen und Finanzplanung).

3.2 Grundbegriffe der baubetrieblichen Kostenrechnung

K o s t e n :

Unter Kosten versteht man den Werteinsatz bei betrieblicher Leistungserstellung.

L e i s t u n g :

Zu Kostensätzen bewertete Menge an Gütern und Diensten, die im Produktionsprozeß erstellt werden.

E r l ö s :

Gegenwert aus der Veräußerung von Wirtschaftsgütern am Markt. Beinhaltet keine Eigenleistungen!

N u t z e n:

Psychologischer und ökonomischer Natur sowie weiter von einer Vielzahl von Nutzendeterminanten abhängig. Der Grund liegt in der subjektiven Wertschätzung der Nutzenden.
Der Nutzwert ist ein subjektiver Wert, der den empfundenen Gesamtnutzen aus einer Güternutzung oder einer Handlung widerspiegeln soll.

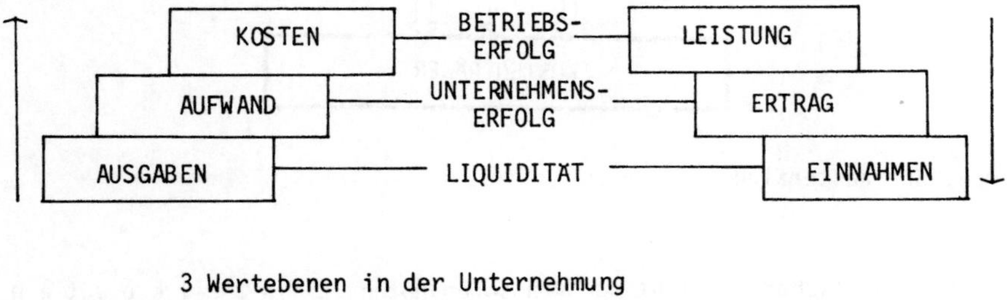

3 Wertebenen in der Unternehmung

U m s a t z :

- Summe der verkauften Leistungen
- Lieferungen und Leistungen an Fremde
- Menge oder Wert der abgesetzten und abgerechneten Leistungen und Lieferungen

A u s g a b e n - E i n n a h m e n :

Ausgaben: Ausgang von Zahlungsmitteln
Einnahmen: Eingang von Zahlungsmitteln

Einnahmen - Ausgaben =
= CASH FLOW (C.F.)

A u f w a n d - E r t r a g :

Aufwand: Erfolgswirksamer Werteinsatz eines Unternehmens in einem Abrechnungszeitraum (zeitraumbezogen!)

Ertrag: Der in einer Unternehmung innerhalb einer Abrechnungsperiode erwirtschaftete Bruttowertzuwachs (zeitraumbezogen!)

Im Rechnungswesen wird der Kostenfluß von Kostenarten über Kostenstellen zum Kostenträger durch verschiedene Rechnungsarten verfolgt.

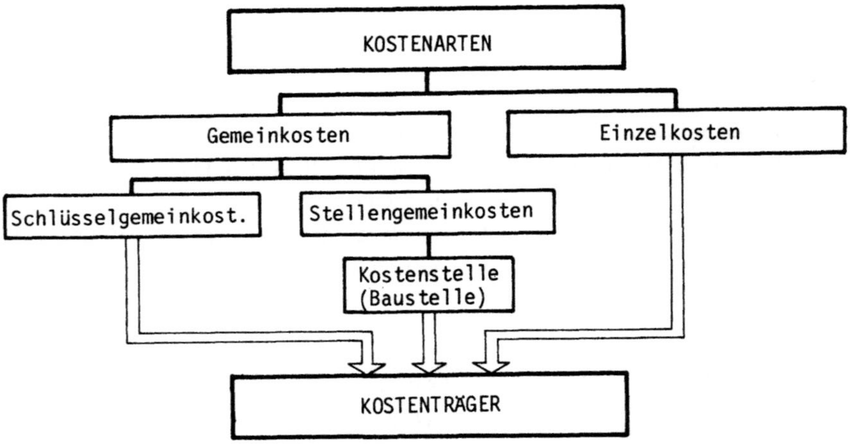

Abb. 36: Kostenfluß

In der Bauwirtschaft spricht man von sogenannten E i n z e l k o s t e n d e r T e i l l e i s t u n g e n , womit die den Teilleistungen direkt zurechenbaren Kosten verstanden werden (Lohn, Material).

G e m e i n k o s t e n (indirekte Kosten) fallen für mehrere oder alle Leistungen an und müssen mit Hilfe von Schlüsseln (also indirekt) den Leistungen zugerechnet werden (Gemeinkostenzuschläge).

Eine weitere Aufteilung der Gemeinkosten führt zur Unterscheidung zwischen

Stellengemeinkosten und
Schlüsselgemeinkosten.

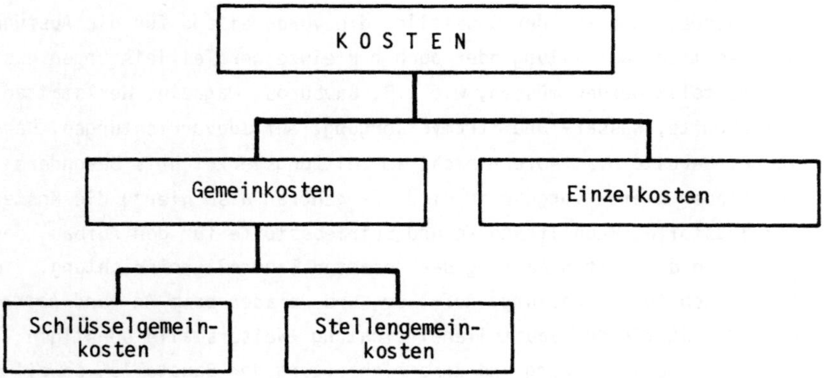

Abb. 37: Kostengliederung

Unter S t e l l e n g e m e i n k o s t e n versteht man die Gemeinkosten, die einer Stelle (Baustelle) global zugeordnet werden können, ohne daß diese Kosten auf eine bestimmte Teilleistung direkt zugerechnet werden können. Die relative Bezugsgröße dieser Gemeinkosten ist die Baustelle, weshalb man auch von relativen Einzelkosten (Riebel) spricht.

Die G e m e i n k o s t e n d e r B a u s t e l l e (Baustellengemeinkosten) umfassen die bei der Durchführung einer Bauleistung mittelbar anfallenden Kosten, die nicht zu den Einzelkosten der einzelnen Teilleistungen gehören bzw. diesen nicht zugerechnet werden können.

Man unterscheidet:

a) Einmalige Kosten
b) Zeitgebundene Kosten
c) Lohngebundene bzw. umsatzgebundene Kosten

ad a) Einmalige Kosten:

Diese sind von der Baudauer und von der Höhe des Umsatzes nicht unmittelbar abhängig. Sie sollen bei mittleren und größeren Bauvorhaben in besonderen Positionen erfaßt werden. Hierher gehören:

An- und Abtransport der Baustelleneinrichtung
Einrichten und Räumen der Baustelle.

Es sind dies die Kosten aller Anlagen, Baulichkeiten, Vorrichtungen und Ausrüstungen auf der Baustelle, die vorbereitend für die Ausführung der gesamten Bauleistung oder auch nur einzelner Teilleistungen erstellt und gestellt werden müssen, wie z.B. Baubüros, Magazin, Werkstätten, Unterkünfte, Wasser- und Stromversorgung, Aufladevorrichtungen, Bauzäune, Gerüste u.ä. sofern nicht im Leistungsverzeichnis besondere Positionen hiefür vorgesehen sind. Es gehören also hierzu die Kosten der Baustoffe, Bauhilfsstoffe und Betriebsstoffe für den Aufbau, den Abbau und die Instandhaltung der gesamten Baustelleneinrichtung, die Lohnkosten für Verpackung, Auf-, Um- und Abladen beim An- und Abtransport der Stoffe der Baustelleneinrichtung. Weiters alle sonstigen Kosten zur Erschließung und Inbetriebsetzung der Baustelle, soweit sie nicht in anderen Positionen des Leistungsverzeichnisses enthalten sind. Eine allfällige Rückgewinnung von Stoffen ist zu berücksichtigen.

Sonderkosten der Baustelle:
Sie umfassen alle Aufwendungen, die über den üblichen Leistungsumfang des Auftragnehmers hinausgehen, jedoch fallweise entstehen können und dann vertraglich bedungen sein müssen, wie z.B. für

Planung, Entwurf
Statische Berechnung
Prüfung (z.B. für Baugrund, statische Berechnung, Baustoffe)
Grundbenützung
Pachten
Schätzungen
Gutachten
besondere Versicherungen.

ad b) Zeitgebundene Kosten:

Diese sind von der Baudauer unmittelbar abhängig. Sie fallen beim Betrieb einer Baustelle in annähernd gleichbleibender Höhe in gewissen Zeiträumen an und laufen auch bei Bauunterbrechungen weiter; bei längerer Dauer der Unterbrechung allenfalls in verminderter Höhe. Bei mittleren und größeren Bauvorhaben sollen für diese Kosten eigene Positionen je Zeiteinheit vorgesehen sein. Bei Erfordernis können gesonderte Kostenansätze für Anlauf-, Auslauf- und Stillstandszeit berechnet werden. Hierhier gehören:

Gerätekosten:
Es sind dies alle Kosten, die aus dem Einsatz betriebsnotwendiger Baumaschinen oder Geräte entstehen, mit Ausnahme der Löhne für das Bedienungspersonal und der Kosten für Betriebsstoffe usw., die unter den Einzelkosten bereits erfaßt sind. Hierzu gehören die Kosten für Abschreibung und Verzinsung der eigenen Geräte oder die Mieten für Fremdgeräte sowie die Reparaturkosten der Geräte. Ferner die Kosten (Lohn- und Stoffkosten) für Verpackung, Auf-, Um- und Abladen.
An- und Abtransport der Geräte, die Kosten für den Aufbau, Umsetzen und Abbau der Geräte, die Fracht- und Fuhrkosten für den An- und Abtransport der Geräte.

Betriebskosten der Baustelle:
(zeitgebundene Baustellenregie) wie:
Gehaltskosten der Baustelle einschließlich der Poliergehälter (soweit sie nicht im Mittellohn berücksichtigt sind) samt sozialen Aufwendungen,
Hilfslöhnen (z.B. Boten, Zeugwarte, Wächter, Bedienung) samt sozialen Aufwendungen,
Reisekosten, Personenkraftwagen und
sonstige allgemeine Kosten der Baustelle, wie Miete, Beheizung, Telefon.

Betriebskosten besonderer Anlagen:
z.B. Kosten von Stromerzeugungs-, Wasserversorgungs-, Wärmeerzeugungsanlagen.

ad c) Lohngebundene bzw. umsatzgebundene Kosten

Hierher gehören:
Soziale Aufwendungen auf Löhne. (Es sind dies alles Aufwendungen des Arbeitgebers für die auf der Baustelle beschäftigten Arbeitnehmer. Hierzu gehören die Kosten der Sozialversicherung, ferner die Feiertagsbezahlung, die tariflich zu vergütenden Ausfall- und Krankentage, die Lohnfortzahlung im Krankheitsfall u.ä.),

Sondererstattungen (Lohnnebenkosten, soweit sie nicht gesondert zu vergüten sind), wie Trennungs-, Nächtigungs-, Wege-, Fahr- und Zehrgelder,

Lohngebundene Steuern (Lohnsummensteuer),
Haftpflichtversicherung,

Sonstige allgemeine Baustellenkosten, wie freiwillige soziale Aufwendungen der Baustelle, Kosten der Betriebsratstätigkeit, soweit sie nicht in den sozialen Aufwendungen enthalten sind udgl.,

Kleingeräte, Kleingerüste, Werkzeuge u.dgl.,

Sachliche Bürokosten der Baustelle, wie Büromaterial, Postgebühren u.dgl.,

Nebenstoffe,

Zusätzliche Versicherungen, wie z.B. Bauwesenversicherung.

In der Regel werden die Gemeinkosten der Baustelle, soferne sie umgelegt werden, den Lohnkosten zugerechnet, auch wenn es sich zum Teil um umsatzgebundene Baustellengemeinkosten handelt. Wenn die Stoff- und Gerätekosten eines Bauvorhabens einen erheblichen Anteil der Kosten betragen, können auch auf sie Teile dieser Gemeinkosten umgelegt werden.

Die S c h l ü s s e l g e m e i n k o s t e n sind aufgrund ihrer weiten Auffächerung in der Gesamtunternehmung nur über Verrechnungsschlüssel auf alle Kostenträger (Bauwerke, Produkte) umlegbar (Allgemeine Geschäftskosten).

Die A l l g e m e i n e n G e s c h ä f t s k o s t e n (Zentralregie) umfassen die Kosten der Verwaltung des Unternehmens, die in ihrer Höhe von den einzelnen übernommenen Bauleistungen unabhängig sind, also alle Verwaltungskosten, die nicht durch Leistungen für einzelne Baustellen entstehen.

Es gehören zu den Allgemeinen Geschäftskosten:

Gehälter und Löhne samt sozialen Aufwendungen und allfälliges Entgelt für die Mitarbeit des Unternehmers,

Steuern (z.B. Gewerbesteuer), Umlagen und Beiträge für Berufsvertretungen und Fachvereine,

Bürokosten,

Mieten, Pachten, Abschreibung und Verzinsung des dem Gesamtbetrieb dienenden Anlagevermögens,

Reisespesen,

Versicherungen allgemeiner Art,

Freiwillige soziale Aufwendungen,

Werbespesen.

Die Geschäftsgemeinkosten sind in der Regel jährlich aufgrund des hiefür getätigten oder geplanten Aufwandes zu ermitteln und in einem Prozentsatz des wirtschaftlichen Umsatzes des Unternehmens oder einer anderen Bezugsgröße festzustellen. Dieser Prozentsatz wird sodann für das darauffolgende Jahr in gleichbleibender Höhe bei der Preisermittlung angewendet.

Bauzinsen:
Dies sind die Kosten der Verzinsung des für den jeweiligen Bauauftrag vorgestreckten Kapitals.

Wagnis: Durch den Kostensatz für Wagnis soll das allgemeine Unternehmerwagnis, die allgemein mit jedem Bau verbundenen Bauwagnisse, das Gewährleistungswagnis, vergütet werden.

Einteilung der Kosten in Abhängigkeit von der Beschäftigung (Auslastung):

F i x e K o s t e n ändern sich nicht mit dem Beschäftigungsgrad.
V a r i a b l e K o s t e n ändern sich mit dem Beschäftigungsgrad.

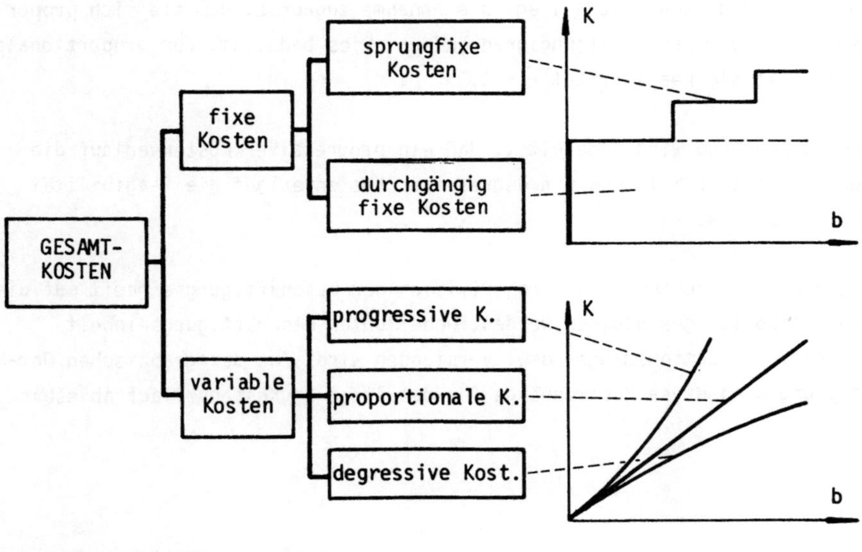

Abb. 38: Kosten in Abhängigkeit der Beschäftigung

Unter B e s c h ä f t i g u n g im Rahmen der Kostenrechnung versteht man das Maß für die Ausnutzung der produktionstechnischen Kapazität.

Der B e s c h ä f t i g u n g s g r a d ist die Relation:

$$b = \frac{\text{Istbeschäftigung}}{\text{Kannbeschäftigung}} \times 100\ (\%)$$

Das Reagieren der Gesamtkosten auf eine Veränderung des Beschäftigungsgrades kann durch die Reagibilität, das ist

$$r = \frac{\text{prozentuelle Kostenänderung}}{\text{prozentuelle Beschäftigungsänderung}}$$

dargestellt werden.

Da sich der Fixkostenanteil der Gesamtkosten bei Änderung des Beschäftigungsgrades innerhalb eines bestimmten Betrachtungszeitraumes nicht ändert, ist für fixe Kosten die Reagibilität $r = 0$.

Den proportionalen Kosten liegt die Annahme zugrunde, daß sie sich proportional mit dem Beschäftigungsgrad ändern. Dies bedeutet, für proportionale Kosten ist die Reagibilität $r = 1$.

Dementsprechend wird abgeleitet, daß ein progressiver Kostenverlauf die Reagibilität $r > 1$ und ein degressiver Kostenverlauf die Reagibilität $0 < r < 1$ aufweist.

Aus den Gesamtkosten kann durch Division der Beschäftigungseinheit auf die Einheitskosten geschlossen werden, wobei unter Beschäftigungseinheit Stunden, Produktionsmengen usw. verstanden wird. Aus der graphischen Darstellung sind diese Zusammehänge für den linearen Kostenverlauf ablesbar.

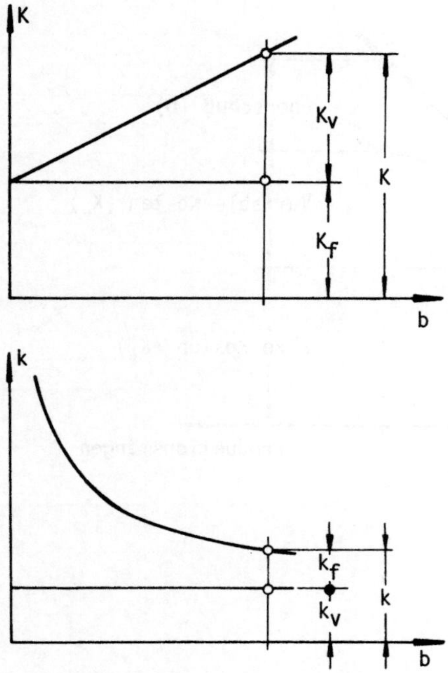

Abb. 39: Gesamtkosten - Einheitskosten

Die Gesamtkosten (K) setzen sich zusammen aus einem fixen Anteil (K_f) und einem Anteil von variablen Kosten (K_v)

$K = K_f + K_v$

Die Einheitskosten (k) ergeben sich aus der Division der Gesamtkosten (K) durch die jeweilige Einheitsmenge, die den betrachteten Beschäftigungsgrad charakterisiert.

$k = k_f + k_v$

Bei einem linearen Gesamtkostenverlauf sind die variablen Einheitskosten konstant, während die fixen Einheitskosten hyperbolisch abnehmen.

Setzt man die Kosten mit den zu erwartenden Erlösen überein, kann jene Beschäftigung (Produktionsmenge usw.) ermittelt werden, ab welcher die Betriebstätigkeit mit Überschüssen rechnen kann. Dieser Punkt wird als Nutzschwelle oder break even point bezeichnet.

Produktionsmenge (x) im Punkt der Nutzschwelle:

$$n = E - (K_f + K_v) = p \,.\, x - (K_f + k_v x)$$

Durch Nullsetzen des Überschusses:

$$x = \frac{K_f}{p - k_v}$$

============

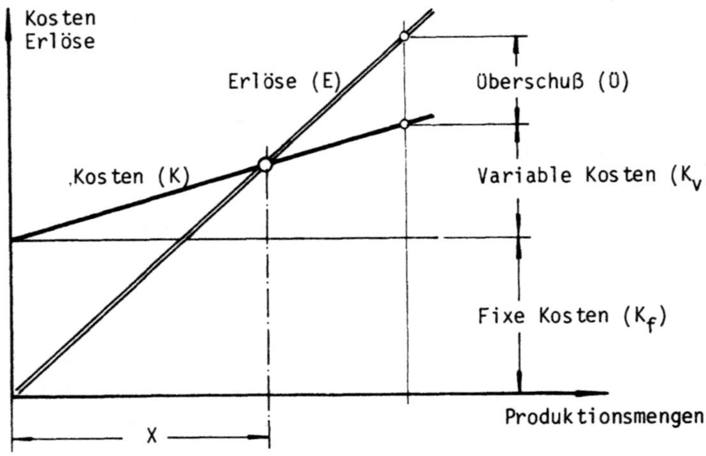

Abb. 40: Nutzschwellenanalyse

3.3 Die Kostenarten des Baubetriebes

Die übliche Gliederung der Kostenarten in Kostenartengruppen erfolgt nach ihrer E n t s t e h u n g und stammt von Mellerowicz. Er unterteilt in folgende K o s t e n a r t e n g r u p p e n :

- Arbeitskosten (Lohnkosten, Personalkosten)
- Materialkosten (Stoffkosten)
- Vermögenskosten (Kapitalkosten)
- Fremdleistungskosten (Leistung von Dritten)
- Kosten der menschlichen Gesellschaft (Steuern, Gebühren Verbandsbeiträge etc.).

3.31 Lohnkosten

Unter L o h n k o s t e n (Personalkosten) fallen alle Kosten, die direkt oder indirekt durch dispositive und ausführende menschliche Arbeit verursacht werden.
Dazu zählen:

	Erfassungsgrundlage	Beispiele
Lohn-Einzelkosten	Lohnscheine bzw. Akkordscheine	Fertigungslöhne (Hilfspoliere, Facharbeiterlöhne, Lehrlinge)
Lohn-Gemeinkosten	Gemeinkostenlohnscheine, die den jeweiligen Kostenstellen zugerechnet werden können	- Hilfslöhne für Transport, Werkzeugbau, Instandhaltung, Lagerarbeiten etc. - Fertigungsgehälter - Lohnnebenkosten - Gehälter für Verwaltung und Vertrieb - Kalkulatorischer Unternehmerlohn

Die Lohnkosten umfassen die Löhne der Hilfspoliere, Facharbeiter, Lehrlinge, Bauhilfsarbeiter und der sonstigen Arbeiter, die unmittelbar an den einzelnen Teilleistungen anfallen.

Soweit Löhne für Bedienungspersonal von Maschinen und Baugeräten anfallen, sind sie den Löhnen der Teilleistungen zuzurechnen. Die Löhne für Materialmanipulationen (Aus-, Um- und Abladen sowie Stapeln) werden über die Bruttostoffkosten in die Lohnanteile eingerechnet. Zu den Lohnkosten gehören auch die Zuschläge für Mehrarbeit, Nacht-, Sonntags- und Feiertagsarbeit sowie die Erschwerniszuschläge.

Die Lohnnebenkosten (Sondererstattungen), wie Weggeld, Trennungsgeld, Unterkunfts- und Übernachtungsgeld, Kosten der Familienheimfahrten, An- und Rückreisekosten u.ä., werden in die Lohnkosten eingerechnet, sofern sie nicht gesondert auf Nachweis erstattet werden.

Werden der Preisermittlung Bauleistungswerte oder Akkordsätze zugrunde gelegt, ist bei den Arbeitszeitansätzen die Berücksichtigung der sogenannten Randstunden nicht zu vergessen. Dies sind jene Lohnstunden, die erfahrungsgemäß neben den Akkordstunden bei der Ausführung der einzelnen Teilleistungen zwangsläufig anfallen, wenn diese nicht alle in den Teilleistungen vorgesehenen Arbeiten umfassen. Sie sollten auch das Stundenrisiko usw. abdecken. Die Praxis rechnet mit einem Zuschlag für Randstunden von 0 bis 20 % je nach Art der Arbeit.

An die Stelle der Lohnsätze der einzelnen Arbeitnehmerkategorien können ein oder mehrere Mittellöhne in die Preisermittlung eingesetzt werden.

3.32 Materialkosten (Stoffkosten)

Die Materialien, die im Bauwesen Verwendung finden, können sowohl nach fertigungstechnischem Einsatz, als auch nach verrechnungstechnischen Gesichtspunkten unterteilt werden.

Nach fertigungstechnischem Einsatz gliedert man die Baustoffe in 4 Arten:

a) Bauhauptstoffe

Es sind dies die Stoffe, die bleibende Bestandteile des Bauwerkes werden, wie z.B. Zement, Mauersteine, Balkenholz. Hiezu rechnen auch fertige Bauteile, die von Dritten oder aus eigenen Hilfsbetrieben bezogen (z.B. Betonfertigteile, Türen, Fenster) und die in das Bauwerk fest eingebaut werden.

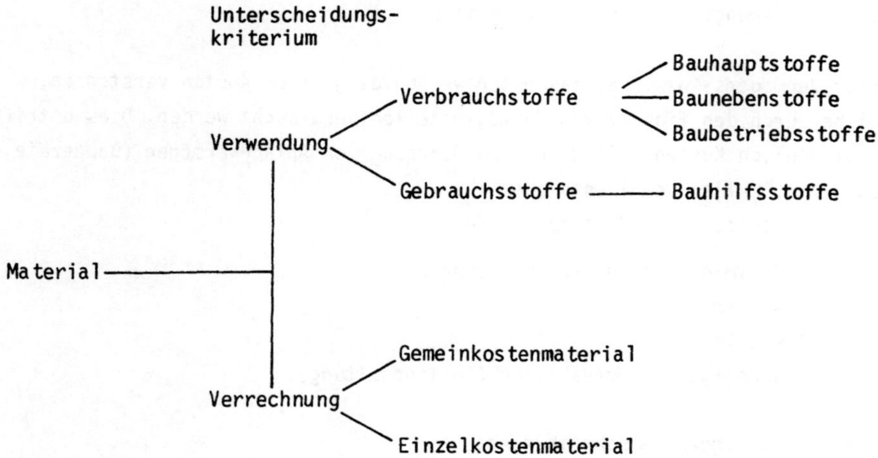

Abb. 41: Gliederung der Stoffe

b) Baunebenstoffe

Dies sind solche Stoffe, die für den allgemeinen Baustellenbetrieb erforderlich sind und, wenn auch in kleineren Mengen in das Bauwerk eingehen, wie Nägel, Bauklammern, Bindedraht, Elektroden, Isolieranstiche und dgl.

c) Betriebsstoffe

Es sind dies die Stoffe, die für den Betrieb der auf der Baustelle eingesetzten Baumaschinen und Geräte verbraucht werden (z.B. Dieselöl, Strom, Schmiermittel, Reinigungsmittel).

d) Bauhilfsstoffe

Es sind dies Stoffe, die zur Ausführung der einzelnen Teilleistungen als Hilfsstoffe (z.B. Pölz-, Gerüst- und Schalmaterial) benötigt werden, jedoch nicht in das Bauwerk fest eingebaut werden. Die Bauhilfsstoffe werden entweder ganz oder teilweise verbraucht.

3.33 Vermögenskosten (Kapitalkosten)

Unter Vermögens- bzw. Kapitalkosten werden diejenigen Kosten verstanden, welche durch den Einsatz von Vermögensteilen verursacht werden. Dies betrifft hauptsächlich Kosten, die durch den Gebrauch von Anlagevermögen (Baugeräte, Maschinen, Hallen usw.) entstehen.
Darunter versteht man Kostensätze für

a) Wertminderungen (Abschreibungen)
b) Zinsen
c) Wagnisse
d) Sonstige Vermögenskosten (Instandhaltung)

a) Wertminderungen (Abschreibungen)

Den Ursachen nach läßt sich die Wertminderung unterteilen in 2 Gruppen:

1) Gebrauchsbedingte Wertminderung
2) Zeitbedingte Wertminderung

Bei der gebrauchsbedingten Wertminderung ist die Ursache im Gebrauch, im natürlichen Verschleiß zu suchen. Aber auch die Substanzverringerung bei Gewinnungsbetrieben (Kieswerk, Steinbruch) ist dieser Wertminderung zuzuordnen.

Die zeitbedingte Wertminderung hat ihre Ursachen im technischen Fortschritt, welcher durch neue ausgereiftere Anlagen und Maschinen die Wirtschaftlichkeiten des bestehenden Geräteparks in Frage stellen kann. Um diese Wertminderung, die auch eine Substanzminderung darstellt, kostenrechnungsmäßig in den Griff zu bekommen, bedient man sich eines rechentechnischen Instrumentariums zur periodengerechten Verteilung der Wertminderung, das ist der Kostenfaktor "Abschreibung".

Mit ihr muß versucht werden, eine leistungsgerechte Verteilung des Werteinsatzes der Geräte zu erreichen, wobei die Substanzerhaltung des Betriebes als wesentliche Zielsetzung beachtet werden muß.

Um mit der tatsächlichen Wertminderung konform zu gehen, bedient man sich kalkulatorisch verschiedener Wertminderungsansätze

a) linearer Wertminderungsverlauf
b) degressiver Wertminderungsverlauf.

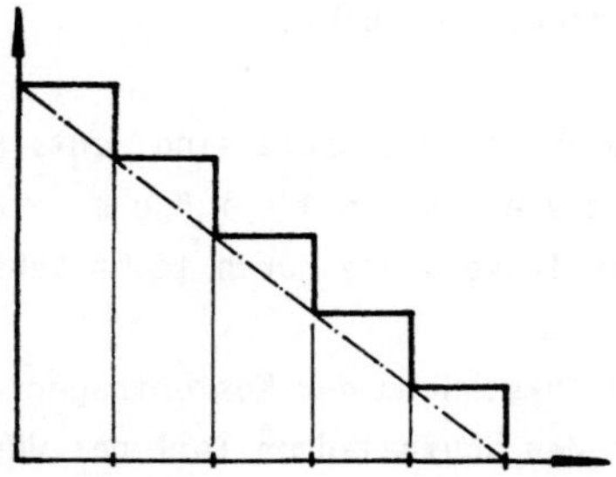

Abb. 42: Linearer Wertminderungs-
verlauf

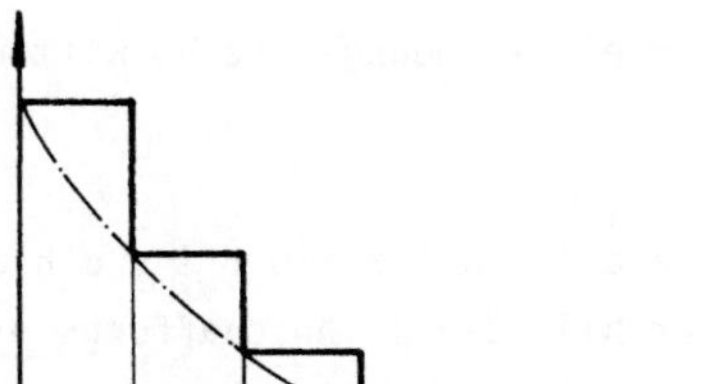

Abb. 43: Degressiver Wertminderungs-
verlauf

Gerätekosten:
Als Hauptbestandteile der Gerätekosten sind anzuführen:

a) Der Kapitaldienst — Kalkulatorische Abschreibung
Kalkulatorische Verzinsung

b) Die Instandhaltungskosten.

Die Wertminderung des Baugerätes wird durch das rechentechnische Instrumentarium der Abschreibung dem Kostenträger als kalkulatorische Kosten zugerechnet.

Der Gebrauchs- und Zeitverschleiß, dem alle Geräte unterliegen, wird Wertverzehr genannt. Abhängig von der Laufzeit und der Art des Einsatzes eines Gerätes entsteht der G e b r a u c h s v e r s c h l e i ß .
Die davon verursachte Entwertung kann bei konstanter Ausnutzung zur Laufzeit

proportional sein. Ein Entgegenwirken gegen den Gebrauchsverschleiß wird durch entsprechende Reparaturen versucht.

Aber auch wenn die Geräte nicht im Einsatz sind, entsteht eine Entwertung, und zwar infolge Zeitverschleißes. Der wird bewirkt durch Schmutz- und Witterungseinflüsse sowie durch technische Überalterung.

Die Erlöse, die durch die Abrechnung der Kostenträger der Unternehmung zurückfließen, haben auch den äquivalenten Teil des Wertverzehrs der Baugeräte zu beinhalten. Mit diesen Erlösanteilen müßte die Bauunternehmung in der Lage sein, nach Ablauf der Nutzungsdauer eines Gerätes ein technisch und leistungsmäßig gleichwertiges nachzuschaffen.

Bei der Schätzung dieser Zeit müssen eine Unzahl von Bedingungen, teils gerätespezifische, teils Umweltbedingungen (z.B. Witterung, Staub, Abgase) berücksichtigt werden.

Als Ausgangswert für die kalkulatorische Abschreibung, kann niemals der bilanzielle Anschaffungswert genommen werden, da durch ihn wohl eine nominelle, aber niemals eine substanzielle Kapitalerhaltung erreicht werden kann. Deshalb bedient man sich des sogenannten mittleren Neuwertes. Dieser beinhaltet den Mittelwert der Baugeräte ab Werk bzw. ab Zollfreizone aber auch die notwendigen Bezugskosten wie z.B. Fracht, Verpackung, Versicherung usw. Da sich diese Neuwerte erfahrungsgemäß ändern, erfahren sie eine Korrektur, die direkt an den Großhandelspreisindex für Baugeräte geknüpft ist. Zur Berechnung der jährlichen Abschreibungsquote ist aber auch die Nutzungsdauer ausschlaggebend.

Mit der kalkulatorischen Verzinsung wird das in den Baugeräten gebundene Kapital verzinst. Aber auch der Grad der Nutzung und die Härte des Einsatzes spielen eine Rolle. Und zudem dürfen Art und Grad der Pflege und Instandhaltung nicht übersehen werden, ebensowenig wie der Einfluß des Bedienungspersonals.

Für die Gerätekostenrechnung sind unter anderem die vier Faktoren

1) Feststellung des mittleren Neuwertes
2) Festlegung der Nutzungsdauer
3) Festlegung des Abschreibungsverfahrens
4) Berücksichtigung der Verzinsung des gebundenen Kapitals

zu erarbeiten.

Daraus läßt sich der jeweils für das Baugerät geltende jährliche oder monatliche Abschreibungs- und Verzinsungssatz ableiten. Er drückt einen Prozentsatz des Neuwertes des Gerätes aus.

Die Kosten der I n s t a n d h a l t u n g können nur aufgrund von Erfahrungswerten angesetzt werden. Während die Kosten für Wartung einen zeitlich konstanten Anfall aufweisen, unterliegen die Kosten der Reparatur im allgemeinen keiner generellen Regelmäßigkeit, sie treten sporadisch auf. Dementsprechend bildet die Verrechnung der Reparaturkosten große Schwierigkeiten, da man gezwungen wird, diese unstetigen Kostenanfälle gleichmäßig auf die Vorhaltezeit umzulegen.

Es kann jedoch beobachtet werden, daß die Reparaturanfälligkeit eines Gerätes gegen Ende seiner Nutzungsdauer hin ansteigt. In den Bestrebungen, die Reparaturkosten in gleichmäßige, zeitlich verteilte Raten dem Geräteentgelt zuzurechnen, sind verschiedenen Methoden möglich. Eine davon wird anhand der "Baugeräteliste" besprochen werden, die ein wichtiges Hilfsmittel für den Kalkulaten, die doch ziemlich komplexe Berechnung der Abschreibungs- und Verzinsungswerte und der Reparaturkosten auf einfache Art durchführen zu können, darstellt.

Die Baugeräteliste:
Der Hauptverband der Deutschen Bauindustrie hat über den Bauverlag GmbH Wiesbaden die "Baugeräteliste 1971 (BGL)" und die Österreichische Bundesinnung der Baugewerbe über den Österreichischen Wirtschaftsverlag, Wien, die "Österreichische Baugeräteliste 1971 (ÖBGL)" herausgebracht. Beide Gerätelisten sind in ihren grundsätzlichen Konzepten gleich. Neben der selbstverständlichen Verschiedenheit der Preisangaben und Abweichungen hinsichtlich der Art und Anzahl der aufgenommenen Geräte besteht ein wesentlicher Unterschied in der Aufteilung der Lohn- und Stoffanteile bei den Reparaturkosten, worüber noch später ausführlich gesprochen wird.

Für die Handhabung dieser Gerätelisten ist jedoch eine gemeingültige Beschreibung möglich.

Die deutsche BGL 1971 und die ÖBGL 1971 sind in 9 Hauptgruppen gegliedert, die wiederum in Geräteabschnitt, Gerätearten und -größen unterteilt werden.

Wieviel Ziffern sind nun für die e i n d e u t i g e K e n n z e i c h n u n g eines Gerätetyps erforderlich?

4 Ziffern für die Geräteart und 4 Anhängeziffern für die Kenngröße kennzeichnen ein Gerät eindeutig.

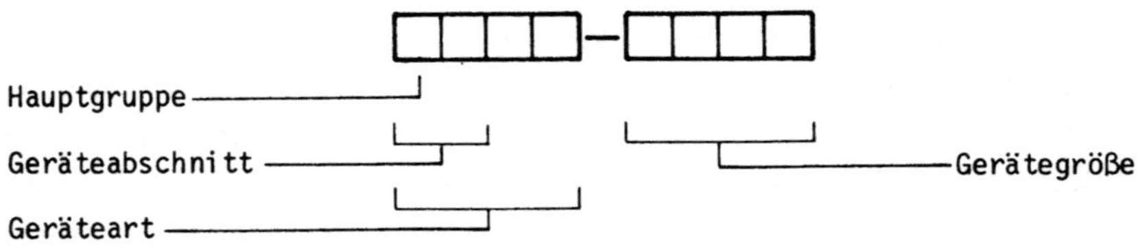

Abb. 44: Ziffernschlüssel

Beispiel: 1101 - 0200 (Kipptrommel-Kleinmischer ohne Beschicker, 200 l Mischgefäßinhalt)

oder

3301 - 0075 (Planierraupe, 75 PS Motorleistung).

Was versteht man unter K e n n g r ö ß e und wo ist sie zu finden?

Die Kenngröße ist die charakteristische Größen- und Leistungsangabe, die im Text meist durch FETTDRUCK hervorgehoben wird und neben der Gerätenummer angeordnet ist. Je nach Geräteart wurden unterschiedliche Kenngrößen gewählt: z.B.

Mischgefäßinhalt in l
max. Frischbetonleistung (unverdichtet) in m3/h
Wiegefähigkeit in t/h
Kübelinhalt in m3
Bärfallgewicht in t
Motorleistung in PS
Konstruktionsgewicht in t.

Was versteht man unter G e r ä t e v o r h a l t e k o s t e n ?

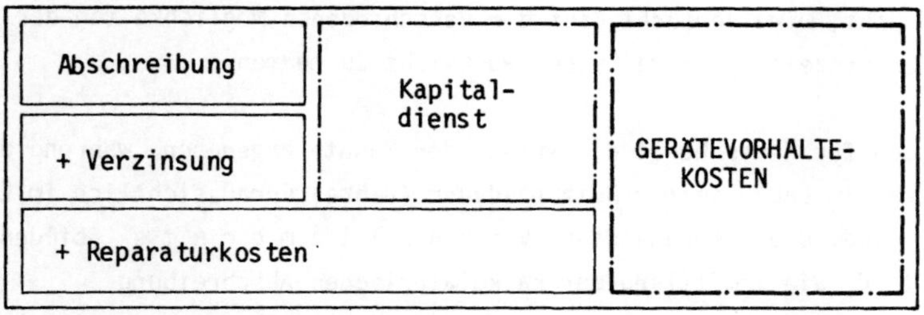

Abb. 45: Die Vorhaltekosten

Der Kapitaldienst:
Der mittlere Neuwert, der kalkulatorische Zinsfuß und die Nutzungsdauer bzw. die Vorhaltezeit bilden die Grundlage zur Ermittlung des Kapitaldienstes. Wie wird der jährliche Kapitaldienst berechnet?

Nach der Formel: $\frac{A}{n} + \frac{A}{2} \cdot i$

wobei: $i = \frac{p}{100}$

p = Zinsfuß

A = Anschaffungswert in öS

n = Nutzungsdauer in Jahren

bei $p = 6{,}5$ %

ergibt sich: $A \quad \frac{1}{n} + \frac{6{,}5}{200}$

oder $A \quad \frac{1}{n} + 0{,}0325$

Die N u t z u n g s d a u e r ist die Zeitspanne, innerhalb der ein Gerät bei einschichtigem Betrieb und mittlerer Auslastung wirtschaftlich eingesetzt werden kann. Sie wird aufgrund von Erfahrungen festgestellt. Die Nutzungsjahre, die eine Grundlage der kalkulatorischen Verzinsung bilden, können auch für die steuerliche AfA (= Absetzung für Abnutzung) herangezogen werden. Jedoch besteht kein zwingender Zusammenhang, daß die Anzahl der kalkulatorischen Nutzungsjahre gleich sein muß der Zahl jener, die der steuerlichen Beurteilung zugrunde liegen.

Bezüglich des B e s c h ä f t i g u n g s g r a d e s , das ist die durchschnittliche jährliche Zeitdauer, während der mit der Möglichkeit der Verwendung des Gerätes gerechnet werden kann, in Prozenten zum vollen Jahr ausgedrückt, wird versucht, auf die verschiedenen Möglichkeiten der Verwendung der einzelnen Geräte besser Rücksicht zu nehmen.

Es werden für jedes Gerät die Anzahl der Monate angegeben, während derer das Gerät im Laufe seiner Nutzungsdauer (Jahre) voraussichtlich im Einsatz stehen wird. Diese sogenannten V o r h a l t e m o n a t e bilden die Einheit für die Ermittlung der kalkulatorischen Abschreibung.

Die Vorhaltezeit, das ist die Zeit, in der ein Gerät einer Baustelle zur Verfügung steht, beinhaltet den Zeitraum zwischen dem Antransport des Gerätes zum Einsatzort und dem abgeschlossenen Rücktransport von der Baustelle. Jedoch wird auf die Unterscheidung zwischen der Normalarbeitszeit und dem Einsatz in Überstunden, wenn dieser nicht übermäßig groß ist, verzichtet.

Stilliegezeit:
Wird ein Baugerät stillgelegt, und wird vereinbart, daß das freiwerdende Gerät auf der Baustelle verbleibt, so kann für diese Zeit, wenn sie einen halben Monat überschreitet, eine sogenannte Stilliegemiete vereinbart werden. Diese beträgt 75 % des Abschreibungs- und Verzinsungssatzes für die Normalarbeitszeit zuzüglich 15 % für Wartung und Pflege des Gerätes. Die Vorhaltemonate teilen sich in der ÖBGL 1971 in 22 Vorhaltetage mit je 8 Vorhaltestunden - d.h. also 1 Vorhaltemonat = 176 Vorhaltestunden, wogegen die Deutsche BGL 1971 mit 175 Vorhaltestunden je Vorhaltemonat rechnet.

Der kalkulatorische Zinsfuß: ÖBGL 1971: 6,5 % p.a.
deutsche BGL 1971: 6,5 % p.a.

Als Abschreibungswerte sind mittlere Neuwerte angeführt. Sie stellen Mittelwerte der Ab-Werk-Preise einschließlich Bezugskosten dar. Die Preisbasis hiefür ist bei der ÖBGL das Jahr 1971 und bei der deutschen BGL das Jahr 1970.
Zusätzlich wurde bei der ÖBGL noch ein österreichischer Baumaschinenindex eingeführt, um ältere, bzw. erst später angeschaffte Geräte auf die Berechnungsbasis der ÖBGL 1971 beziehen zu können. Da in der Bundesrepublik Deutschland das Mehrwertsteuersystem 1971 bereits bestand, wurden in der deutschen BGL 1971 als mittlere Neuwerte die Netto-Neuwerte, d.h. also Anschaffungswerte ohne Umsatzsteuer (Mehrwertsteuer) angeführt.

Abschreibungsverfahren:
Die kalkulatorische Abschreibung und Verzinsung wird nicht mehr - wie in der BGL 1961 - nach der sogenannten Rentenformel errechnet, sondern die Sätze für den Kapitaldienst leiten die BGL 1971 aus folgenden Grundlagen ab:

a) Lineare Abschreibung
b) Abschreibungswert = Mittlerer Neuwert
c) Einfache gleichmäßige Zinsrechnung.

Man geht von einem Durchschnittsverfahren aus, da die darin enthaltene Genauigkeit im Verhältnis zur Genauigkeit der übrigen Annahmen ausreichend ist.

Folgende Gleichung wird zur Ermittlung der monatlichen Abschreibungs- und Verzinsungsbeträge verwendet:

$$k = \underbrace{\frac{100}{v}}_{a} + \underbrace{\frac{p.n\ .\ 100}{2\ v}}_{t} = \frac{100}{v}\left(1 + \frac{p.n}{2}\right) \text{ in } \%$$

darin bedeutet:
k = monatlicher Satz für Abschreibung und Verzinsung in Prozenten vom mittleren Neuwert
v = Vorhaltemonate
n = Nutzungsjahre
p = kalkulatorischer Zinsfuß (= 6,5 %)
a = Anteil für Abschreibung je Monat in Prozenten vom mittleren Neuwert
z = durchschnittlicher Anteil für Verzinsung je Monat vom mittleren Neuwert.

Die ÖBGL 1971 zeigt weiters in einer Tabelle eine Reihe solcher k-Sätze auf, die in der Abhängigkeit von der Nutzungsdauer und der jeweiligen Vorhaltemonate nach der oben genannten Formel errechnet wurden. Diese Tabelle kann auch bei einer eigenbetrieblichen Kalkulation von Gerätekosten sehr einfach und zielführend verwendet werden. Der Betrag "K" der monatlichen Abschreibung und Verzinsung ergibt sich dann einfach aus K = k . A.

Instandhaltung (Reparatur):
Bei der Ermittlung der Instandhaltungs - (Reparatur-) Kosten zeigen die BGL 1971 wohl den hervorstechendsten Unterschied zu ihrer Vorgängerin. In der ÖBGL 1961 und der deutschen BGL 1960 wurde das Reparaturentgelt allgemein mit 66 % der jeweiligen Abschreibungs- und Verzinsungsbeträge

angenommen, wobei es zur Hälfte zur Abgeltung der aufgewendeten Lohnkosten samt sozialen Aufwendungen und zur Hälfte zur Deckung der sonstigen Kosten diente.

Diese aufgrund von Erfahrungen festgelegte Regelung hat sich in den letzten Jahren doch als zu grob erwiesen. So hat man sich entschlossen, in den Baugerätelisten 1971 eine Differenzierung der Reparaturkostensätze in Abhängigkeit von der Geräteart und dem mittleren Neuwert einzuführen. Die Reparaturkosten werden als Durchschnittswerte über die gesamte Nutzungsdauer angegeben. Abzulesen sind die Sätze "r" je Vorhaltemonat in Prozenten vom mittleren Neuwert für jede Geräteart, sowie die Beträge "R" je Vorhaltemonat in DM bzw. öS für jede Gerätegröße. "R" wird also errechnet aus: R = r . A. Die Reparaturen, deren Kosten in diesen Werten enthalten sind, umfassen alle erforderlichen Arbeiten zur Erhaltung und Wiederherstellung der Einsatzbereitschaft sowie den Ersatz von Verschleißteilen, schadhaften Aggregaten, Arbeitseinrichtungen und sonstigen Materialien, die für die Erhaltung der Einsatzbereitschaft erforderlich sind. Dieser Umfang deckt sich im wesentlichen mit der Summe aus laufender Instandhaltung, Schlußinstandhaltung und Generalüberholung, wie er in der deutschen BGL 1960 und in der ÖBGL 1961 angeführt wurde.

Auch wurde in der ÖBGL 1971 die Aufteilung in 50 % Lohnanteil einschließlich Sozialkosten und 50 % Stoffanteil beibehalten. Zum Unterschied dazu werden jedoch in der deutschen BGL 1971 - ähnlich wie auch schon in der deutschen BGL 1960 - die Reparaturkosten gegliedert in 45 % Lohnkosten und 55 % Stoffkosten. Dazu ist als wesentlich noch zu bemerken, daß bei den 45 % Lohnkosten der deutschen BGL die tariflichen und gesetzlichen Sozialaufwendungen sowie sonstige lohngebundene Zuschläge nicht enthalten sind.

Die besprochenen Baugerätelisten geben nur für jedes dort angeführte Gerät aufgrund der spezifisch angenommenen Nutzungsjahre und Vorhaltemonate (Beschäftigungsgrad) den monatlichen Satz für Abschreibung und Verzinsung und für Reparaturkosten in Prozenten des mittleren Neuwertes am Kopf jeder Geräteart an und rechnen für jede angeführte Gerätegröße unter Angabe des mittleren Neuwertes in Geldbeträgen die Beträge in DM bzw. öS für die monatliche Abschreibung und Verzinsung und die monatlichen Reparaturkosten aus.

Mit diesen Werten kann der Kalkulant entweder direkt oder bei Abweichung von Geräteart oder -größe durch Interpolation sowohl die monatlichen Vorhaltekosten als auch durch Division durch die monatlichen Vorhaltestunden die stündlichen Vorhaltekosten für den Gerätestundensatz ermitteln. Zu letzteren gehören aber auch noch die Betriebsstoffe, die neben den Löhnen für Betrieb und Wartung einen oft erheblichen Anteil an den Gerätebetriebskosten haben.

3.34 Fremdleistungskosten

Unter Fremdleistungskosten werden jene Kosten verstanden, die durch von außen bezogene Leistungen erwachsen. Solche Fremdleistungskosten können unter anderem sein:

a) Transportkosten, welche durch betriebsexterne Transportleistungen entstehen
b) Mietkosten für von außen angemietete Geräte
c) Kosten des Energiebezuges
d) Reparaturkosten, die aus Leistungen betriebsfremder Werkstätten entstehen
e) Kosten der verschiedenen Versicherungen
f) Patent- und Lizenzgebühren
g) Kosten, die durch Leistungen von Nachunternehmern verursacht werden.

3.35 Kosten der menschlichen Gesellschaft

Diese Kostengruppe umfaßt in erster Linie die Steuern und Abgaben, wobei sowohl Verbrauchs- und Ertragssteuern anzuführen sind. Aber auch Abgaben für Umweltschutz und ähnliches fallen unter diesen Kostenblock.

3.4 Die Kostenträgerrechnung des Baubetriebes

Die Kostenträgerrechnung befaßt sich in der K o s t e n t r ä g e r e i n - h e i t s r e c h n u n g (Kostenträgerstückrechnung) mit der Kalkulation, also der Zurechnung der Kosten auf die einzelnen Kostenträger.

In der K o s t e n t r ä g e r z e i t r e c h n u n g wird über kurzfristige Ergebnisrechnung das Ergebnis des Leistungseinsatzes eruiert. Dieser Problemkreis wird im Kapitel Erfolgsrechnung näher behandelt.

Aufgaben der Kostenträgereinheitsrechnung (Kalkulation).

- Ermittlung der Angebotspreise (Vorkalkulation)
- Preisrechtfertigung (Nachkalkulation)
- Bestimmung der Preisuntergrenzen
- Grundlage für Bewertung von Halb- und Fertigfabrikaten
- Unterlagen für Planung und Kontrolle

Zur Durchführung der Kalkulation bieten sich folgende Formen an:

Divisionskalkulation
- einfache Divisionskalkulation
- Stufendivisionskalkulation
- Äquivalenzziffernrechnung

Zuschlagskalkulation

Die Auswahl der Kalkulationsformen erfolgt nach Art und Anforderungen des Unternehmens.

3.41 Die Divisionskalkulation

Die D i v i s i o n s k a l k u l a t i o n stellt die Summe der in einer Periode angefallenen Kosten zur Anzahl der in diesem Zeitraum erstellten Leistungen ins Verhältnis.

Einfache D i v i s i o n s k a l k u l a t i o n :

Division der Gesamtkosten K einer Periode durch die gesamte in dieser Periode produzierte Menge X um die E i n h e i t s k o s t e n k zu erhalten.

$$k = \frac{K}{X} \quad [S/Einheit]$$

Anwendung:

Betriebe die auf e i n h e i t l i c h e M a s s e n f e r t i - g u n g abgestimmt sind.

Voraussetzungen:

- Herstellung eines einheitlichen Produktes
- Keine Lagerbestandsveränderungen bei Halbfabrikaten
- Keine Lagerbestandsveränderungen an Fertigfabrikaten (Produzierte Menge je Periode = verkaufte Menge je Periode)

Nachteil:

Die unterteilte Kostenkontrolle ist nicht möglich.

Die S t u f e n d i v i s i o n s k a l k u l a t i o n

findet Anwendung, wenn ein einheitliches Produkt hergestellt wird, wobei sich die Produktion in mehreren Stufen vollzieht.
Die Produktionsstufen besitzen Zwischenlager deren Bestand schwankt.

Rechnungsgang:

- Ermittlung der Gesamtkosten je Stufe und Periode mit Hilfe einer Kostenstellenrechnung.
- Division der Gesamtkosten je Stufe und Periode durch die Anzahl der Halb- und Zwischenfabrikate, die diese Stufe innerhalb dieses Zeitraumes durchlaufen haben.
- Die nachgelagerte Produktionsstufe (oder Zwischenlager) übernimmt die Leistung der vorhergehenden Stufe mit den errechneten Einheitskosten.

$$k_i = \frac{K_i}{X_i}$$

k = Einheitskosten nach i Stufen

k_i = Einheitskosten der i-ten Stufe

$$k = \sum_{1}^{i} k_i$$

Anwendung:

- Teile der Erzeugung werden veredelt
- Ausgangsprodukt wird zu mehreren Endprodukten verarbeitet
- Erleichterung bei den zwecks Bilanzierung zu bewertenden Halb- und Fertigfabrikaten bei mehrstufigen Produktionsprozessen
- Bei einheitlichem Produkt mit Zwischenlagern in den einzelnen Produktionsstufen.

3.42 Die Äquivalenzziffernkalkulation

Anwendung:

- Bei Produktion von artverwandten Produkten (S o r t e n)
- Die Produktion unterscheidet sich durch verschiedene Beanspruchung der Betriebsmittel und durch verschiedene Bearbeitungszeiten.

  z.B. Hüttenindustrie — Brauereien

  Ziegelwerke — Betonwerke

Voraussetzung:
Der Erzeugungsverwandtschaft entspricht eine Kostenverwandtschaft.

Soll bei solchen Produktionsprogrammen die Divisionskalkulation Anwendung finden, so müssen die verschiedenen Produkte rechnerisch gleichartig gemacht werden.

Ä q u i v a l e n z z i f f e r = Kostenverhältniszahl.

Durchführung:

- Bildung der Äquivalenzziffern

  Häufigstes oder übliches Produkt — ÄZ = 1

  Produkte mit höheren Materialkosten, längerer Bearbeitungszeit, besserer Ausführung: — ÄZ > 1

  Produkte mit niedrigeren Materialkosten, kürzerer Bearbeitungszeit etc.: — ÄZ < 1

- "Gleichrangig machen" durch Multiplikation der tatsächlichen Einheiten (Stückzahlen, Liter, to, etc.) mit der jeweiligen ÄZ.
  Daraus ergeben sich die V e r r e c h n u n g s e i n h e i t e n .

- Kosten pro V e r r e c h n u n g s e i n h e i t

$$k' = \frac{\text{Gesamtkosten}}{\text{Summe der Verrechnungseinheiten}} \qquad [\text{ S/Einheit }]$$

- Kosten pro E i n h e i t

$$k = ÄZ \;.\; k'$$

3.43 Die Zuschlagskalkulation

Das allgemeine Schema einer Zuschlagskalkulation hat nachfolgendes Aussehen:

Angebotskalkulation:

Materialkosten:

Fertigungsmaterial
+ Materialgemeinkosten in % v. FM

Fertigungskosten:

+ Fertigungslöhne
+ FLGK in % v. Fl in jeder Kostenstelle
+ Sonderkosten der Fertigung (Sonderwünsche, Patente, Modell)

H e r s t e l l k o s t e n (HstK)
+ Verwaltungsgemeinkosten in % v. HstK

S e l b s t k o s t e n I
+ Vertriebsgemeinkosten in % v. HstK

S e l b s t k o s t e n II
+ erzielter bzw. kalk. Gewinn in % v. Selbstkosten II

N e t t o v e r k a u f s p r e i s (Nettoerlös)
+ Sonderkosten des Vertriebes (Transport, Verpackung)
+ Erlösschmälerungen % auf 100 % (Skonto, Rabatte)
+ Provision in % auf 100 %

L i s t e n p r e i s (Verkaufspreis ohne MWSt, Bruttoerlös)
+ MWSt in % vom Listenpreis

V e r k a u f s p r e i s (Brutto)

===

Auf den Baubetrieb bezogen ergibt sich der folgende Ablauf der Zuschlagskalkulation.

Einzelkosten der Teilleistungen:
- Lohneinzelkosten
- Stoffeinzelkosten
- Geräteeinzelkosten
- Fremdleistungseinzelkosten
- Sonstige Einzelkosten

+ Gemeinkosten der Baustelle

Herstellkosten
+ Allgemeine Geschäftskosten und Wagnis

Selbstkosten
+ Gewinn

Nettoangebotspreis
+ Umsatzsteuer (Mehrwertsteuer)

Bruttoangebotspreis

===

Die Gemeinkosten der Baustelle können nach zwei verschiedenen Gesichtspunkten behandelt werden.

Bei der *Zuschlagskalkulation* werden Gemeinkosten der Baustelle als Zuschlag in % der Bezugsbasen Lohn und Stoff zugeschlagen.

Das Schwergewicht der baulichen Leistung liegt in der Bauausführung und weniger in der Stofflieferung. Der größte Teil der Gemeinkosten wird durch die Bauausführung ausgelöst. Die Praxis legt daher den überwiegenden Anteil der Gemeinkosten auf die Lohnkosten um; auf die Stoffkosten in der Regel nur insoweit, als durch diese Gemeinkosten entstehen. Diese Art der Aufteilung der Gemeinkosten trägt auch dem Umstand Rechnung, daß einzelne Bauauftraggeber aus angeblichen Ersparnisgründen die Baustofflieferung oder einen Teil derselben übernehmen, wodurch für den Unternehmer die Bezugsbasis zur Deckung der Gemeinkosten eine Einschränkung erfahren würde, wenn die Gemeinkosten etwa gleichmäßig auf Lohn- und Stoffkosten umgelegt würden.

Bei der Kalkulation über die *Angebotsendsumme (Endpreisverfahren, Umlagekalkulation)* werden infolge der besonderen Verhältnisse die Gemeinkosten gesondert kalkuliert und als absoluter Betrag der Summe der Einzelkosten der Teilleistungen zugerechnet, woraus sich die Herstellkosten ergeben.

Die weiteren anfallenden Gemeinkosten (Allgemeine Geschäftskosten) werden wiederum in Form eines perzentuellen Zuschlagssatzes aufgestockt.

Dieses Verfahren hat den Vorzug, klarer und durchschaubarer zu sein, als die reine Zuschlagskalkulation.
Es hat den Vorteil, daß es hinsichtlich der Baustellengemeinkosten jederzeit nachprüfbar ist.

Im Kalkulationsschema entstehen dadurch keine Veränderungen, jedoch werden die Gemeinkosten gesondert errechnet.

3.44 Die Deckungsbeitragsrechnung als Basis eines Kalkulationsverfahrens

Unter Deckungsbeitrag versteht man die Differenz zwischen Erlösen und variablen Kosten.

$$D = E - K_v$$

Bezogen auf die Einheitskosten bedeutet dies

$$d = \frac{D}{X} = e - k_v$$

wobei:

D.......Gesamtdeckungsbeitrag
E.......Gesamterlöse
e.......Erlös je Einheit
K_v......variable Gesamtkosten
K_F......fixe Gesamtkosten
d.......Deckungsbeitrag je Einheit
x.......Beschäftigung in Einheiten
k_v......variable Einheitskosten
k_f......fixe Einheitskosten
Ü.......Gesamtüberschuß
ü.......Überschuß je Einheit

Unter diesen Voraussetzungen übernimmt der Deckungsbeitrag die Deckung der fixen Kosten und eines Überschußanteiles bei einer Beschäftigung, die oberhalb der Nutzschwelle liegt.

Dieser Deckungsbeitrag kann aber auch in mehrere Deckungsbeiträge aufgespalten werden.

Deckungsbeitrag I	für die Deckung des Fixkostenanteils der Baustellengemeinkosten
ein	
Deckungsbeitrag II	für die Deckung der Fixkosten eventueller Bereiche oder Sparten (Tiefbau, Hochbau, Industriebau....)
ein	
Deckungsbeitrag III	für die Deckung der Fixkosten der Niederlassung
ein	
Deckungsbeitrag IV	für die Deckung der anfallenden Kosten der zentralen Verwaltung.

Aus dieser Oberlegung läßt sich ein neuartiges Kalkulationsdenken ableiten, daß natürlich die Voraussetzung der Kostenspaltung in fixe und variable Kosten beinhaltet. Ein derartiges Kalkulationsschema könnte folgendes Aussehen haben:

variable Einzelkosten der Teilleistungen
\+ variable Baustellengemeinkosten

Summe der variablen Kosten
\+ Fixkostenanteil der Baustellengemeinkosten
\+ Fixkostenanteil der Bereichs- und Spartenkosten
\+ Fixkostenanteil der Niederlassung
\+ Fixkostenanteil der zentralen Verwaltung

Selbstkosten
\+ Gewinn

Nettoangebotssumme
\+ Umsatzsteuer

Bruttoangebotssumme

===

Dieses Kalkulationsverfahren nimmt besondere Rücksicht auf Beschäftigungsänderungen, Kostenänderungen, Ausgabewirksamkeit der Kosten und damit auf liquiditätsbedingte Unternehmenspolitik.
Dieses Verfahren zeigt die absolute Preisuntergrenze, weist aber bei richtigem Erkennen dieses Systems sehr wohl auf eventuelle nicht gedeckte Fixkostenanteile hin. Die Unternehmungsleitung wird früh genug aufmerksam gemacht, daß andauerndes "Fixkostenopfer" nur unter Substanzverlust getragen werden kann.

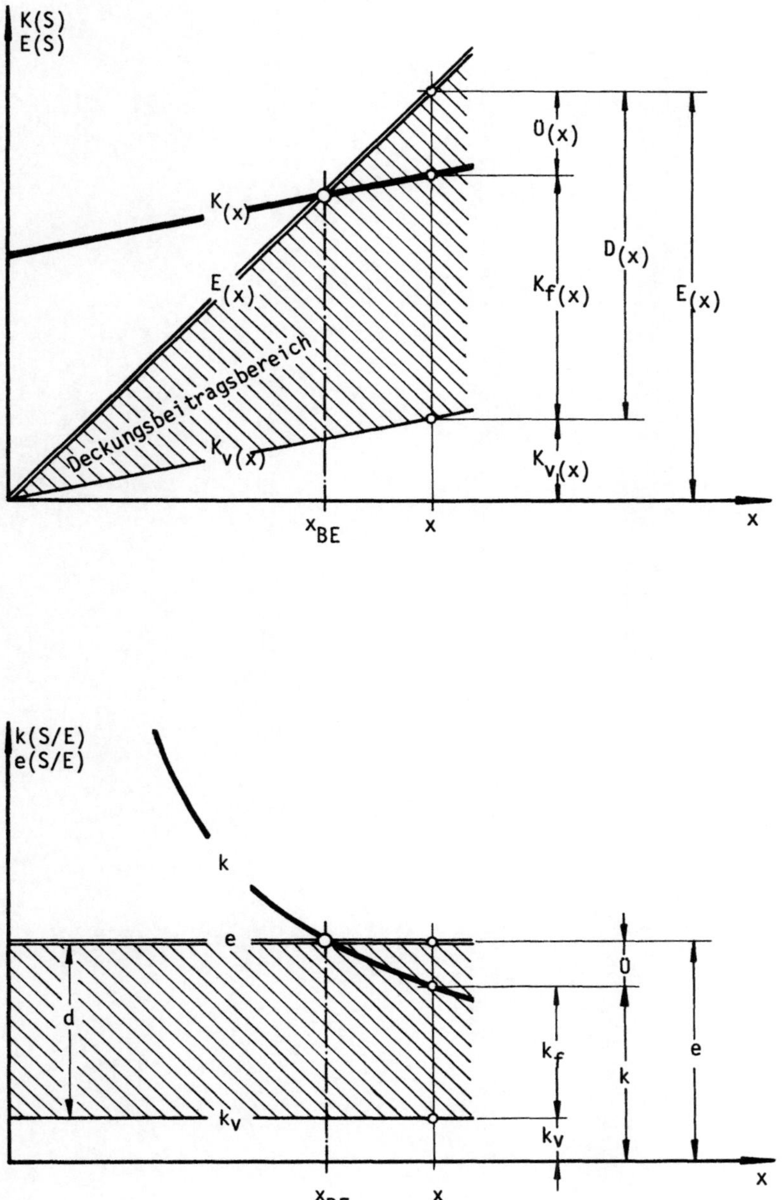

Abb. 46: Die Deckungsbeitragsrechnung

TEIL D

ABLAUFPHASEN DER AUFTRAGNEHMERSEITE

1.0 Die Angebotsbearbeitung

1.1 Allgemeines

Die vom Auftragnehmer zu erbringende Leistung ist für das gesamte Objekt in der Leistungsbeschreibung qualitativ formuliert, für die einzelnen Gewerke und deren Positionen im Massenauszug quantitativ und in den daraus resultierenden Leistungsverzeichnissen auch in beiden Beziehungen festgelegt. Da aber zu diesem Zeitpunkt noch keine Leistung an sich vorliegt, müssen wir besser von einem Leistungsversprechen reden.

Bei der Aufteilung auf Gewerke, Titel und Positionen sind für die kalkulatorischen Überlegungen vier Punkte bedeutsam:

1) Die Massen der einzelnen Positionen sind nur überschlägig ermittelt und werden aus Sicherheitsgründen, um bei der Abrechnung keine Überraschung zu erleben, oftmals bewußt überhöht angesetzt.

2) Es wird die Frage nach der Leistungseinheit gestellt (Einheitspreis); der Kalkulant wird also zur Proportionalisierung seiner Fixkosten gezwungen.

3) Es wird in der Regel eine Trennung in Einheitspreisbestandteile (Lohn-, Material-, eventuell Geräteanteil) gefordert.
Die diesbezüglichen Überlegungen fußen auf der Tatsache, daß die Teilung der Positionen im Leistungsverzeichnis nur in Lohnanteil und sonstige Kosten in bestimmten Situationen eine klare Aussage vermissen lassen.

Bei Vorgängen mit großem Maschineneinsatz ist eine Unterteilung des Einheitspreises in

  Lohnanteil
+ Geräteanteil
+ Sonstige Kosten
= Einheitspreis

vorzuschlagen.
Für Vorgänge mit spezifisch großen Stoffanteilen, wie z.B. "Zement", "Bewehrungsstahl" können diese Stoffanteile gesondert ausgewiesen werden.

4) Mit der Formulierung der Ausschreibung bestimmt die ausschreibende Instanz, welche Kosten für diesen Auftrag als Einzelkosten, als relative Einzelkosten bzw. Gemeinkosten der Baustelle zu behandeln sind und bestimmt damit weitgehend die anzuwendende Kalkulationstechnik. Das heißt, die ausschreibende Instanz bestimmt, inwieweit Kostenanteile direkt der Teilleistung zuzurechnen sind bzw. über Gemeinkostenzuschläge in die Preisermittlung bzw. spätere Abrechnung eingehen.

Es können nämlich die Gemeinkosten der Baustelle über Errechnungszuschlagssätze dem Mittellohn zugerechnet werden oder als eigene Positionen im Leistungsverzeichnis aufgeworfen werden. Unter dieser Voraussetzung werden die Gemeinkosten zu relativen Einzelkosten der Baustelle. Aus kostentheoretischen Gründen, die aus dem Prinzip der Kostenverursachung abzuleiten sind, aber auch aus Gründen der Kostentransparenz und Verrechnungsvereinfachung, ist der zweiten Form unbedingt der Vorrang einzuräumen. Diese bedeutet, einmalige Kosten als Position mit Pauschalpreisen auszuschreiben. Der ausgeworfene Angebotspreis für zeitabhängige Kosten sollte auf eine Zeiteinheit, für Positionen mit mengenabhängigen Kosten auf eine Mengeneinheit bezogen werden.

Beispiel:

Einmalige Kosten wie z.B. Antransport und Aufbau der Betonfabrik als Pauschalposition.
Zeitgebundene Kosten wie z.B. Vorhalten der Betonfabrik als Position mit Einheitspreis je Monat. Mengenvariable Kosten wie z.B. Lieferung, Biegen und Verlegen von Bewehrungsstahl als Position mit Einheitspreis je Mp.

Diesen Grundsätzen kommt eine besondere Bedeutung zu, wenn im Ausschreibungsverfahren oder im Zuge der Bauausführung aus verschiedenen Beweggründen (Mengen-, Qualitäts-, Bauzeitveränderungen) eine Preisherleitung gefordert wird.
Eine exakte Preisherleitung bietet sowohl für Auftraggeber und Auftragnehmer eine klare Verhandlungsbasis.

1.2 Anforderungen an die Kalkulationsmethodik

1) Zunächst soll sie der Angebotsermittlung innerhalb des Wettbewerbs dienen. Da das Verhältnis von quantifizierten Kalkulationsvolumen zu Auftragsvolumen je nach konjunktureller Situation stark schwankt, je nach Ausschreibungsformalismen den Bieter hinsichtlich der Bearbeitung unterschiedlich belastet, muß eine Kalkulationsmethodik angewendet werden, die auch bei üblichen knappen Angebotsfristen eine verantwortungsbewußte Bearbeitung ermöglicht.

2) Es kann nicht die grundsätzliche Zielsetzung vorherrschen, Aufträge um jeden Preis hereinzuholen. Es müssen alle gewonnenen Kenntnisse und Aussagen der Kostenrechnung (Voll- und Teilkostenrechnung) in diesen Kalkulationsverfahren Berücksichtigung finden.

3) Wird das Kalkulationsobjekt zum Auftragsobjekt, der Bieter zum Auftragnehmer, muß das Kalkulationsverfahren derart gestaltet sein, daß die in der Ausführung anfallenden Istkosten mit denen der Vorkalkulation vergleichbar sind. Die Abweichungen der geplanten Sollkosten von den Istkosten können nun folgende Ursachen haben:
   a) Einflüsse des Beschaffungsmarktes können Veränderungen der Preise beeinflussen (Preisabweichungen).

b) Herstellungstechnische Gründe können zu einem Mehr- oder Minderverbrauch an Arbeitskraft, Stoffeinsatz usw. führen (Verbrauchsabweichungen).

c) Durch die Einflüsse des Absatzmarktes kommt es zu unterschiedlichen Beschäftigungslagen (Beschäftigungsabweichung).

1.3 Kalkulationsablauf

Um eine möglichst große Klarheit jeder Kalkulationsphase zu schaffen, ist es notwendig einen generellen Ablauf zu skizzieren, der nachfolgend graphisch dargestellt (Abb. 47) ist und verbal formuliert wird.

Nach Erhalt der Ausschreibungsunterlagen ist es unumgänglich notwendig, diese eingehend zu studieren und zu überprüfen.

Dabei kann eine erstmalige Mengenübersicht der Hauptbaustoffe gemacht werden.

Da jede Ausführung eines Bauvorhabens externen Einflußfaktoren unterworfen ist, bedarf es einer besonderen Berücksichtigung dieser oft maßgeblichen Abhängigkeiten. Die Checkliste mag als Gedankenstütze für dementsprechende Aktionen dienen. Unter Berücksichtigung der Einflußfaktoren (Baustofflager, Antransport der Baustoffe) und der Mengenübersicht sind die Bruttobaustoffkosten zu ermitteln (K4, K5).

Nach der Grobterminplanung erfolgt die Grobdisposition der Baustelleneinrichtung, die skizzenhaften Charakter hat und in erster Linie der Vorkalkulation dient.

Da das Leistungsverzeichnis von der ausschreibenden Stelle primär nach abrechnungstechnischen Gesichtspunkten aufgestellt wurde, ist es in vielen Fällen angebracht, die einzelnen Positionen des Leistungsverzeichnisses ausführungskonform zu untergliedern. Das kann bedeuten, daß eine Position des Leistungsverzeichnisses auf mehrere Kalkulationspositionen umzugestalten ist.

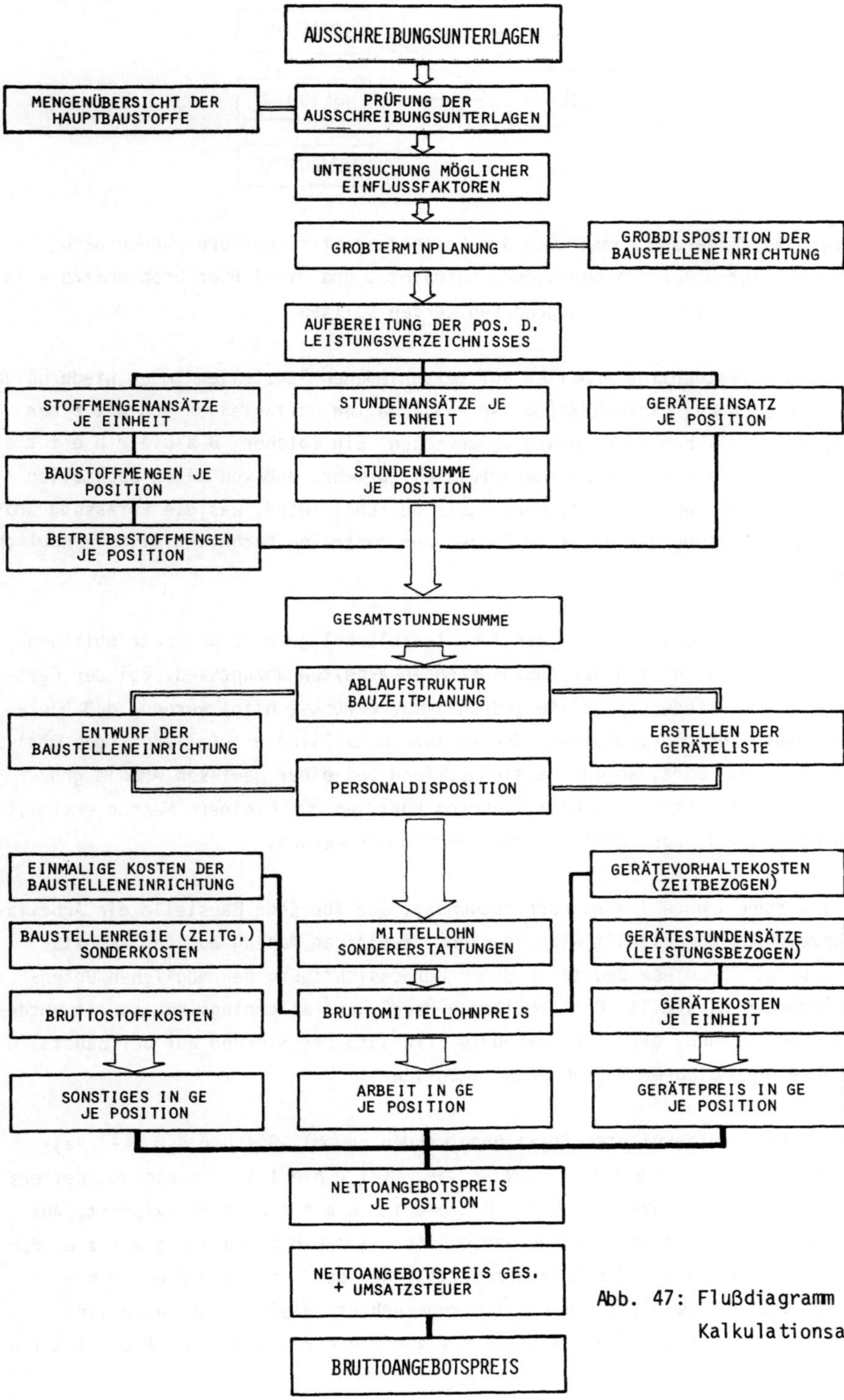

Abb. 47: Flußdiagramm zum Kalkulationsablauf

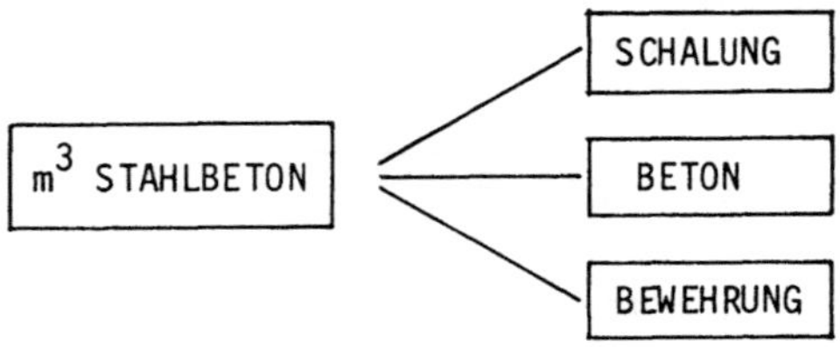

Diese Auffächerung kommt auch den kostentheoretischen Forderungen nach, wonach Kosten verursachungsgemäß betrachtet und nicht über Grobschätzung in einer Pauschalposition ausgeworfen werden sollten.

Da sich gleichartige Arbeiten auf verschiedenen Baustellen immer wiederholen, bot es sich an, einen Katalog der Teilarbeiten aufzustellen und mit einer eigengesetzlichen Numerierung zu versehen. Ein solcher Bauarbeitsschlüssel (BAS) gewährleistet nunmehr, daß von allen Baustellen des Betriebes auf einheitlicher Basis berichtet wird, was die Erfassung und Zusammenstellung der Werte im Rahmen der zentralen Nachkalkulation erheblich vereinfacht.

Es wird erforderlich sein, den Arbeitsschlüssel jeweils den betrieblichen Belangen hinsichtlich der auszuführenden Arbeiten anzupassen. Bei der Festlegung der Gliederung sollte jedoch immer berücksichtigt werden, daß übergeordnete Zusammenfassungen oder weitere detaillierte Aufgliederungen möglich sind. Es muß dort, wo der Leistungsumfang bei einer gewissen Arbeit größer ist, detaillierter berichtet, während dort, wo nur kleinere Mengen erstellt werden müssen, Zusammenfassungen vorgenommen werden.

Aus diesem Grunde ist es auch notwendig, daß für jede Baustelle ein Arbeitsverzeichnis aufgestellt wird, das den jeweiligen Auszug aus dem Arbeitsschlüssel für diese Baustelle unter Berücksichtigung der möglichen Untergliederung darstellt. Der Arbeitsschlüssel darf allerdings nur soweit untergliedert werden, als eine getrennte Erfassung der Stunden auf der Baustelle - ohne unzumutbaren Mehraufwand - möglich ist.

Aus diesen aufbereiteten Positionen werden sowohl Stunden- als auch Mengenansätze je Einheit angesetzt. Weiters werden parallel dazu die Geräteeinsätze mitkonzipiert. Aus dem Geräteeinsatz je Position werden die Stundenansätze für Bedienung der Geräte ermittelt und den Stundenansätzen je Einheit zugerechnet. Gleichzeitig wird der Gerätebetriebsstoffverbrauch je Position abgeleitet. Aus den Mengenansätzen je Einheit, multipliziert mit den Mengen je Position ergeben sich die B a u s t o f f m e n g e n je Position. Aus der Multiplikation der B a u s t o f f - und B e t r i e b s s t o f f - m e n g e n je P o s i t i o n mit den Bruttostoffkosten erhält man die aus den Stoffkosten abgeleiteten Anteile für "Arbeit" und "Sonstiges" je Position.

Die Stundenansätze je Einheit multipliziert mit den Mengen ergibt die S t u n d e n s u m m e je P o s i t i o n und deren Kumulation über alle Positionen ergibt die G e s a m t s t u n d e n s u m m e . Die Stundensumme je Position und die Gesamtstundensumme bilden neben der Ablaufstruktur die Ausgangsbasen der B a u z e i t p l a n u n g . Diese und die Gesamtstundensumme dienen als Grundlage der darauffolgenden P e r s o n a l d i s p o s i t i o n , welche in Verbindung mit der Grobdisposition der Baustelleneinrichtung und der Geräteeinsatzkonzeption eine Grundlage für den E n t w u r f d e r B a u s t e l l e n e i n - r i c h t u n g und für das E r s t e l l e n d e r G e r ä t e - l i s t e (K6) darstellt.

Unter Berücksichtigung der Geräteeinsatzdauer werden sodann die G e r ä t e- v o r h a l t e k o s t e n (zeitbezogene Gerätekosten) ermittelt.

Bei der Errechnung und Weiterleitung der G e r ä t e k o s t e n sind 3 Methoden, die jedoch bereits von der Ausschreibung vorgegeben werden, möglich:

a) Die Gerätevorhaltung kann im Leistungsverzeichnis als eigene Position aufscheinen; in diesem Falle sind wie oben erwähnt, die Vorhaltekosten mit Hilfe der Geräteliste zu ermitteln. Sollte die Bauzeit nicht fixiert sein, werden diese Gerätekosten pro Zeiteinheit (Gerätevorhaltekosten) pro Monat auszuwerfen sein.

b) Sind die Gerätevorhaltekosten dem Bruttomittelpreis über Errechnungszuschlagssätze einzurechnen, so sind die umzulegenden Gerätekosten ebenfalls der Geräteliste zu entnehmen.

   In beiden Fällen (a) und b)) werden die Kosten der Gerätebedienung und der Betriebsstoffe den einzelnen Leistungspositionen kostenverursachend zugerechnet.

c) Für den Fall, daß die Gerätekosten in die Einheitspreise der kostenverursachenden Leistungspositionen (leistungsbezogen) einzubeziehen sind, geschieht dies über die Errechnung der einzelnen G e r ä t e s t u n - d e n s ä t z e . Für diesen Fall ergibt sich somit auch ein Preisanteil für " G e r ä t e " j e P o s i t i o n .

Die Personaldisposition ermöglicht die Ermittlung der M i t t e l l ö h n e je nach Arbeitsgruppen.

Aus der nun konzipierten und kalkulierten Baustelleneinrichtung sind die e i n m a l i g e n K o s t e n d i e s e r B a u s t e l l e n - e i n r i c h t u n g abzuleiten. Außerdem sind aus dem nun ersichtlichen Umfang der Leistungserstellung und der daraus folgenden Personaldisposition die Ansätze für die z e i t g e b u n d e n e B a u s t e l l e n r e g i e und evtl. S o n d e r k o s t e n zu errechnen.

Mit diesen nun ermittelten Kalkulationskomponenten unter Berücksichtigung der S o n d e r e r s t a t t u n g e n steht der Errechnung des B r u t t o m i t t e l l o h n p r e i s e s nichts mehr im Wege, da auch bei etwaiger Einrechnung über Errechnungszuschläge (einmalige Kosten der Baustelleneinrichtung, zeitgebundene Baustellenregie, Sonderkosten, Gerätekosten) die Kostenansätze vorhanden sind und zur Basis Gesamtstunden x Mittellohn in Relation gesetzt werden können.

Z.B.

$$\text{Errechnungszuschlagssatz für einmalige Kosten} = \frac{\text{einmalige Kosten der Baustelleneinrichtung}}{\text{Gesamtstunden x Mittellohn}}$$

Das Produkt aus Stundensumme je Position mit dem Bruttomittellohnpreis ergibt den Preisanteil für " A r b e i t " (in Geldeinheit) j e P o s i t i o n.

Aus der Addition von "Arbeit", "Sonstiges" und evtl. "Geräte" je Position erhält man sodann den N e t t o a n g e b o t s p r e i s j e P o s i - t i o n .

Diese Preise über alle Positionen addiert ergeben den G e s a m t n e t t o - a n g e b o t s p r e i s , der unter Zurechnung der U m s a t z s t e u e r zum B r u t t o a n g e b o t s p r e i s führt.

CHECK-LISTE: WAS SOLL VOR KALKULATIONSBEGINN IN ERFAHRUNG GEBRACHT WERDEN?

1. Lage und Beschaffenheit der Baustelle und des Baugrundes:

1.1 Geländebeschaffenheit

1.11 Lageplan vorhanden
1.12 Beschreibung und Größe des Bauplatzes; Bewuchs
1.13 Nivellement (Höhenlinien, Querschnitte, Festpunkte)
1.14 Wasserführung von Flüssen
1.15 Hindernisse

1.2 Gründungsverhältnisse

1.21 Vorhandene Unterlagen über unterirdische Leitungen
1.22 Bohrproben
1.23 Belastungsproben
1.24 Laboratoriumsversuche
1.25 Oberflächen und Grundwasser/Grundwasserstand?
1.26 Analyse des Wassers
1.27 Wie beurteilen die Einheimischen die Bodenbeschaffenheit?

1.3 Grenz-Grundstücke

1.31 Art (Eigentümer)
1.32 Können gegen/ohne Pachtzins benutzt werden
1.33 Gemeinsame Fundamente
1.34 Einzäunung

1.4 Zufahrt, Entlade- und Lagerungsmöglichkeit

1.41 Lage der Baustelle zur:
Straße/Haltestelle....km Entfernung
Bahnlinie/Bahnhof.....km Entfernung
Schiffahrt/Binnenhafen....km Entfernung
1.42 Straßenzustand und Breite
1.43 Müssen die Zufahrtswege befestigt werden?
Befahrbarkeit bei schlechter Witterung?
1.44 Sind auf den Zufahrtswegen Bahnschranken zu passieren?
1.45 Raum für Rundverkehr oder Wendeplatz/Durchfahrtshöhe?
1.46 Durchfahrt von Anhängern?
1.47 Verkehrssicherheit/Beschilderung
1.48 Möglichkeiten zum Ent- und Beladen von Stoffen und Geräten (Kran, Rampe)
1.49 Möglichkeit zur Lagerung

1.5 Besondere Witterungseinflüsse

2. Versorgungsleitung:

2.1 Wasserleitung

2.11 Verteilungsnetz, Entfernung der nächsten Entnahmestelle, Anschlußstärke
2.12 Tarif
2.13 Eigenschaften
2.14 Trinkwasserversorgung
2.15 Frostfreie Verlegung (Winterbau)

2.2 Brunnenbohrung

2.21 Lage
2.22 Tiefe
2.23 Maximale Förderleistung
2.24 Ungefähre Kosten
2.25 Eigenschaften des Wassers

2.3 Stromzuführung

2.31 Länge der Zuführung
2.32 Stromart und -stärke
2.33 Trafo erforderlich?
2.34 Tarife
2.35 Installationskosten

2.4 Druckluft

2.41 Anschlußstärke
2.42 Maximale Leistung

2.5 Fernsprechanschluß

2.6 Abwasserabführung

2.61 Anschluß an Kanal/Lage und Tiefe
2.62 Örtliches System (Faulgrube usw.)
2.63 Besondere Auflagen

2.7 Möglichkeit für Baustellenfunkanlage?

3. Baustelleneinrichtung:

3.1 Bauleitungsbüro

3.2 Baubüro

3.3 Polierraum

3.4 Belegschaftsräume

3.41 Unterkünfte für die ersten Wochen
3.42 Tagesunterkünfte
3.43 Wohnungslager

3.5 Waschräume und Aborte

3.6 Kantine

3.7 Werkstatt und Kraftfahrzeugunterstand

3.8 Materialhütten und Magazine

3.9 Vorrats- und Stapelplätze

4. Arbeitskräfte:

4.1 Angebot an örtlichen Arbeitskräften

4.11 Anzahl/Qualität/Verhältnis von Facharbeitern zu Hilfsarbeitern
4.12 Akkordkolonnen/Subunternehmer
4.13 Vergütung

4.2 Ergänzungskapazität von heimischen Arbeitskräften

4.21 Anzahl/Qualität
4.22 Vergütung (insb. Trennung, Unterbringung und Verpflegung)

5. Lieferanten und Dienstleistungen:

5.1 Baustoffhändler

5.11 Preise
5.12 Lieferungs- und Zahlungsbedingungen

5.2 Fuhrunternehmer

5.21 Leistungsfähigkeit
5.22 Tarif

5.3 Elektroinstallateur

5.4 Sanitäre Installation

5.5 Schlosserei

5.6 Zimmerei und Bauschreinerei

5.7 Sand- und Kiesgruben

5.8 Steinbrüche

5.9 Benachbarte Baustellen

5.91 Bauleiter

5.92 Baukaufmann

5.10 Behörden, Arzt, Gendamerie

6. Besondere Auflagen des Bauherrn (Auftraggebers):

6.1 Arbeitszeit, Lärm, Erschütterungen

6.2 Sicherheitsmaßnahmen

6.3 Stellt: Leute, Stoffe, Räume

7. Studium der Anbotsunterlagen:

7.1 Sind die Planungsunterlagen vollständig?

7.2 Ist der Massenauszug echt?

7.3 Eindeutige Baubeschreibung?

7.4 Ist das Leistungsverzeichnis vollständig?

7.5 Existiert ein Bauzeitplan?

7.6 Finanzierung?

1.4 Die praktische Durchführung der Vorkalkulation

1.41 Grundsätzliches

Die praktische Durchführung der Vorkalkulation beruht auf den 3 Preisbildungselementen:

a) dem Bruttomittellohnpreis
b) den Bruttobaustoffpreisen und
c) den Preisen für die Gerätebeistellung (Bruttogerätepreis).

Obwohl in der BRD, in der Schweiz und in Österreich die Zielsetzung gleich ist, sind die Einzelheiten der Verfahren in den drei Ländern voneinander abweichend.

Grundsätzlich beruhen sämtliche Verfahren auf dem Verfahren von Opitz. Dieses Verfahren, wurde für österreichische Verhältnisse von Maculan und für Schweizer Verhältnisse von Walther weiterentwickelt.

Durch den Einbruch moderner Kostenrechnungsverfahren haben sich auch die Kalkulationsmethoden diesen Änderungen angeglichen (Kalkulationsmethode nach Pfarr).

Das hat zur Folge, daß in der Terminologie gewisse Diskrepanzen aufscheinen, die oft gegen die Begriffe der modernen Kostenrechnung verstoßen. In Anbetracht auf die Zielsetzung dieses Buches wurde versucht im Kapitel "Grundlagen der baubetrieblichen Kostenrechnung" diese Tendenzen enzyklopädisch aufzuzeigen. Im praktischen Teil der Kalkulationsdurchführung wird jedoch ein Kompromiß auf der Grundlage der bestehenden Kalkulationsmethoden eingegangen.

Im weiteren Ablauf dieses praktischen Kalkulationsvorgehens wird auf österreichische Verhältnisse Bezug genommen, wozu aber ausgesagt werden muß, daß sowohl in der Schweiz als auch in der BRD das Gedankengerüst das gleiche darstellt.

1.42 Die Preisbildungselemente

1.421 Der Bruttomittellohnpreis

Der Bruttomittellohnpreis ergibt sich aus einer stufenweisen Entwicklung über Mittellohn, Bruttomittellohn, Sondererstattungen und dem auf Bruttomittellohn und Sondererstattungen zuzurechnenden Gesamtzuschlag.

Der Mittellohn

Der Mittellohn setzt sich zusammen aus:

a) Kollektivvertragslohn (BRD - Tariflohn) und außerkollektiv vertraglichen Mehrlöhnen

b) Umgelegten Gehältern und Löhnen für das Aufsichtspersonal

c) Mehrarbeitszulagen und Erschwerniszulagen.

Da in der Kalkulationsphase nicht feststeht, welche Arbeitskräfte die Durchführung der kalkulierten Leistungen vollführen werden, wird rechnerisch von einem fiktiven - den zu erwartenden Verhältnissen möglichst entsprechenden - "produktiven Mittellohn" ausgegangen (K3).
Diesem produktiven Mittellohn werden die umgelegten Gehälter oder Löhne des nichtmitarbeitenden Aufsichtspersonals zugerechnet. Hier liegt die Annahme zugrunde, daß diese nicht schon in den Gemeinkosten berücksichtigt wurden.

Der Zuschlagssatz für Mehrarbeits- und Erschwerniszulagen wird gesondert (K 3A) ermittelt und im Verhältnis zum kollektivvertraglichen Mittellohn zugerechnet.

Auf den so errechneten Mittellohn werden die sozialen Aufwendungen, die lohngebundenen Gemeinkosten (K2) und je nach Aufgliederung des Leistungsverzeichnisses eventuelle Errechnungszuschläge zugerechnet.

Daraus erhält man den Bruttomittellohn; dieser kann bei Ausschreibungen, die keine Errechnungszuschläge zulassen, wie der Mittellohn, im vorhinein errechnet werden.

Die umsatzgebundenen Gemeinkosten (Allgemeine Geschäftskosten, Bauzinsen, Versicherung), Wagnis und Gewinn werden in Form des Gesamtzuschlages (K2) auf den Bruttomittellohn zugeschlagen.

ZUSCHLAGSÄTZE	FIRMA:	**FORMBLATT K 2**
BAU:		DATUM: .... SEITE: ....
.... ANGEBOT Nr.:		PREISBASIS: ....

	ZUSCHLÄGE IN % FÜR	Bei getrennter Errechnung auf: Kollektivvertragslohn 1	außerkollektivvertragl. Mehrlöhne 2	Mehrarbeits- und Erschwerniszulagen 3	auf Summe Mittellohn 4	auf Sondererstattung 5	6	auf Stoffe 7	auf Fremdleistung 8
A	Gemeinkosten der Baustelle – Lohngebundene (umsatzgeb.) Gemeinkosten: Soziale Aufwendungen				*)	X		X	X
B	Sonstige lohngebundene Kosten: Lohnsummensteuer					X		X	X
C	Haftpflichtversicherung					X		X	X
D	Kleingerät und Kleingerüst					X			
E	Sachliche Bürokosten					X			
F	Sonstige allgemeine Baustellenkosten					X			
G	Nebenstoffe und Nebenfrachten					X			
H						X			
J	Summe (B bis H)					X			
K	Summe lohngebundene (umsatzgeb.) Kosten, A+J					X			
L	Errechnungszuschläge: $\frac{\text{Einmalige Kosten} \times 100}{\text{Lohnkosten}^{**)}} = \frac{S}{S} \times 100$					X			
M	$\frac{\text{Zeitgeb. Kosten} \times 100}{\text{Lohnkosten}^{**)}} = \frac{S}{S} \times 100$					X			
N	$\frac{\text{Sonderkosten} \times 100}{\text{Lohnkosten}^{**)}} = \frac{S}{S} \times 100$					X			
O	$\frac{\text{Gerätekosten} \times 100}{\text{Lohnkosten}^{**)}} = \frac{S}{S} \times 100$					X			
P	Summe (L bis O)					X			
Q	Zuschlagsummen K+P					X			
R	Gesamtzuschlag: Geschäftsgemeinkosten (Zentralregie)								
S	Bauzinsen								
T	Wagnis und Gewinn								
U									
V	Umsatzsteuer								
W	Summe (R bis V)								
X	Umrechnung auf Herstellkosten $\left(\frac{W \times 100}{100 - W}\right)$								
Y	Aufrechnung auf Zuschlagsummen $\left(\frac{X \times (Q+100)}{100}\right)$								
Z	Zuschlagsätze (Q+Y)								

*) Eventuell aus dem Formblatt K 3: $\frac{M \times 100}{H}$ = ... %

**) Lohnkosten = Summe der Teilleistungsstunden × Mittellohn (H aus K 3), im Sonderfall + Stoffkosten bzw. + Fremdleistungen

Gesamtlohnzuschlag ist Z_4	Gesamtstoffzuschlag ist Z_7

BRUTTOMITTELLOHNPREIS	FIRMA:	FORMBLATT K 3	
BAU:		DATUM:	SEITE:
ANGEBOT Nr.:		PREISBASIS:	

	Arbeitnehmer			Kollektivvertragslohn (einschließlich eventueller zusatzkollektivvertraglicher Lohnzulage)		Außerkollektivvertragliche Mehrlöhne		
	Gruppe 1	Bezeichnung 2	Anzahl 3	S/Std. 4	Insgesamt S 5	% vom kv. Lohn 6	S/Std. 7	Insgesamt 8
A	Prod. Arbeitnehmer, Summe			X				
	Aufsichts-personal							
B	Lohnsumme einschl. Aufsichtspersonal					X	X	

		Aufgegliedertes Verfahren S/Std. 9	Aufgegliedertes Verfahren S/Std. 10	Vereinfachtes Verfahren S/Std. 11
C	Produktiver Mittellohn (A_5 + A_8 = S ....) : A_3 = S			
D	Kollektivvertraglicher Mittellohn B_5 : A_3 =			
E	Außerkollektivvertragliche Mehrlöhne B_8 : A_3 =			
F	Summe D+E bzw. (B_5 + B_8 = S ....) : A_3 =	X		
G	Mehrarbeits- u. Erschwerniszulagen ....% von D (evtl. F_5 aus K_3A)	X		
H	Mittellohn F+G			
J	Aufgegliedertes Verfahren: Soziale Aufwendungen auf kv. ML ....% (A_1 aus K_2) von D		X	Zuschlag auf Mittellohn: Z_4 aus K_2 ....% von H
K	–"– auf außerkollektivvertr. Mehrlöhne ....% (A_2 aus K_2) von E		X	
L	–"– auf Mehrarb. + Erschwerniszul. ....% (A_3 aus K_2) von G		X	
M	Summe Soziale Aufwendungen (A_4 aus K_2) [i. M. ....% von H] oder J+K+L			
N	Sonstige lohngeb. Kosten ....% (J_4 aus K_2) von H		X	
O	Errechnungszuschläge ....% (P_4 aus K_2) von H		X	
P	Summe N+O oder ....% (J_4+P_4 aus K_2) von H =			↓
Q	Bruttomittellohn H+M+P			
R	Gesamtzuschlag auf Bruttomittellohn ....% (X_4 aus K_2) von Q =			
S	Sondererstattungen (evtl. K aus K_3 A)			
T	Gesamtzuschlag auf Sondererst. ....% (X_5 aus K_2) von S =			
U	BRUTTOMITTELLOHNPREIS Q+R+S+T Vereinfachtes Verfahren H+R+S+T			

BRUTTOMITTELLOHNPREIS	FIRMA:	**FORMBLATT K 3 A**	
BAU:		DATUM:	SEITE:
.... ANGEBOT Nr.:		PREISBASIS:	

AUFZAHLUNG FÜR MEHRARBEIT UND ERSCHWERNISSE

	Mehrarbeitszulagen	Überstundenzulage %/Std. 1	Überstunden pro Woche 2	Überstundenzul./Wo. 1×2 3	Gesamtstunden pro Woche 4	% 5
					Normalstd. .... + Überstd.	
A	Summen					
B	Aufzahlung für Mehrarbeit in % A3 : A4				=	

	Schichtarbeitszulagen	Zulagepflichtige Arb.-Std. in % 6	Zulage % des Lohnes 7	
C				
D	Aufzahlung für Schichtarbeit in % $C_6 \times C_7 \times \frac{1}{100}$		=	

	Erschwerniszulagen	Beschreibung 8	% des Arbeiterstandes 9	% des Lohnes 10	% $\frac{9 \times 10}{100}$ 11	
E	Erschwerniszulagen in % Summe Spalte 11				=	
F	Summe Mehrarbeits- und Erschwerniszulagen ($B_5 + D_5 + E_5$)				=	%

SONDERERSTATTUNGEN

		% der Belegschaft (bezogen auf prod. Arbeitnehmer) 12	Erhalten je Kalendertag 13		Zahl der Tage je Woche 14	Somit je Arbeitswoche S 15
			%	d. Std.-Lohnes FA II b		
	Trennungsgelder		%	.... S/Std.		
	Übernachtungsgeld			S/Tag		
	Verpflegungszuschuß			S/Tag		
	Wegegeld			S/Tag		
	Heimfahrten (...... km)			S/Fahrt	Alle .... Wo	
	(...... km)			S/Fahrt	Alle .... Wo	
	An- und Rückreise			S/Fahrt	Bei insg. ..... Wo	
G	Summe				S/Wo	
H	Zuschlag für Ausfallzeiten				% auf G_{15}	
J	Summe ($G_{15} + H_{15}$)				S/Wo	
K	Summe ($J_{15} : A_4$)				S/Std	S

Da die Prozentsätze des Gesamtzuschlages auf den Nettoangebotspreis bezogen sind, bedarf es einer Umrechnung auf die Basis des Bruttomittellohnes.

Die für die Kalkulation anzusetzenden fiktiven Sondererstattungen (Lohnnebenkosten) sind zu ermitteln und mit einem eventuell reduzierten Gesamtzuschlag zu belasten.

Die Summierung des Bruttomittellohns und der Sondererstattungen mit den zugehörigen Gesamtzuschlägen ergibt als Ergebnis den Bruttomittellohnpreis.

Eine übersichtliche Darstellung der hier beschriebenen Entwicklung der Berechnung des Bruttomittellohnpreises bringt Abb. 48.

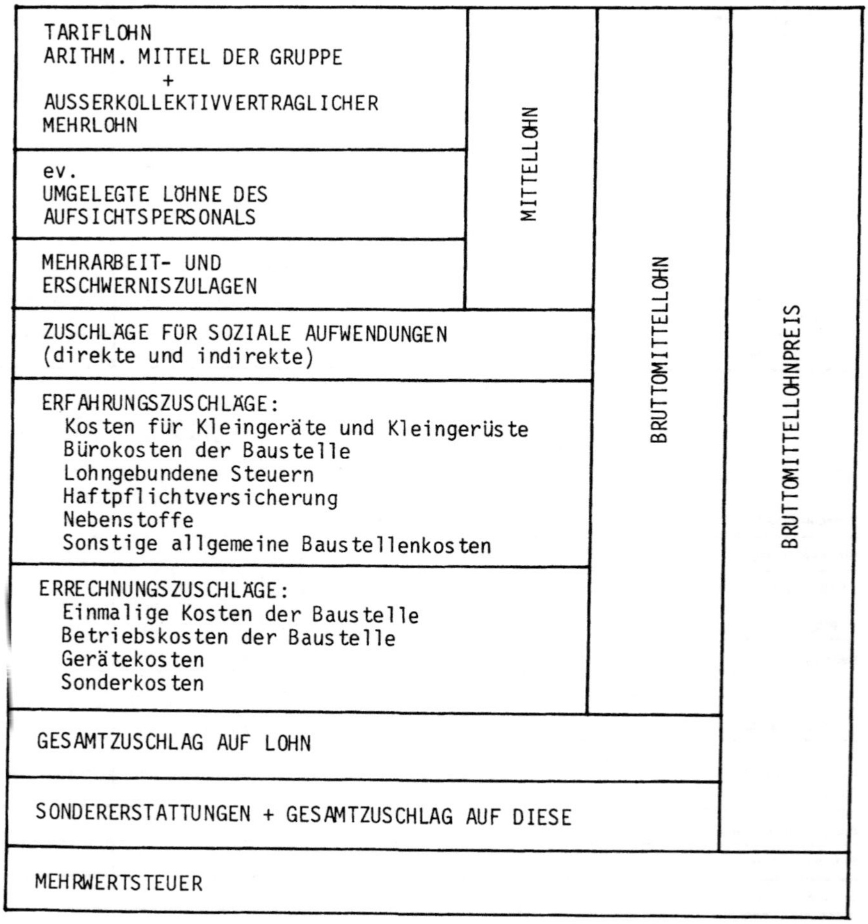

Abb. 48: Entwicklung des Bruttomittellohnpreises

1.422 Die Bruttostoffpreise

Für die Angebotserstellung notwendige Bruttostoffkosten für Hauptstoffe (Hauptbaustoffe, Hilfsbaustoffe und Betriebsstoffe) werden ebenfalls stufenweise errechnet (K4).
Die Kosten für Nebenstoffe werden im allgemeinen in Form von Gemeinkosten berücksichtigt.

Auf die Stoffpreise ab Lieferer, Erzeugungs- oder Gewinnungsort werden die Kosten des Transportes und der Manipulation aufgeschlagen.

Sowohl Transport und Manipulation sind des öfteren in verschiedenen Stufen zu berücksichtigen. Die sich dabei ergebenden Kosten frei Bau sind durch Zuschläge für Verluste, die bei der Manipulation entstehen, aufzustocken.

Diese Verlustansätze richten sich nach der Art der Baustoffe und deren transportgerechter Verpackung (Walztoleranzen bei Baustahl, Bruch bei Bauelementen, Verstaubung bei Bindemittel usw.).
Der Gesamtzuschlag auf Stoffe unterscheidet sich meistens von dem des Bruttomittellohnpreises durch Änderung der Ansätze für Wagnis, Gewinn und Bauzinsen.

Die in den Bruttostoffkosten enthaltenen Anteile für Arbeit gehen als Stundensätze in die Teilleistungskalkulation ein.

Werden Baustoffe vor der Verarbeitung am Bauwerk selbst zubereitet (Beton, Mörtel), so werden die Kosten je Mengeneinheit dieser zubereiteten Stoffe gesondert ermittelt (K5).

1.423 Die Bruttogerätepreise

Bei der Errechnung der Einzelkosten der Teilleistungen erfolgt die Auswahl und Zusammenstellung der für die Leistungen notwendigen Geräte und sonstigen Einrichtungen. Hierbei stellen sich viele Fragen:

Welche Geräteleistung wird gefordert?
Welches Gerät ist für einen bestimmten Einsatz das geeignetste?
Welche Betriebsstoffe und in welchen Mengen werden diese benötigt?
Welche zusätzlichen Einrichtungen und Installationen sind notwendig (Fundamente, Baracken, Depots, Strom-, Wasser- und Druckluftanschlüsse usw.)?

BRUTTOSTOFFKOSTEN	FIRMA:	FORMBLATT K 4	
BAU:		DATUM:	SEITE:
ANGEBOT Nr.:		PREISBASIS:	

Bezeichnung des Stoffes									
Lieferer und Lieferort									
Frachtkilometer									
Einheit									
Lfd. Nr.		Std.	Sonstige Kosten S	Std.	Sonstige Kosten S	Std.	Sonstige Kosten S	Std.	Sonstige Kosten S
1	Preis ab Lieferer	X		X		X		X	
2	Verladekosten								
3	Frachten	X		X		X		X	
4	Anschl.- und Zustellgeb.	X		X		X		X	
5	Kosten frei								
6	Um- bzw. Abladen								
7	Anfuhr zur Baustelle								
8	Abladen und stapeln								
9									
10	Kosten frei Bau								
11	Verlust %								
12	Kosten einschl. Verlust								
13	Im Sonderfall Stoffzuschlag (Q_7 aus K_2)	X		X		X		X	
14	Bruttostoffkosten								
15									
16									

Bezeichnung des Stoffes									
Lieferer und Lieferort									
Einheit									
Lfd. Nr.		Std.	Sonstige Kosten S	Std.	Sonstige Kosten S	Std.	Sonstige Kosten S	Std.	Sonstige Kosten S
1	Preis ab Lieferer	X		X		X		X	
7	Anfuhr zur Baustelle								
8	Abladen und stapeln								
10	Kosten frei Bau								
11	Verlust %								
12	Kosten einschl. Verlust								
13	Im Sonderfall Stoffzuschlag (Q_7 aus K_2)	X		X		X		X	
14	Bruttostoffkosten								
15									
16									

Berechnung der Fuhr- und Frachtkosten:

BETON UND MÖRTEL	FIRMA:	FORMBLATT K 5	
BAU:		DATUM:	SEITE:
ANGEBOT Nr.:		PREISBASIS:	

a) Beton B .... bzw. Mörtel (Einheit ....)

Lfd. Nr.	Mischung	Einh.	Je Einheit*)		Insgesamt	
			Std.	Sonst. Ko.	Std.	Sonst. Ko.
1	kg					
2	kg					
3	m³ (kg)					
4	m³ (kg)					
5	m³ (kg)					
6	m³ (kg)					
7	Zusatzmittel					
8	Betriebsstoffe					
9	Mischkosten					
10	**Bruttokosten**					

b) Beton B .... bzw. Mörtel (Einheit ....)

Lfd. Nr.	Mischung	Einh.	Je Einheit*)		Insgesamt	
			Std.	Sonst. Ko.	Std.	Sonst. Ko.
1	kg					
2	kg					
3	m³ (kg)					
4	m³ (kg)					
5	m³ (kg)					
6	m³ (kg)					
7	Zusatzmittel					
8	Betriebsstoffe					
9	Mischkosten					
10	**Bruttokosten**					

c) Beton B .... bzw. Mörtel (Einheit ....)

Lfd. Nr.	Mischung	Einh.	Je Einheit*)		Insgesamt	
			Std.	Sonst. Ko.	Std.	Sonst. Ko.
1	kg					
2	m³ (kg)					
3	m³ (kg)					
4	m³ (kg)					
5	Zusatzmittel					
6	Betriebsstoffe					
7	Mischkosten					
8	**Bruttokosten**					

d) Beton B .... bzw. Mörtel (Einheit ....)

Lfd. Nr.	Mischung	Einh.	Je Einheit*)		Insgesamt	
			Std.	Sonst. Ko.	Std.	Sonst. Ko.
1	kg					
2	m³ (kg)					
3	m³ (kg)					
4	m³ (kg)					
5	Zusatzmittel					
6	Betriebsstoffe					
7	Mischkosten					
8	**Bruttokosten**					

*) Bruttostoffkosten je Einheit lt. Formblatt K 4 (Zeile 14)

Welche Montagezeiten sind zu berücksichtigen?
Welche Bedienungskosten fallen an?

Die Beantwortung vieler dieser Fragen kann bei gut organisierter Geräteverwaltung der Gerätekartei mit ihren Kostenaufschlüsselungen entnommen werden. Liegt eine dementsprechende Gerätekostenkarte nicht auf, so bildet die Baugeräteliste 1971 die Basis für die weiteren Kalkulationsansätze.

Wie schon erwähnt, kann die Einrechnung der Gerätekosten in den Angebotspreis nach 3 Methoden, die bereits in der Ausschreibung vorgegeben sind, erfolgen.

Für den Fall, daß Gerätestundensätze in die Teilleistungen eingerechnet werden, sind diese Stundensätze aus der Gerätekostenkarte zu entnehmen, bzw. zu ermitteln.

Ist jedoch die Gerätevorhaltung als eigene Position im Leistungsverzeichnis ausgeworfen, oder sind die Vorhaltekosten über Errechnungszuschläge dem Bruttomittellohn zuzurechnen, sind diese Kostenansätze unter Zuhilfenahme der Geräteliste (K6) aufzustellen. Bei dieser zeitbezogenen Geräteverrechnung ist neben den gerätespezifischen Daten (Gerätekartei bzw. Baugeräteliste) der Faktor Zeit miteinzubeziehen.

Die Vorhaltezeit:

Die Vorhaltezeit, ist die Zeit in der ein Gerät auf einer Baustelle zur Verfügung steht. Sie ist der Zeitraum zwischen dem Antransport des Gerätes zum Einsatzort und der Freimeldung, bzw. dem angeschlossenen Rücktransport zum Bauhof.

Die Stilliegezeit:

Muß ein Baugerät unter bestimmten Umständen für eine längere Zeit stillgelegt werden, und wird vereinbart, daß das freiwerdende Gerät auf der Baustelle verbleibt, so können für diese Zeit, wenn sie einen halben Monat überschreitet, reduzierte Vorhaltekosten vereinbart werden. Diese betragen in der Regel 75 % des Abschreibungs- und Verzinsungssatzes für die Normalarbeitszeit zuzüglich 15 % für Wartung und Pflege des Gerätes.

Die Vorhaltemonate teilen sich in der österreichischen Baugeräteliste 1971 in 22 Vorhaltetage mit je 8 Vorhaltestunden, d.h. ein Vorhaltemonat = 176 Vorhaltestunden. Nach der deutschen Baugeräteliste 1971 werden je Vorhalte-

9 / 8 / 7 / 6 / 5 / 4 / 3 / 2 / 1

Baugerätebestandskarte

BGL Formular — Form. 1

BGL-Nr.	Inventur-Nr.
Bezeichnung des Gerätes	

Kaufpreis ohne Nebenkosten	DM
Sondereinrichtung	DM
Bezugskosten	DM
Anschaffungswert	DM

Hersteller	Baujahr	Verkaufsdatum	Verkaufspreis/Schrotterlös
Lieferant	Liefertag	Garantie bis	Rechnung vom / Konto

Jahre	2	3	4	5	6	7	8	10	12	15	Betrag monatl.	Betrag täglich	lt. BGL
% bei 60°	7,4	5,1	3,9	3,2	2,7	2,4	2,1	1,7	1,5	1,3			

Jahr	Bilanzielle Abschreibung			Kalkulatorische Abschreibung und Verzinsung				Reparaturen
	Satz in %	Betrag	Buchwert	Satz in %	Soll	Ist	Abweichungen	

Type		Fabr.-Nr.
Baumaße	größte Länge mm	Motor-Nr.
	größte Breite mm	
	größte Höhe mm	
	Gesamt-flächenbedarf	
Fracht-gewicht kg		
Fracht-klasse		
Installierte Leistung PS / kW		

Betriebs- und Schmierstoffverbrauch

Strom	Diesel	Benzin	Öl			

Arbeitsaufwand in Stunden für	
Verladen	Transport mit
Aufbauen	
Abbauen	
	zulässige Geschwindigkeit

Versicherung	
Versicherer	
Versich.-Art	
Versich.-Wert	Police-Nr.

BAUGERÄTE

BAU:

ANGEBOT NR.:

FIRMA:

FORMBLATT K 6

DATUM: | SEITE:

PREISBASIS:

Lfd. Nr.	Anzahl	BAUGERÄTE BARACKEN EINRICHTUNGSGEGENSTÄNDE	Nr. der Baugeräteliste (od. Neuwert)	Monatssatz		Verr. Monate				KOSTEN		Summe Masch.-Leist.		Gewicht t	
				Einzeln S	Insgesamt S 1×4	Normal	Schicht-u. Mehrarb.	Stilliegezeit	Summe 6+7+8	Instandhaltung (I) S 5×9	Abschreibung u. Verzinsung (AV) S 5×9	kW (kVA)	PS	Einzeln	Insgesamt 1×14
	1	2	3	4	5	6	7*)	8*)	9	10	11	12	13	14	15
		Allfälliger Übertrag aus K 6A von Seite:													
				I											
				AV											
				I											
				AV											
				I											
				AV											
				I											
				AV											
				I											
				AV											
				I											
				AV											
				I											
				AV											
				I											
				AV											
A		**SUMMEN:**													

		Lohn S [16]	Sonstiges S [17]	
B	Instandhaltung: A_{10} .... × ....% = ..., davon ....% Lohn, ...% Sonstiges			[18] Σ kW (kVA) ....
C	Abschreibung und Verzinsung: A_{11} .... × ....%			[19] Σ PS = ...
D	Wertminderung durch Barackenumstellung: ....% von S .... aus 5 (AV)			
E	Summe B bis D			[20] Σ t = ...
F	Gesamtzuschlag: X_4 aus K_2: ....% auf Lohn, X_7 aus K_2: ....% auf Sonstiges			[21] Σ Lohn + Sonstiges Σ $G_{16}+G_{17}$ S ....
G	GESAMTPREIS DER GERÄTEBEISTELLUNG: Summe E + F			
H	Mittelpreis je Monat: G/Baudauer in Monaten			[22] S ....

*) Die Anzahl der tatsächlichen Beistellungsmonate mit entsprechenden Abminderungen für Schicht- und Mehrarbeit und für Stilliegezeiten, soweit für diese nicht eigene Einheitspreise zu rechnen sind.

monat 175 Vorhaltestunden verrechnet. Wenn keine vertraglichen Bindungen bestehen, können die Vorhaltestunden auch entsprechend der tatsächlichen Einsatzzeit kalkuliert werden.

Die Kosten des Kapitaldienstes (Abschreibung und Verzinsung) und die Kosten der Instandhaltung in Verbindung mit der Vorhaltezeit ergeben die Vorhaltekosten.

Diese können auch, wenn die Ausschreibung es erforderlich macht, als Vorhaltekosten pro Monat ausgeworfen werden.

Sowohl Kapitaldienst als auch Instandhaltung können aus verschiedenen Gründen (Kapazitätsauslastung, Neugerät, Altgerät) und aus Gründen der Marktsituation mit verschiedenen Korrekturfaktoren versehen werden. Weiters wird aus Gründen der Kostenverursachung der Satz für Instandhaltung anteilsmäßig festgelegt.

Die demnach korrigierten Ansätze mit dem dazugehörigen Gesamtzuschlag ergeben summiert den Bruttogerätepreis, der in der Geräteliste zeitabhängig kalkulierten Geräte und Einrichtungen.

Die Gerätebedienung

Die Effektivität und der Kostenanfall jedes Geräteeinsatzes wird wesentlich von der fachlichen Qualität und dem Verantwortungsbewußtsein des Bedienungspersonals beeinflußt.

Der hohe technische Standard der Geräte erfordert hoch qualifizierte Mitarbeiter, welche sich am Bausektor durch Um- und Anlernprozesse diese Kenntnisse spezieller Art aneignen müssen. Dies kommt besonders deutlich zum Ausdruck, wenn überlegt wird, daß zum Beispiel einem Maschinisten Gerätewerte von einigen Millionen Schillingen übertragen sind. Von seinem verantwortungsbewußten Verhalten hängt auch weiters der Erfolg oder Mißerfolg einer Baustelle ab. Die Qualifikation dieser Mitarbeiter findet natürlicherweise auch in der Entlohnung (Prämie, Erfolgsbeteiligung) ihren Niederschlag.

Für die Kalkulation sind die Stundensätze für Bedienung, die durch einen oder mehrere Mitarbeiter bewältigt werden, aufzustellen. Hierbei werden für den Maschinisten 1,1 - 1,2 Stunden/Leistungsstunde angesetzt, um damit die Verteilzeiten kalkulatorisch zu berücksichtigen. Bei Mehrmaschinenbedienung werden diese Ansätze anteilsmäßig aufgeteilt.

Die Ansätze für die Hilfskräfte (Helfer, Einweiser) erhalten keinen Korrekturfaktor für die Verteilzeit.

Die Stundenansätze für die Gerätebedienung werden den einzelnen Teilleistungen direkt zugerechnet (Betriebskosten!).

Die Betriebsstoffe:

Die Art der Baugeräte setzt die jeweiligen Antriebsenergien fest. Vorrangig rangieren heute die elektrische Energie und Dieselkraftstoffe als Betriebsmittel. Auch Druckluft kommt als Antriebsmittel vor allem im Unter-Tagbau häufig vor, ihre Erzeugung erfolgt jedoch ebenfalls über elektrische Energie oder Dieselkraftstoff. Dampf ist nur mehr für Heizzwecke und zum Antrieb von Spezial-Rammgeräten in Verwendung.

Für die Wartung der Geräte werden Schmierstoffe (Öle und Fette) und Reinigungsmittel verwendet.

Der Betriebsstoffverbrauch und Schmiermittelbedarf ist von vielen Faktoren abhängig. Die Verbrauchsansätze sind den jeweiligen Maschinenkarteien zu entnehmen, wobei jedoch die besonderen Einsatzbedingungen bzw. der allgemeine Zustand der Geräte zu berücksichtigen ist.

Die Ansätze für die kalkulierten Kosten der Betriebsstoffe und Schmiermittel werden ebenfalls den einzelnen Teilleistungen zugerechnet.

Betriebsstoffverbrauch:

a) Dieselkraftstoff
   Meistgebrauchter Betriebsstoff für alle nicht stationären Maschinen, wie Bagger, LKW, Großraumfahrzeuge aller Art, Planierraupen, Ladegeräte, fahrbare Kompressoren, usw.

   Betriebsmittelverbrauch $V_B = \alpha$. Vollastverbrauch

   Vollastverbrauch = 0,15 - 0,22 kg/PS und h (entspricht ca. 0,20 - 0,30 kg je KW + h)

   Abminderungsfaktor α = ca. 0,65 bei Bagger
   0,50 bei LKW
   0,50 - 0,70 bei Raupen
   0,90 bei Kompressoren

α ändert sich auch stark mit der Schalthäufigkeit.

Für den Aufwand von Schmiermittel werden kalkulatorisch ca. 15 - 20 % der Betriebsmittelkosten angesetzt. Benzin findet nur ausnahmsweise Verwendung für den Antrieb von kleineren Betonmischern, Betonrüttlern, Pumpen, Verdichtungsgeräten und Förderbändern etc.

b) Elektrische Energie für Elektromotore:
Der Strom ist für stationäre und nur über kurze Strecken ortsverändernde Maschinen die beste Betriebsart: festinstallierte Kompressoren, Turmdrehkrane, Kabelkrane, Pumpen, Betonmischer, Aufbereitungsanlagen, aber auch Eimerkettenbagger und Universalbagger bei einigermaßen stationärem Einsatz.

Der E-Motor ist sparsam im Betrieb, fast wartungsfrei, bedarf keiner Anlaufzeit, keine Schwierigkeit im Winter, wohl aber größere Kosten bei der Anlage des Verteilernetzes.
(1 PS/h = 0,736 kWh)
Schmiermittel- und Ersatzteilverbrauch sind bei E-Motoren gering und liegen unter einem Gramm/PSh.
Bei gewissen Baustellen sind als Vorkehrung gegen Stromstörungen Notstromaggregate notwendig, z.B. wenn Wasserhaltung nicht aussetzen darf, bei Druckluftgründungen oder auch bei sehr entlegenen Hochgebirgsbaustellen.

c) Druckluft für Druckluftmotore und Druckluftwerkzeuge:
Druckluftantriebe werden in der Regel im Obertagebau für Preßlufthämmer, Bohrmaschinen, Rüttler, eventuell Pumpen und Rammen verwendet; im Untertagebau für Bagger, Betonspritzgeräte, Bunkerzüge, Betonpumpen, Förderbänder, Schmutzwasserpumpen usw.

1 PS - Druckluftmotor benötigt ca. 0,5 - 0,7 m3/min Druckluft.
Da ein Kompressor für die Erzeugung von einem m3/min Druckluft (7 Atü) einen Energieaufwand von 7 PS benötigt, braucht 1 PS Druckluftmotor - ca. 0,6 . 7 PS = 4,2 PS, das sind theoretisch mehr als das 4-fache.

Die Leistungsverluste, Druckverluste und Wirkungsgradverluste dazugerechnet ergeben, daß ein Preßluftmotor ca. den 8-fachen Energiebedarf gegenüber einem Elektromotor hat. Der Schmiermittelbedarf ist hier ebenfalls mit ca. 15 - 20 % des Betriebsmittelverbrauches anzusetzen.

d) Drucköl für Hydromotore:
Als Druckerzeuger dient eine Hydraulikpumpe, die als Zahnradpumpe Drücke bis 160 kp/cm2 oder als Hochdruckschraubenpumpe bis 350 kp/cm2 erzeugt. Der Antrieb der Hydraulikpumpe erfolgt meist durch einen Dieselmotor.

1.43 Die Preisermittlung

Mit den erarbeiteten Preiselementen werden nun die einzelnen im Leistungsverzeichnis angeführten Positionen für Teilleistungen (direkte Kosten) und - falls vorhanden - für Gemeinkosten (indirekte Kosten) kalkuliert.

Hat man so die Ansätze für "Lohn" und "Sonstiges" (eventuell auch "Geräte") je Position des Leistungsverzeichnisses ermittelt,benützt man in der Praxis häufig ein "Kosten- und Preiszusammenstellungsformblatt". (S. 208).
In diesem Formular wird zuerst aus dem Leistungsverzeichnis die Positionsnummer, das Ausmaß und eine Beschreibung der Arbeiten in Stichworten eingetragen. Dann werden die Rubriken "Stunden je Mengeneinheit", "Sonstiges je Mengeneinheit" (eventuell "Gerätekosten je Mengeneinheit") ausgefüllt; für die Ermittlung der Lohnkosten wird dann der Bruttomittellohnpreis und für die sonstigen Kosten der Stoffzuschlag am Kopf der jeweiligen Spalte eingetragen und nun kann das Büro rein mechanisch sowohl K o s t e n und P r e i s e je Position, als auch die S u m m e derselben errechnen.

Das hier wiedergegebene Blatt will nur als vereinfachtes Beispiel das Prinzip darstellen. Ein Großteil der Unternehmungen hat dem eigenen betrieblichen Rechnungswesen angepaßte Formblätter entwickelt.

PREISERMITTLUNG	FIRMA:	**FORMBLATT K 7**	
BAU:		DATUM:	SEITE: ....
.... ANGEBOT Nr.:		PREISBASIS:	

Lfd.Nr. d. L.V.	Kostenentwicklung je Einheit	Std.	Lohn S	Sonstiges S	
	Summe/Übertrag:				

ZUSAMMENSTELLUNG DER KOSTEN UND ABGABEPREISE

				AUFWENDUNGEN						NETTOPREISE				
				je Einheit			Gesamt			je Einheit				Gesamt
Pos. Nr.	Bezeichnung	Menge	Einheit	Std. h	Sonst 1 S	Sonst 2 S	Std. h	Sonst 1 S	Sonst 2 S	BMLPr. .... Lohn S	Zuschl.1 .... Sonst.1 S	Zuschl.2 .... Sonst.2 S	Summe S	Summe S
1	2	3	4	5	6	7	8	9	10	11	12	13	14	15
							3x5	3x6	3x7	5xBMLPr.	6 x Z.1	7 x Z.2	11+12+13	3x14
										Mehrwertsteuer				
										ANGEBOTSPREIS				

1.44 Die Preispolitik

Der Angebotsbearbeiter ist nach Kenntnis der einschlägigen Kalkulationsverfahren in der Lage, die Selbstkosten eines Bauvorhabens zu ermitteln.

Die Aufgabe der Kalkulation ist es aber nicht, einen Abgabepreis festzulegen, sondern unter Benützung der in der Struktur und Kapazität seiner Unternehmung liegenden Voraussetzungen Selbstkosten objektiv zu errechnen, die der Unternehmungsführung als Grundlage für eine der wichtigsten Entscheidungen, nämlich die Festlegung eines Abgabepreises unter Beachtung der jeweils herrschenden Marktverhältnisse dienen.

In der Bundesrepublik Deutschland, in der Schweiz und in Österreich entwickelte sich eine Wirtschaftsordnung, die als "Freie Soziale Marktwirtschaft" bezeichnet wird. Sie ist auf dem Grundgedanken des Wettbewerbes aufgebaut und sucht daher den Ausgleich der Interessen über das Zusammentreffen von Angebot und Nachfrage auf dem Markt. Diese beiden zuerst häufig gegensätzlichen Kräfte sollen sich hier aneinander anpassen und sich auf jenes Gleichgewicht einpendeln, das die gesunde Basis dieser Wirtschaftsordnung darstellt.

Für unsere Überlegungen sind nun zwei Prinzipien der Marktwirtschaft wichtig, die miteinander korrespondieren und deshalb auch im Zusammenhang bzw. in ihrer gegenseitigen Abhängigkeit gesehen werden müssen:

- Das Streben nach Einkommen
- Die Ausrichtung der unternehmerischen Entscheidung an den Markt- und Gesellschaftsverhältnissen.

Die Erzielung eines Unternehmungsgewinnes ist eine wesentliche volks- und betriebswirtschaftliche Notwendigkeit. Es besteht gar kein Grund, hier etwas anderes vorzutäuschen, ganz im Gegenteil:

> Das Streben nach Unternehmungsgewinn ist eines der Grundprinzipien unserer Wirtschaftsordnung.

Die gegebenenfalls einen Gewinn beinhaltende Höhe des Ertrages ist neben den innerbetrieblichen Faktoren hauptsächlich von den Marktverhältnissen abhängig. Ein wesentlicher Faktor in dieser Verzahnung ist daher das Erkennen der Marktpreise.

Die Unternehmung will und muß also einen Gewinn erzielen. Wenn es ihr gelingt, bei jedem Objekt ein positives Ergebnis zu erreichen, so kann sie sicher sein, auch insgesamt in einem Zeitabschnitt, beispielsweise einem Jahr, erfolgreich gearbeitet zu haben. Ihr Vermögen - die Substanz - wurde zumindest erhalten, wenn nicht vermehrt. Gelingt es ihr nicht, jeden Auftrag gewinnbringend abzuschließen, muß der Gewinn des einen Auftrages den Verlust des anderen Auftrages kompensieren, sonst scheint die Substanzerhaltung bereits in Frage gestellt.

Im Bereich der Bauwirtschaft herrscht die Auffassung, daß der Vergabepreis für Bauleistungen ein die Selbstkosten deckender Preis unter Einschluß eines gewissen Ansatzes für Risiko, Wagnis und Gewinn sein muß. Die Angemessenheit eines Baupreises wird also von der Kostenherleitung abgeleitet. Diese Forderung nach dem kostendeckenden Preis steht dem Prinzip der Marktwirtschaft mit ihren Wettbewerbsmöglichkeiten konträr gegenüber. Es herrscht hier eine Diskrepanz zwischen kostendeckendem Preis und Marktpreis.

Der vom Kalkulanten in mühseliger Kleinarbeit ermittelte kostendeckende Preis steht einem Preis gegenüber, den sich die Unternehmensleitung aufgrund ihrer Marktbeobachtung und Marktorientierung vorstellt, also einem abgeleiteten Marktpreis.

Das Wesen der Preispolitik liegt nun darin, die Relation des kostendeckenden Preises zum Marktpreis zu erkennen und danach preispolitisch zu handeln. Man muß sich jedoch von der Vorstellung freimachen, daß eine solche Preismanipulation nur darin bestehen könne, auf einen Teil der Kostendeckung zu verzichten.

Hier ist aber zu vermerken, daß diese betriebswirtschaftlichen Probleme scheinbar nicht existieren, wenn der Gewinn überdurchschnittlich groß ist und die Fixkostenbelastung infolge vorsichtiger Investitionspolitik sich in Grenzen bewegt.
Sie werden aber sehr wohl empfunden, wenn die effektive Rendite negativ wird, Substanzverlust eintritt und Zahlungsschwierigkeiten auftreten.

Die Motive der Baupreispolitik

Bei der Erörterung der Motive der unternehmerischen Baupreispolitik seien zuerst die im Charakter des Menschen liegenden genannt. Ohne Zweifel spielen sie eine gewisse Rolle und man würde einige Erscheinungen gar nicht deuten können, wenn man sie außer acht ließe. Aus der Vielzahl seien genannt: Konkurrenzneid, Geltungsbedürfnis; bei leitenden Angestellten, beispielsweise Niederlassungsleitern, ist auch die Optik zur Geschäftsleitung hin eine nicht gerade seltene Erscheinung.

Das objektive Grundmotiv der Baupreispolitik ist jedoch das Bemühen, einen angemessenen Gewinn zu erzielen und so dem eingesetzten Kapitel eine optimale Rentabilität zu sichern. Ein ganzes Bündel von anderen Beweggründen mündet immer wieder in dieses Hauptmotiv ein.
So ist für die Baupreispolitik gewöhnlich das Beschäftigungsziel ein Ausgangspunkt; man will einen optimalen Beschäftigungsgrad ansteuern, um auf diese Weise die Kapazitätsauslastung zu verbessern, was sicherlich eine Kostensenkung zur Folge hat.

Neben den innerbetrieblichen Verhältnissen spielen auch die externen Einflüsse und Gegebenheiten eine oft dominierende Rolle.
Dies kommt dadurch zum Ausdruck, daß manche Unternehmer durch ihre Kapazität gezwungen werden, ihren Marktanteil zu erweitern oder gar so weit auszudehnen, daß andere Bewerber am Markte bedrängt bzw. vom Markte verdrängt werden. In der abwehrenden Haltung sucht das Unternehmen zu verhindern, daß andere in seinen Bereich eindringen. Aber auch ohne bewußt Verdrängungspolitik betreiben zu wollen, ist die gleiche Verhaltensweise aus ähnlichen Motiven festzustellen, z.B. wenn bekannt ist, daß ein Mitbewerber über spezielle Kenntnisse der örtlichen Gegebenheiten verfügt, die sich im Preis auswirken können. Immer sucht ein Unternehmen die Marktgegebenheiten in seinem Sinne zu beeinflussen, was schließlich zu einer bestimmten Preispolitik führt. In der gleichen Richtung liegen auch die sogenannten "Einführungspreise".

Die Frage, ob derartige Motive langfristig als sinnvoll zu erachten sind, hängt in der Beantwortung davon ab, ob eine solche Verhaltensweise in Zukunft eine Rendite garantiert bzw. ob insgesamt ein Vorteil für die Unternehmung im einzelnen und für die Bauwirtschaft im gesamten entsteht.

Die hier geschilderten Beweggründe sind alle im Alltag des Konkurrenzkampfes zu beobachten.

Die Bauunternehmung kann nur dann Preispolitik betreiben, wenn ihr die Entscheidungsfreiheit gegeben ist. Ist der existenzielle Druck auf sie so stark, daß sie nur einseitig, d.h. "um jeden Preis" anbieten kann, so verbleibt ihr kaum eine Wahlmöglichkeit.

Wenn es stimmt, daß der Vergabepreis eine Funktion von Angebot und Nachfrage auf dem Baumarkt ist, dann könnte doch diese Funktion auch vom anbietenden Unternehmer bewußt wahrgenommen werden; er müßte die Freiheit und Wahl haben, sich verschiedenartig verhalten zu können. Das ist jedoch wiederum abhängig von der Marktlage, die ihrerseits tiefgreifend von der Marktform beeinflußt wird.

Auf der Anbieterseite herrscht normalerweise die Marktform des vollständigen Wettbewerbs vor, auf der Nachfragerseite steht dagegen ein einzelner, der häufig den Vorteil des Monopolisten (öffentliche Hand) genießt. Denn der Baumarkt ist im extremen Sinne durch seine Eigenart immer ein Einzelmarkt für ein bestimmtes Bauvorhaben.

Wir haben also kein Gleichgewicht, sondern eine einseitige Bevorzugung der Marktstellung des Nachfragenden, der nicht zu Unrecht "Bauherr" genannt wird. Der Baumarkt enspricht durch diese Machtstellung der Auftraggeber der Marktform des unvollständigen Wettbewerbes.

Diese Situation wird im Alltag gewöhnlich verkannt, weil man die Frage des Wettbewerbes immer nur nach den Verhältnissen bei den Anbietern zu beurteilen pflegt. Als Folge solcher Gegebenheiten sei Preiszerrüttung, Schleuderkonkurrenz, Preisabsprachen, Absinken des Eigenkapitals der Betriebe trotz vermehrter Bauproduktion und abnehmende Anzahl der Betriebe beispielsweise aufgezählt.

Die Baupreispolitik fußt entweder auf Zufallsentscheidungen oder aber auf systematischen preispolitischen Überlegungen. Bei ersteren handelt es sich meist um Reflexhandlungen des Unternehmers auf die, von ihm aus gesehen, unbefriedigenden Marktverhältnisse. Es ist einfach ein Versuch, dem Lotteriespiel ähnlich, eine vermeintliche Chance zu suchen oder, anders ausgedrückt: dem blinden Wettbewerb aufgrund betrieblicher Erfordernisse die weitere Existenzgrundlage abzuringen. Orientierungsmittel ist nicht selten das letzte Submissionsergebnis!

Nur die systematischen preispolitischen Überlegungen haben überhaupt einen volks- und betriebswirtschaftlichen Sinn. Der weitgehende Verlust der Elastizität der Baubetriebe zwingt die Unternehmen, einen gleichbleibenden Beschäftigungsgrad zu erreichen. Der stetig wachsende Fixkostenblock macht sie sonst konkurrenzfähig bzw. führt durch eine mangelnde Deckung zu Substanzverlusten. Selbst kleinste Beschäftigungsintervalle können sich verheerend auswirken. Daher bemühen sich die Unternehmungen gleichzeitig um mehrere Projekte, um ja die Anschlußaufträge zu sichern. Es ist ganz natürlich, daß sich neben unterschiedlichen Kosten auch die unterschiedliche Interessenlage dabei in den Preisen niederschlägt. Die verschiedenen, gleichzeitig abzugebenden Offerte werden, je nachdem, wie sie dem Interesse des Betriebes entsprechen, bewertet. Das Ergebnis kommt im Preis zum Ausdruck, wobei hier der erste Ansatzpunkt für eine systematische Baupreispolitik gegeben erscheint.

Zusammenfassend sei noch einmal betont:
Die Kostenrechnung gibt die Grundlage jeglicher unternehmenspolitischer Tätigkeit, so auch für die Preisermittlung.
Sie zeigt uns die Schranken auf, wieweit der vom Markt gebildete Preis für die Unternehmung noch relevant erscheint.

Gerade in der Baupreispolitik wurden und werden die grundsätzlichen Gedanken der Deckungsbeitragsrechnung realisiert. Es wird stets ausgegangen vom Marktpreis. Von diesem Marktpreis werden die mit Sicherheit anfallenden variablen Kosten abgezogen. Der verbleibende Rest - Deckungsbeitrag - hätte der Abdeckung der fixen Kosten zu dienen und einen angemessenen Gewinn zu beinhalten. Die Frage, ob der Deckungsbeitrag diese Aufgaben im Sinne dieser Unternehmenspolitik erfüllen kann, beantwortet einzig und allein das unternehmerische Rechnungswesen, welches somit die primäre Stellung für die Unternehmensstrategie wiederum unter Beweis stellt.

1.5 Die Formalanforderungen des Angebotes

Für die formale Ausfertigung des Angebotes gilt allgemein, daß Änderungen in der Textierung des Leistungsverzeichnisses nicht vorgenommen werden und keine Radierungen und Rechenfehler aufweisen dürfen. Sollten letztere dennoch vorkommen, werden sie bei der Prüfung des Anbotes durch den Auftraggeber berichtigt, wobei der angegebene Einheitspreis unverändert als Grundlage genommen wird.

Eine Überlegung ist allerdings noch im Rahmen der Angebotsfrist von Bedeutung: Kann die Unternehmung das ausgeschriebene Bauvorhaben aus kapazitativen oder sonstigen Überlegungen überhaupt allein ausführen, oder ist ein Zusammenschluß mit einer oder mehreren anderen Unternehmungen wünschenswert oder geboten?

Es ist empfehlenswert, Entscheidungen über Zusammenschlüsse schon zu Beginn der Angebotsfrist zu treffen, da sie auf die Vorkalkulation erheblichen Einfluß haben können.

Bei beschränkten Ausschreibungen erwartet der Auftraggeber innerhalb der ersten Hälfte der Angebotsfrist über die Bildung solcher Zusammenschlüsse unterrichtet zu werden. Die Auftraggeberseite benötigt die Auskunft, mit wievielen Angeboten sie zu rechnen hat, um evtl. zeitgerecht entsprechende Maßnahmen zu setzen (Einladung weiterer Unternehmungen).

Die verschiedenen Möglichkeiten der Kooperation von Bauunternehmungen wurden bereits im Kapitel "Abwicklungsformen" besprochen. Hier interessiert allerdings vorrangig die Form der Arbeitsgemeinschaft, die dort besonders eingehend behandelt wurde.

Das Angebot ist in einem verschlossenen Umschlag bei der in der Ausschreibung genannten Stelle innerhalb der Angebotsfrist einzureichen, wobei auf dem Umschlag eine den Inhalt kennzeichnende Aufschrift (eventuell Kennwort) anzubringen ist. Bei öffentlichen Ausschreibungen wird für die Druck- und Vervielfältigungskosten der Ausschreibungsunterlagen üblich ein Kostenersatz seitens der ausschreibenden Stelle eingehoben, wogegen der Bieter sein Angebot grundsätzlich kostenlos zu erstellen hat.

1.6 Die Auftragserteilung

Innerhalb der Zuschlagsfrist sind nach der DIN und der ÖNORM Verhandlungen zwischen Auftraggeber und Bietern nur zur Klärung technischer Einzelheiten und etwaigen Unklarheiten, nicht aber über Änderungen des Angebotes oder der Preise statthaft. Der Zuschlag soll schriftlich erteilt werden und erfolgt mit Auftragsschreiben, Bestellschein oder in Form von Schluß- und Gegenschlußbrief.

Ist der Vertragsinhalt bereits durch Ausschreibung und Angebot zum Ausdruck gebracht, so ist auf alle diesbezüglichen Unterlagen reihenfolgegerecht in der Vertragsurkunde Bezug zu nehmen. Schlußbriefe werden vom Auftraggeber gezeichnet und vom Auftragnehmer gegengezeichnet.

"Besondere Vertragsurkunden" sind in doppelter Ausfertigung auszustellen und von den beiden vertragschließenden Teilen gemeinsam zu unterzeichnen.

Nach Ablauf der Angebotsfrist kann die Ausschreibung aufgehoben werden, wenn zwingende Gründe vorliegen. Wenn nur ein Angebot eingereicht wurde, die Ausschreibung durch Ausscheiden von Angeboten oder überhaupt erfolglos geblieben ist, gilt die Ausschreibung als aufgehoben.

Von der Aufhebung der Ausschreibung sind die Bewerber in geeigneter Weise zu verständigen.
Mit der ordnungsgemäßen Durchführung dieser Verständigung gewinnt der Ausschreibende seine volle Freizügigkeit wieder.

Das Vergebungsverfahren endet mit dem Zustandekommen des Leistungsvertrages oder mit der Aufhebung der Ausschreibung. Jene Bieter, denen kein Zuschlag erteilt wurde, sollen hievon unmittelbar nach Abschluß des Vergebungsverfahrens in geeigneter Weise verständigt werden; gleichzeitig sollen auch alle zurückzustellenden Unterlagen zurückgegeben werden.

2.0 Die Baudurchführung

2.1 Die Arbeitsvorbereitung

Auf allen Gebieten der wirtschaftlichen Tätigkeiten, so auch in der Bauwirtschaft hängt der Erfolg einerseits von der Leistung bei der Ausführung, aber sicherlich auch im wesentlichen Maße von der Sorgfalt der Vorbereitung eines Bauablaufes ab. Dieses Vorausdenken und Vorbereiten ist die Aufgabe der Arbeitsvorbereitung. Sie erstrebt den geordneten und flüssigen Ablauf unter Berücksichtigung einer technisch und wirtschaftlich optimalen Lösung an. Sie wird in der Regel als Stabstelle im Bereich der technischen Verwaltung zugeordnet. Ihre Tätigkeit beginnt weit vor Beginn der eigentlichen Ausführung und sollte durch die Kontrolle ihrer Planungsansätze, durch die Erfassung der Istwerte und Vergleich mit den Sollwerten noch nach Beendigung tätig sein.

Die Arbeitsvorbereitung beschränkt sich auf jenen Teil der Planung, der sich auf eigentliche Ausführungstätigkeiten bezieht. Je effektiver die Arbeitsvorbereitung, umso mehr verschiebt sich das Verhältnis Planung zu Improvisation zuungunsten der Improvisation. Der Improvisation verbleibt ohnedies ausreichendes Betätigungsfeld im Bauwesen.

Das generelle Ziel der Arbeitsvorbereitung sollte sein, daß

die Produktionsfaktoren Arbeit, Betriebsstoffe und Betriebsmittel
- zur richtigen Zeit
- in der notwendigen Menge
- am richtigen Ort

zur Verfügung stehen.

Die Erfüllung dieser Zielsetzung erfordert folgende Planungsmaßnahmen:

- Wahl des optimalen Bauverfahrens
- Planung des Bauablaufes
- Planung der Baustelleneinrichtung
- Planung des Einsatzes von Arbeitskräften, Geräten und Stoffen.

2.11 Die Planung des Bauablaufes

Nach Ermittlung der optimalen Bauverfahren sind durch eine eingehende Strukturanalyse die Voraussetzungen für die Strukturplanungen zu schaffen. Durch diese Strukturanalyse werden sämtliche Abhängigkeiten des Bauverfahrens detailliert aufgezeigt und dargestellt.

Danach wird durch Einbeziehung der Zeitansätze (Zeitanalyse) diese Strukturplanung auch Terminplanung.

Für die Darstellung des Bauablaufes stehen uns folgende Planungsverfahren zur Verfügung:

Das Balkendiagramm
Das Liniendiagramm
Der Netzplan.

Das B a l k e n d i a g r a m m (Gantt) hat bei durchschaubaren Projekten genügend Aussagekraft und somit für diese Vorhaben volle Daseinsberechtigung, soferne die Frage nach den Tätigkeiten als Funktion der Zeit gestellt wird. Unter diesen Voraussetzungen ist diese Art der graphischen Darstellung eines Terminplanes für einen Bauablauf sinnvoll und zu bejahen. Dagegen versagt diese Methode, sobald das Bauvorhaben aufgrund seiner Größe, Kompliziertheit und seiner Auffächerung infolge Arbeitsteilung an Transparenz verliert. In solchen Fällen kann die Koordinierung der verschiedenen Tätigkeiten zu einem Gesamtablauf nur durch exakte Planungsarbeit erfüllt werden, wozu sich ein Balkenplan meist nicht ausreichend eignet. Er gibt kaum Auskunft über strukturelle Zusammenhänge und hat stets statischen Charakter.

Das L i n i e n d i a g r a m m hat neben einer Zeitachse, eine Achse, aus welcher die Baumengen bzw. der Bauraum zu erkennen ist. Diese Darstellungsart erlaubt den Baufortschritt - also Baumenge pro Zeiteinheit - für jeden Vorgang klar herauszuheben und eignet sich insbesondere für die Planung des Ablaufes von Linienbaustellen (Tunnel-, Stollen-, Straßen- und Kanalbau).

Die Abhängigkeiten der Vorgänge untereinander kommen deutlich zum Ausdruck. Dieser Methode bleiben aber die Übersicht und Durchschaubarkeit versagt, sobald sich das Bauvorhaben punktuell oder flächenhaft gestaltet, die Anzahl der Prozesse eine gewisse Höhe überschreitet und eine Feinplanung gefordert wird. Die angeführten Nachteile der bisherigen Planungsmethoden waren der Grund, daß sich eine neue Art der Planung in der Industrie etabliert hat: die N e t z p l a n t e c h n i k .

Sie ist ein Instrument für die Planung, Koordinierung und Kontrolle komplizierter Prozesse. Sie ist überall dort einsetzbar, wo die zunehmende Komplexität und Verflechtung der Planungsaufgaben die Entscheidungen erschweren. Die Netzplantechnik zwingt in der Phase der Entscheidungsvorbereitung zu einer detaillierten Auffächerung des Bauablaufes, läßt Schwerpunkte und Engpässe erkennen und erleichtert ein koordiniertes Zusammenwirken einzelner Führungsbereiche. Bei Eintritt unvorhergesehener Störungen im Ablauf, ist die Netzplantechnik durch ihre Flexibilität sofort in der Lage, Alternativlösungen aufzuzeigen und somit das Vorhaben zu einem termingerechten Abschluß zu bringen. Die Netzplantechnik - richtig angewendet - kann eine bedeutende Rolle im gesamten Planungsbereich spielen, sowohl auf der Seite der Auftraggeber, als auch auf jener der Auftragnehmer.

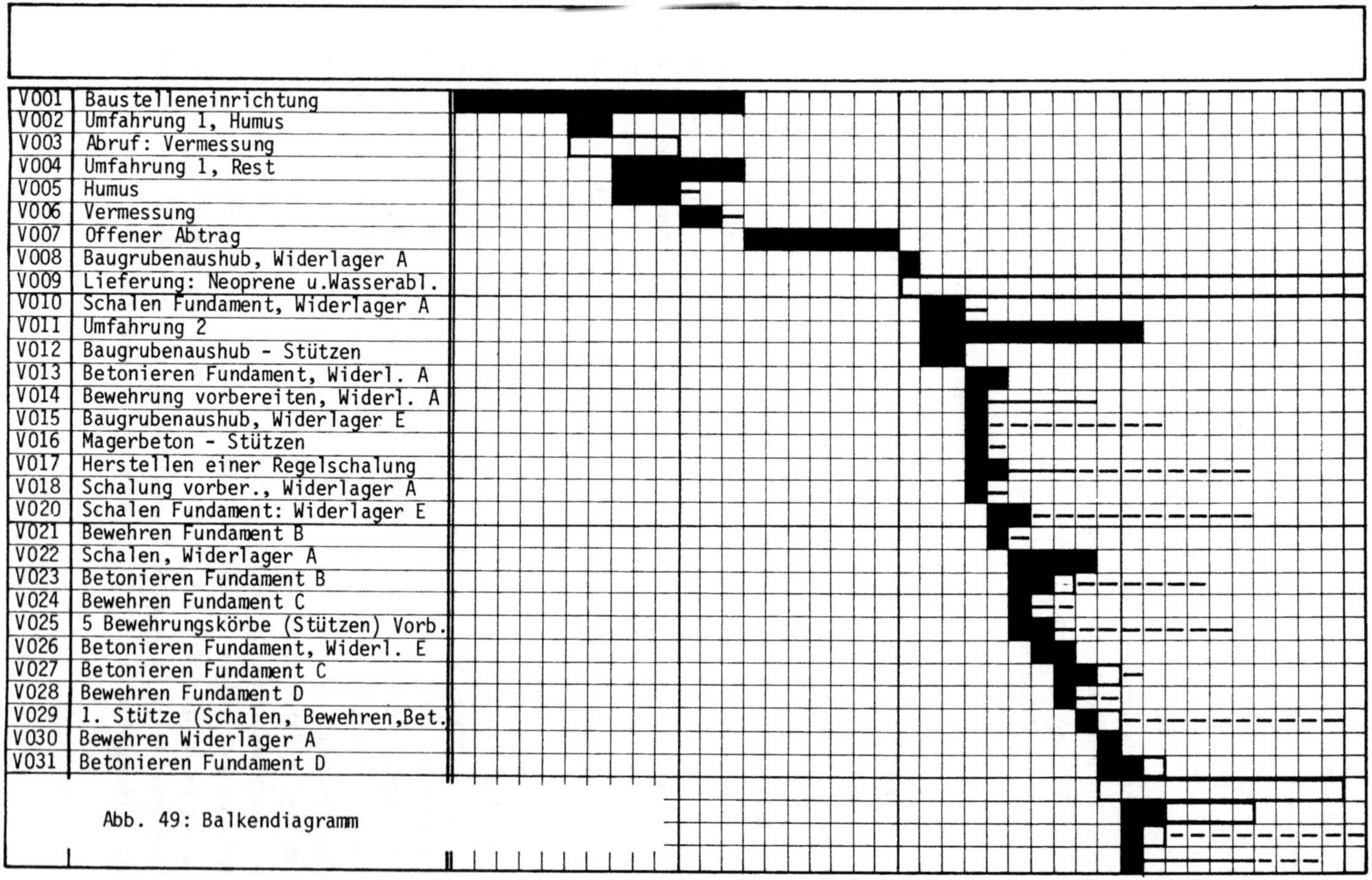

Abb. 49: Balkendiagramm

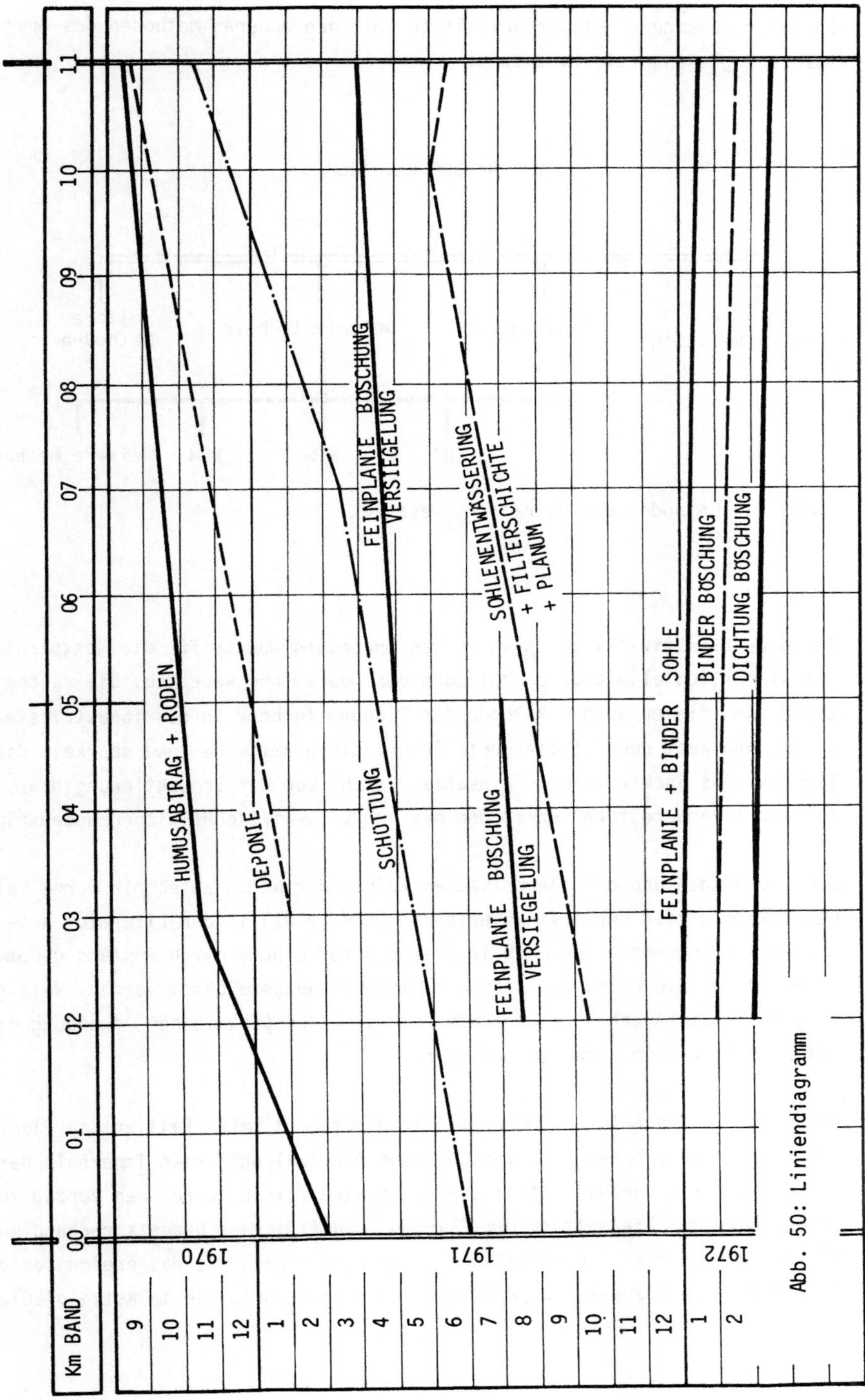

Abb. 50: Liniendiagramm

In einer Zuordnung ist die Netzplantechnik den anderen Methoden des Operations Research gleichwertig zu setzen:

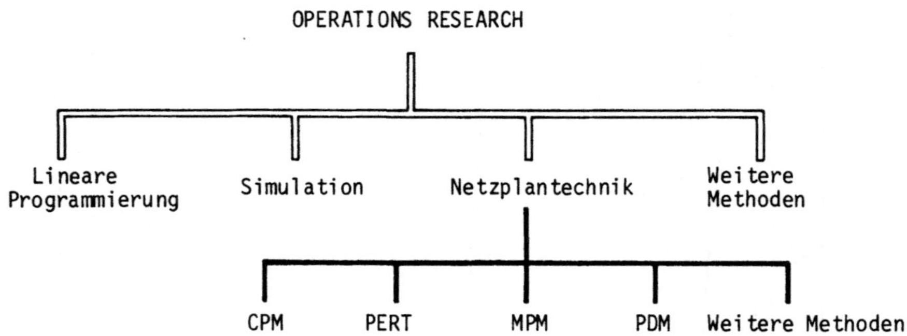

Abb. 51: Methoden des Operations Research

In ihrer Effektivität der praktischen Anwendung übertrifft die Netzplantechnik sicherlich alle anderen Methoden des Operations Research. Die rasche Einführung dieser jungen Methode der Planungstechnik in den Industriestaaten in Ost und West beweist die Vorteile und die praktische Anwendbarkeit dieser Technik. Das Spektrum ihres Einsatzes reicht von der Projektierung über Fertigungsvorbereitung, Forschung bis zur volkswirtschaftlichen Gesamtplanung.

Den Grundlagen und dem theoretischen Aufbau der Netzplantechnik wurde seit dem Bekanntwerden der ersten Verfahren (CPM, PERT) in der Literatur ausgiebig Raum gewidmet, weshalb in dieser Untersuchung davon Abstand genommen wird und nur die charakteristischen Methoden aufgezeichnet werden. Weit geringer ist die Anzahl der Berichte, die sich der praktischen Anwendung der Netzplantechnik im Bauwesen annehmen.

Entsprechend den Anforderungen, die in einem bestimmten Fall an die Planung gestellt wurden, haben sich verschiedene Darstellungsformen innerhalb der Netzplantechnik herauskristallisiert. Es wäre falsch, einer den Vorzug zu geben, ohne die Zielsetzung der Planung zu definieren. Dementsprechend entwickelten sich zwei grundsätzliche Strömungen, jene, die das ereignisorientierte Netz bevorzugen und jene, die für vorgangsorientierte Netze plädieren.

EREIGNISORIENTIERT:

VORGANGSORIENTIERT:

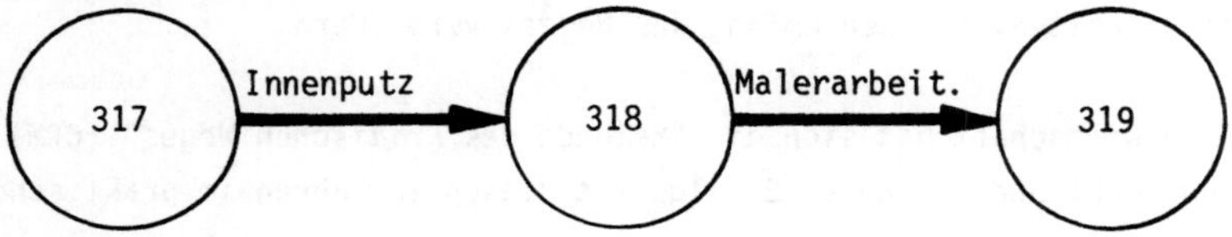

Abb. 52: Pfeilnetze

Für die Praxis bedeutet dies, daß für den Bauherrn die Aussagen des ereignisorientierten Netzplanes seiner Zielvorstellung eher entsprechen, da für ihn die Definition der Vorgänge sekundär ist, das Ereignis aber den für ihn sichtbaren Erfolg widerspiegelt. Dieser Art der Planungsdarstellung, die meist den Charakter einer Grobplanung trägt, wird in Bereichen der Auftraggeber und der Makroplanung ihren Niederschlag finden.

Ganz anders gelegen ist die Forderung an eine Planung auf der Seite der Auftragnehmer, der Ausführenden, des Baubetriebes. Hier interessieren die Anstrengungen, welche zu einem Ereignis führen, und das sind die Vorgänge (Tätigkeiten). Die Vorgänge stehen im Mittelpunkt der Planung und diese Vorgänge heißt es nun so aneinander zu reihen, daß sowohl die strukturellen als auch die zeitlichen Forderungen erfüllt werden. Da aber im allgemeinen für das Eintreten eines Ereignisses mehrere Vorgänge verantwortlich zeichnen, ist es klar, daß die vorgangsorientierten Netzpläne einen viel größeren Umfang annehmen, und mit ihnen eine Projektfeinplanung vorgenommen werden kann. Die vorgangsorientierte Darstellungsart setzte sich besser durch als die ereignisorientierte, da der Bedarf an diesen Methoden ungleich größer ist, als der an ereignisorientierten. Fast alle in der Praxis erstellten Netze haben diese Ausrichtung.

Für diese vorgangsorientierte Planungsart wurden viele Arten entwickelt, die sich wiederum in zwei Gruppen zusammenfassen lassen:

die Vorgangspfeilnetze (CPM) und
die Vorgangsknotennetze (MPM, Knoten und Normalfolge, PDM).

Die Vorteile der Vorgangspfeilnetze liegen vor allem in der leichten Erklärbarkeit und dies trägt sicher wesentlich dazu bei, diese Planungsmethoden der breiten Masse von Bauplanern und Ausführenden schmackhaft zu machen. Um aber alle Abhängigkeiten exakt darzustellen, bedarf es der Einführung von Scheintätigkeiten, die den Umfang des Netzes vergrößern.

In der Bauwirtschaft hat sich die "Methode des kritischen Weges" (CPM) sehr gut eingeführt und die guten Erfolge mit diesen Verfahren im praktischen Baugeschehen sprechen dafür.

In der praktischen Anwendung der Netzplantechnik kann diese mehrere Funktionen erfüllen. Neben der reinen Terminplanung, die natürlich eine genaue Struktur- und Zeitanalyse aufgrund einer vollständigen Prozeßliste voraussetzt, hat sie die Aufgabe der Terminkontrolle zu bewältigen. Die Wahl der Zeiteinheit, nach welcher die Vorgangsdauer bestimmt wird, ist ein wesentlicher Faktor für das Gelingen dieser Planungsmethode. Während in der stationären Industrie als Zeiteinheiten Stunden, ja sogar Minuten festgelegt werden, wird man im Bauwesen die "Arbeitsschicht"als kleinstes Zeitmaß für die Vorgangsdauer fixieren. Mit dieser Zeiteinteilung ist auch der Ausführende (Bauleiter, Baupolier) bestens vertraut. Sollten aber Tätigkeiten mit kürzeren Zeitansätzen eingeplant werden, müßten mehrere dieser kurzzeitigen Tätigkeiten zu einem Block vereinigt werden, der wiederum in die Zeitskala mit der Basis "Arbeitsschicht" paßt, z.B. Betonierblock, bestehend aus mehreren kleinen Fundamenten.

Bei eingetretenen Ablaufstörungen gibt die Netzplanung Auskunft, inwieweit sich diese Störung terminlich auswirkt und auf welche Weise eine Korrektur des Einsatzes der Produktionsmittel vorgenommen werden muß. Insbesondere dann, wenn die Störung (z.B. zwei Tage) am kritischen Weg (z.B. V 27) erfolgte.

War die Verzögerung in einem nichtkritischen Vorgang erfolgt (z.B. V 26), so kann mit Hilfe der vorliegenden Pufferzeiten disponiert werden, wobei besonders die freie Pufferzeit nutzbringend wirkt, da diese Zeitspanne an diesem Vorgang voll genutzt werden kann, ohne die frühesten Beginnzeiten der folgenden Vorgänge in Frage zu stellen.

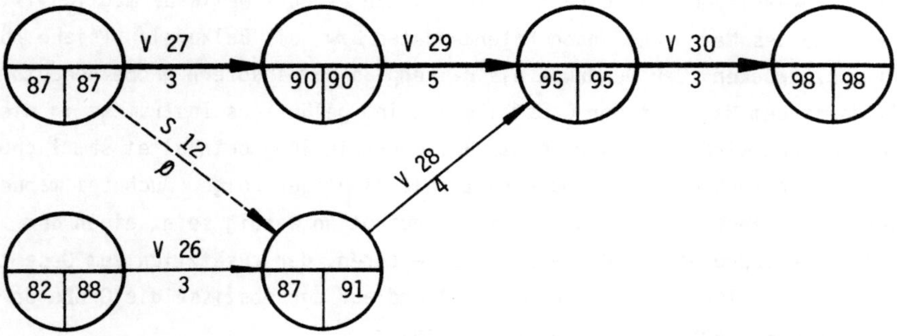

Abb. 53: CPM-Netz

Allein zu wissen, ob eine Störung im Ablauf auf den Endtermin einwirkt oder nicht, bestätigt den Wert dieser Planungsmethode. Werden die Vorgänge des Netzplanes mit den Kosten belegt, kann der Finanzierungsplan für das Bauvorhaben bzw. Teilfinanzierungspläne erstellt werden, was wiederum der gesamtunternehmerischen Liquiditätsplanung zum Vorteil gereicht. Aber auch ein Soll-Ist-Vergleich der einzelnen Positionen vermag einfacher durchgezogen werden, weil die Sollwerte, die nicht immer die Kalkulationswerte darstellen müssen, im Rahmen der Strukturanalyse genau ermittelt werden mußten. Die Kapazitätsplanung ist ein weiterer entscheidender Faktor bei der Planung zeitabhängiger Prozesse. In Verbindung mit der Terminplanung kann im Rahmen der Netzplantechnik ein solcher Einsatz der Produktionsfaktoren eingeplant werden. Der Kapazitätsp aner strebt stets nach ausgeglichener Verteilung der Kapazität und kontinuierlichem Einsatz derselben. Hier könnten die Modellvarianten der Ablaufplanung in die Netzwerkplanung eingebunden werden. Ferner wird man versuchen, die witterungsabhängigen Vorgänge, wenn möglich, nicht am kritischen Weg einzuplanen. Aber auch die Abruffristen für Zulieferungen, Subunternehmer, Gerät und Material lassen sich in das Netzwerk einordnen und können dadurch niemals übersehen werden. Der Netzplan dient zur Koordinierung aller am Bau mitwirkenden Professionisten. Schließlich könnte ein Netzplan auch zur Beweissicherung bei eventuellen Streitfragen zusätzlich dienen.

In direkter Verbindung mit der Entwicklung der Netzplantechnik schreitet auch die Entwicklung der Software der EDV-Anlagen für diese Planungsmethoden voran. Ab einer bestimmten Größe wird es nicht mehr möglich sein, Netzpläne manuell auszuwerten, vor allem dann, wenn während des Ablaufes externe

Einflüsse eine Veränderung des Netzwerkes bedingen. Die Programme der einzelnen EDV-Anlagen sind derart erstellt, daß es ohne weiteres möglich ist, die Werte des Netzplanes nach Kalenderdaten bzw. als Balkenplan (siehe Abb. 49) auszudrucken. Der Ausdruck als Balkenplan hat insofern große Bedeutung, als damit dem Mann auf der Baustelle ein ihm geläufiges Instrument in die Hand gegeben wird. Die so erfolgte Balkendarstellung beinhaltet sämtliche Vorgänge in technologisch und strukturell richtiger Folge. Auch bei manueller Auswertung eines Netzplanes wird es unbedingt notwendig sein, einen dem Netzplan entsprechenden Balkenplan zu zeichnen, der zusätzlich zum Gesamtpuffer den freien Puffer erkennen läßt und auf der Abszisse die Größe der verschiedenen Kapazitätsauslastung aufzeigt.

Die Vorteile, die sich mit der Anwendung dieser Planungsart ergeben, dürfen aber niemals dazu verleiten, jedes anstehende Problem ausschließlich mit Hilfe der Netzplantechnik zu lösen. Hier setzt uns einerseits die Zielsetzung der Planung, andererseits die Wirtschaftlichkeit der Anwendung die Schranke.

Charakteristische Methoden der Netzplantechnik

1) Der CPM-Netzplan (Critical Path Method)

   Bei dieser Methode wird jeder Vorgang durch einen Pfeil dargestellt. Die Knoten vor und hinter dem Pfeil stellen den Beginn und das Ende des Vorganges dar. Durch den frühestmöglichen (FZ_i) und den spätestmöglichen Beginn (SZ_i), sowie dem frühestmöglichen (FZ_j) und spätestmöglichen Ende (SZ_j) ist der Vorgang zeitlich definiert.

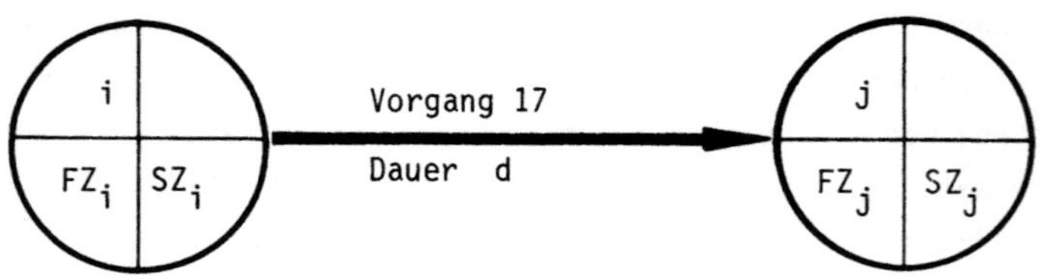

Abb. 54: CPM-System

Aus der einmal ermittelten Vorgangsliste sind in der Strukturanalyse die Vorgänge derart aneinander zu reihen, wie sie den Abhängigkeiten der praktischen Durchführung entsprechen. Um die Abhängigkeiten eindeutig definieren zu können, werden in der CPM-Methode sogenannte Scheintätigkeiten (Dummies) eingeführt, die Vorgänge mit der Dauer 0 darstellen.

Durch die zusätzliche Belegung der einzelnen Vorgänge mit den Vorgangszeiten sind die Vorarbeiten für die Errechnung des Gesamtnetzplanes getan. Es kann sodann die Vorwärts- und Rückwärtsrechnung durchgeführt werden, welche einerseits die Beginn- und Abschlußzeiten, andererseits die Zeitreserven (Pufferzeiten) ergibt. Die Vorgangsfolge, welche keine Zeitreserven aufweist, (Puffer = 0), wird als kritischer Weg bezeichnet.

2) Die Precedence-Diagramming-Methode (PDM) gehört zu jenen Netzwerktechniken, deren Netzpläne vorgangsorientiert sind und die Vorgänge in Knoten dargestellt werden. Im PDM-Verfahren werden die in Abb. 55 dargestellten 3 Anordnungsbeziehungen angeboten.

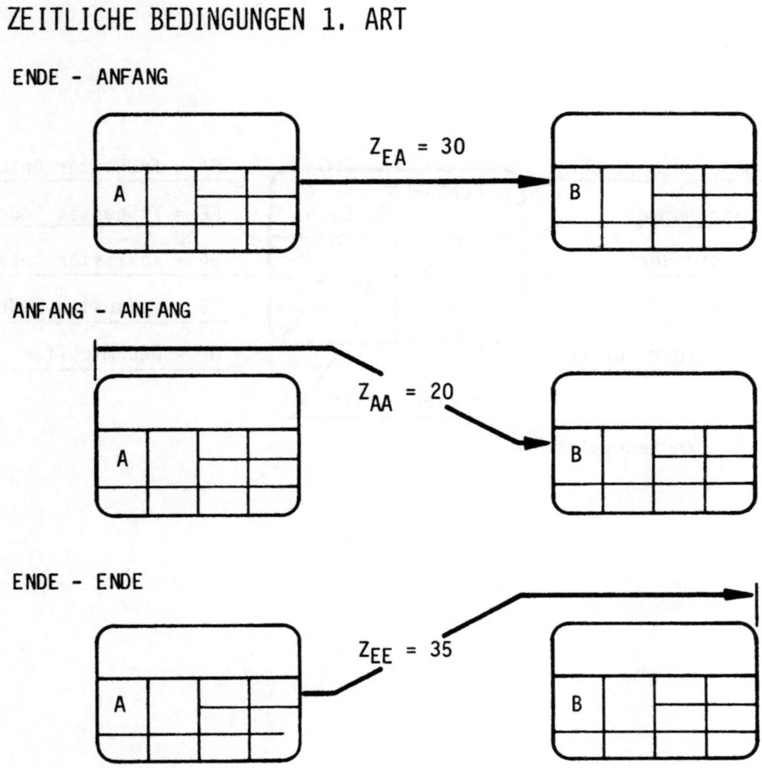

Abb. 55: Kombination der Anordnungsbeziehungen beim PDM

In der Durchführung können diese Anordnungsbeziehungen, in kombinierter Form auftreten. Dies bedeutet sowohl für die Vorwärts- und Rückwärtsrechnung, als auch für die Ermittlung der Pufferzeiten aus mehreren Alternativen den maximalen bzw. minimalen Wert zu wählen. Das PDM-Verfahren erfordert auch bei kleineren Netzwerken bereits die Verwendung elektronischer Datenverarbeitungen.

3) Der Vorgangsknotenplan mit Normalfolge

läßt sich vom CPM-Netzplan in einfacher Überlegung ableiten. Während beim CPM-Verfahren die Vorgänge mit Pfeilen dargestellt werden, werden beim Vorgangsknotennetzplan mit Normalfolge die Vorgänge in Knoten dargestellt und diese Knoten der Struktur entsprechend aneinander gereiht. Diese Methode hat den Vorteil der Überschaubarkeit und erlaubt eine manuelle Behandlung des Netzplanes bei kleineren Projekten. Hier ist auch die Einführung von Scheintätigkeiten nicht erforderlich.

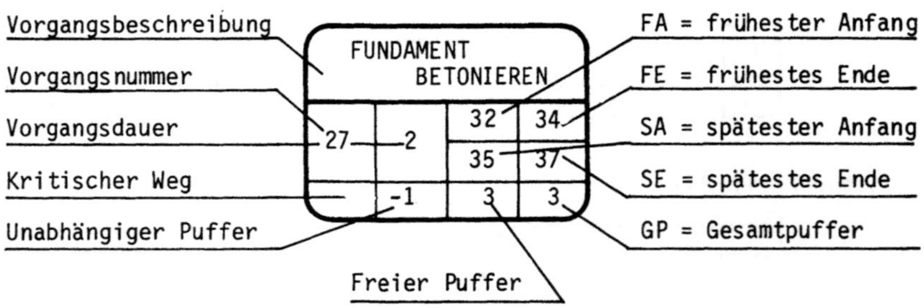

Abb. 56: Knotensystem

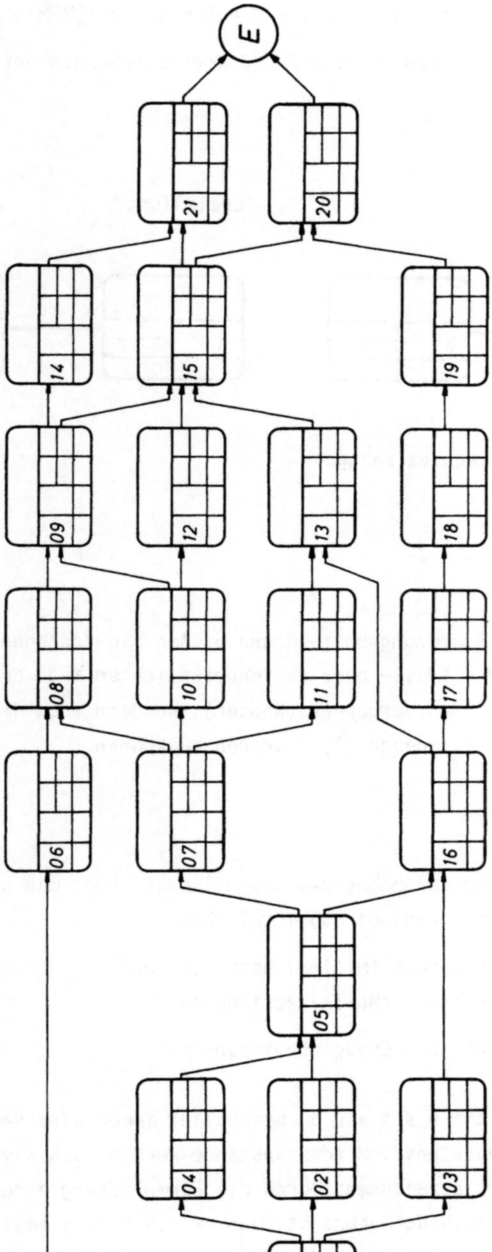

Abb. 57: Vorgangsknotennetzplan

4) Die M e t r a p o t e n t i a l - M e t h o d e (MPM)

kennt in ihrem Verfahren nur die Anordnungsbeziehungen Anfang - Anfang.

Abhängigkeit: Darstellung:

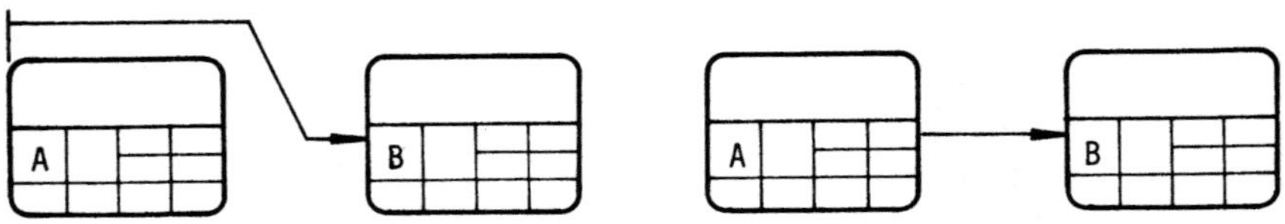

Abb. 58: MPM-Anordnungsbeziehungen

Zu den gezeigten Anordnungsbeziehungen bieten die Knotennetzpläne, zum Unterschied von den Pfeil- oder kantenorientierten Netzwerken, noch den Vorteil, nicht nur den Vorgängen (Knoten), sondern auch den Abhängigkeitspfeilen eine Zeitdauer (Z) zuordnen zu können.

Abstandsbeziehungen

Diese Zeitzuordnung am Abhängigkeitspfeil bezeichnet man als Abstandsbeziehung. Man unterscheidet dabei zwischen:

a) Mindestabständen (Minimalabständen) und
b) Höchstabständen (Maximalabständen)

bestimmter Vorgangs- und Ereigniszeitpunkte.

Ein M i n d e s t a b s t a n d beinhaltet immer eine verbale Formulierung "kann frühestens". Mindestabstände werden auch als zeitliche Bedingungen 1. Art bezeichnet. Durch die Formulierung eines Mindestabstandes wird zum Ausdruck gebracht, daß zwischen zwei bestimmten Zeitpunkten verschiedener Vorgänge oder Ereignisse mindestens eine bestimmte Dauer liegen muß, deren Unterschreitung aus logischen, technologischen oder anderen Gründen nicht möglich oder unzulässig ist. Sie sind bei allen Netzplanmethoden darstellbar und werden in Vorgangsknoten-Netzplänen durch vollausgezogene Pfeile gekennzeichnet, die in Richtung auf den Zielknoten des Netzplanes verlaufen. Die am Pfeil stehende Zahl bezeichnet den Zeitabstand und hat bei den hier beschriebenen Netzplanmethoden einen positiven Wert.

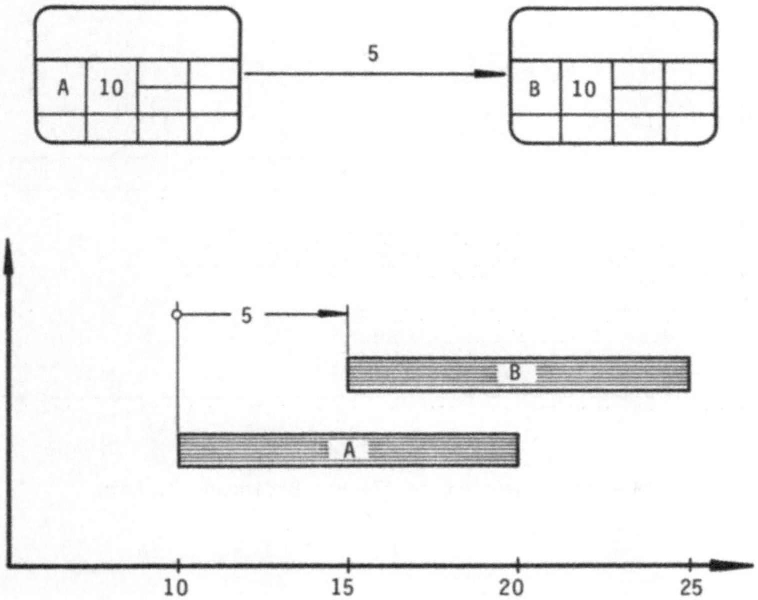

Abb. 59: MPM - Anordnungsbeispiel

Sollen z.B. zwei Vorgänge in teilweiser Parallelität laufen, wobei der nachfolgende Vorgang B frühestens nach Beendigung der halben Vorgangsdauer des Vorliegers A beginnen kann, allerdings spätestens unmittelbar mit Beendigung des Vorganges A beginnen muß. Diese Bedingungen lassen sich wie folgt (Abb. 60) darstellen.

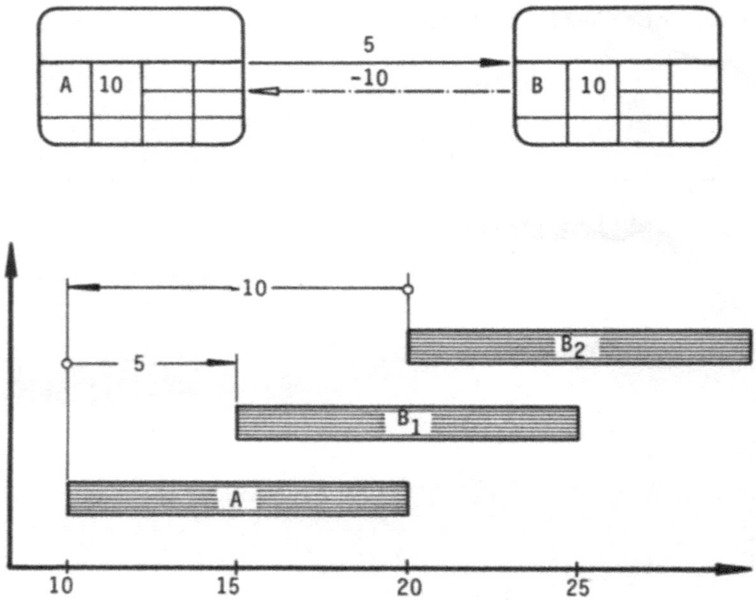

Abb. 60: MPM - Anordnung mit zeitlicher Bedingung 2. Art

Mit diesen zeitlichen Bedingungen 1. und 2. Art läßt sich ein Vorgangsbeginn auch auf einen ganz bestimmten Zeitpunkt fixieren; z.B. Vorgang A soll 7 Zeiteinheiten nach Projektsbeginn anfangen:

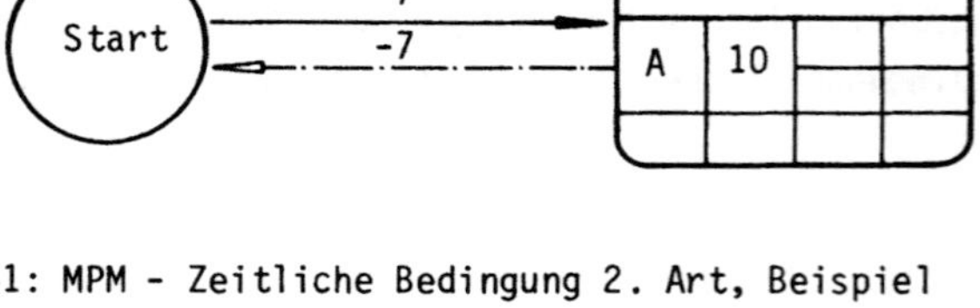

Abb. 61: MPM - Zeitliche Bedingung 2. Art, Beispiel

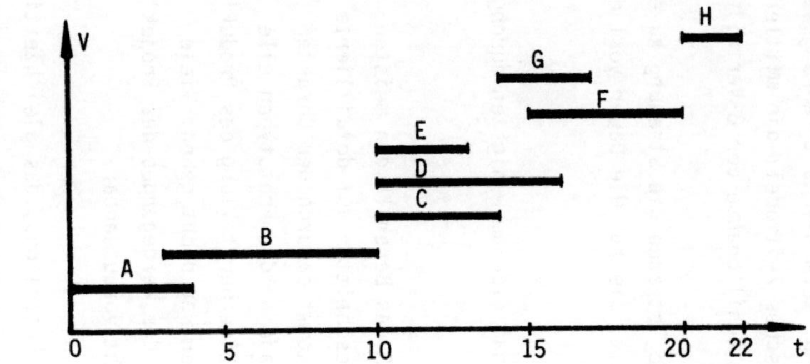

$$FA_i = \max(FA_{iV} + Z_{iV,i})$$

$$SA_i = \min(SA_{iN} + Z_{i,iN})$$

$$FE_i = FA_i + D_i$$

$$SE_i = SA_i + D_i$$

$$GP_i = SA_i - FA_i$$

$$FP_i = \min(FA_{iN} - Z_{i,iN}) - FA_i$$

$$UP_i = \min(FA_{iN} - Z_{i,iN}) - \max(SA_{iV} + Z_{iv,i})$$

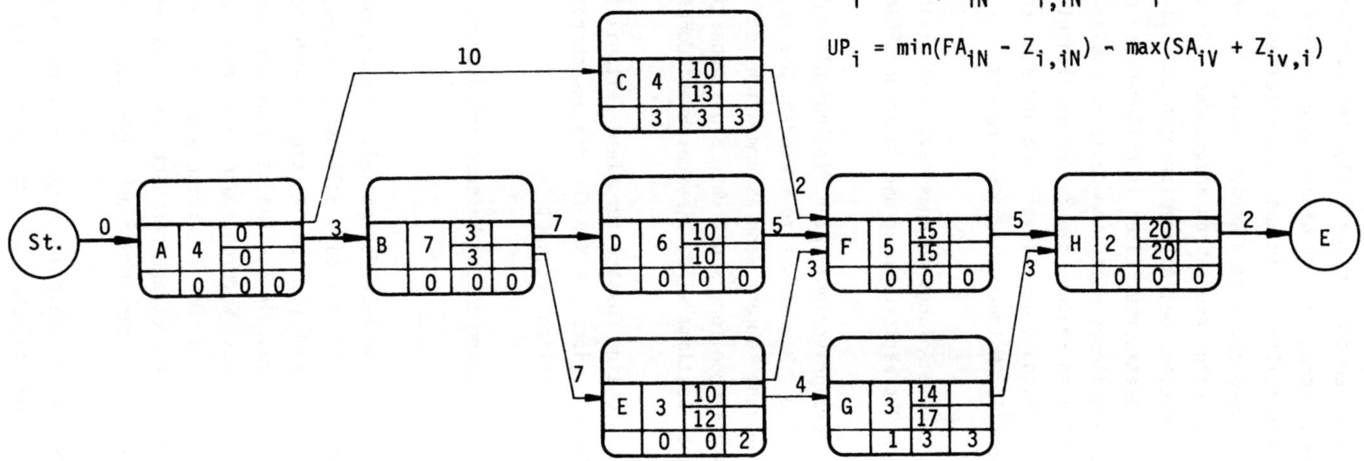

Abb. 62: MPM-Netz

Die bei MPM darstellbaren zeitlichen Bedingungen 2. Art (strichpunktierte Pfeile) erschweren zweifellos das Verständnis dieser Netzplanmethode und komplizieren darüber hinaus insbesondere die manuelle Netzberechnung. Jedoch sollte allein aus dieser Tatsache heraus keinesfalls die Entscheidung abgeleitet werden, statt der Metra-Potential-Methode ein anderes Netzplanverfahren anzuwenden. Die praktischen Erfahrungen mit MPM im Bauwesen, bei Anlageplanungen und bei der Planung von Reparatur- und Instandsetzungsarbeiten in Hüttenwerken haben gezeigt, daß bei der Anwendung dieses Netzplanmodells in vielen Fällen auf die Einführung von zeitlichen Bedingungen 2. Art verzichtet werden kann. Dadurch werden eine Vereinfachung der Darstellung und eine Erleichterung insbesondere der manuellen Netzberechnungen erreicht.

Durch die Anfangs-Anfangs-Beziehung bleiben sowohl bei der Vorwärts- als auch Rückwärtsrechnung die Dauer der Folge unberücksichtigt.

5) Als ereignisorientierter Pfeilnetzplan mit stochastischen Zeitansätzen ist die PERT-Methode zu erwähnen. Dieses Verfahren wird wohl dann zur Anwendung kommen, wenn es unmöglich ist, auf terminliche Erfahrungswerte zurückzugreifen, sodaß über ein stochastisches Zeitmodell die mittlere Dauer bestimmt wird. Dies geschieht durch Zuhilfenahme der ß-Verteilung.

   Als wichtige Aussage für diese Zeitanalyse ist auch die Streuung zu erwähnen, welche das Maß für die Unsicherheit, die für die Dauer vorliegt, verantwortlich zeichnet.

   Die Anwendung dieser Methode im Bauwesen hat sich am wenigsten durchgesetzt.

Zusammenfassend kann festgestellt werden, daß das Bauen in den meisten Fällen nach wie vor eine Maßarbeit ist, zugeschnitten auf detaillierte Wünsche des Bauherrn. Das fertige Gebäude bekommt dadurch den Chrakter eines Prototyps. In der Industrie werden gerade an den Prototypen alle Probleme gelöst, wodurch später die serienmäßige Herstellung des Produktes ermöglicht wird. Die Bauwirtschaft kann diesen Weg nicht gehen: Viele Schwierigkeiten offenbaren sich erst während des Werdeganges des Projektes, und sind meist nur schwer oder überhaupt nicht voraussehbar.

Und das ist das Hauptargument der Gegner des Netzplanes, das gleichzeitig auch, meiner Meinung nach, das beste Argument für diese Planungsmethode ist.

Denn bei einer eingetretenen Ablaufstörung gibt sie Auskunft, inwieweit sich diese Störung terminlich auswirkt und auf welche Weise eine Korrektur des Einsatzes der Produktionsmittel vorgenommen werden kann. Insbesondere dann, wenn die Störung am kritischen Weg erfolgte. Mit Hilfe der Netzplanung kann unter Einbeziehung der Vorgangskosten der kostenoptimale Ausweg gefunden werden.

War die Verzögerung in einem nichtkritischen Vorgang erfolgt, so kann mit Hilfe der vorliegenden Pufferzeiten disponiert werden, wobei besonders die freie Pufferzeit nutzbringend wirkt, da diese Zeitspanne an diesem Vorgang voll genutzt werden kann, ohne die frühesten Beginnzeiten der folgenden Vorgänge in Frage zu stellen.

Kein anderes Planungsinstrument bietet diese Möglichkeiten.
Allein zu wissen, ob eine Störung im Ablauf auf den Endtermin einwirkt oder nicht, bestätigt den Wert dieser Planungsmethode. Werden die Vorgänge des Netzplanes mit den Kosten belegt, kann der Finanzierungsplan für das Bauvorhaben bzw. Teilfinanzierungspläne erstellt werden, was wiederum der gesamtunternehmerischen Liquiditätsplanung zum Vorteil gereicht.

Aber auch ein Soll-Ist-Vergleich der einzelnen Positionen vermag einfacher durchgezogen werden, weil die Sollwerte, die nicht immer die Kalkulationswerte darstellen müssen, im Rahmen der Strukturanalyse genau ermittelt werden mußten. Die Kapazitätsplanung ist ein weiterer entscheidender Faktor bei der Planung zeitabhängiger Prozesse. In Verbindung mit der Terminplanung kann im Rahmen der Netzplantechnik ein solcher Einsatz der Produktionsfaktoren eingeplant werden. Der Kapazitätsplaner strebt stets nach ausgeglichener Verteilung der Kapazität und kontinuierlichem Einsatz derselben. Hier könnten die Modellvarianten der Ablaufplanung in die Netzwerkplanung eingebunden werden.

2.12 Die Planung der Baustelle

Die Planung und die darauffolgende Organisation der Baustelle müssen die optimale Erstellung des Bauvorhabens, sowohl in technischer, als auch in wirtschaftlicher Hinsicht gewährleisten.

Schwerpunkte sind dabei:

- Baustellenplanung
- Baustelleneinrichtung und Geräteeinsatz
- planvoller Einsatz der Arbeitskräfte.

2.121 Baustellenplanung

Die hier fälligen Tätigkeiten sind vielfach bereits Angelegenheit während der ersten Kalkulationsarbeiten (siehe Checkliste) bzw. der Arbeitsvorbereitung. Dazu sind die besprochenen Ergebnisse der Arbeitsvorbereitung wie Bauzeitpläne etc. wesentliche Grundlage, aufgrund welcher die Abberufung der Angestellten, Arbeiter, der Geräte und der Baustoffe erfolgt.

2.122 Baustelleneinrichtung und Geräteeinsatz

Die Baustelleneinrichtung und der Geräteeinsatz müssen frühzeitig genau überlegt und in Form von Skizzen für die erstere, in Form von Gerätelisten für den letzteren festgehalten werden. Auch hier liegen Entwürfe bereits seitens der Kalkulation vor und sind im Rahmen der Arbeitsvorbereitung ausführungsreif zu gestalten.

Um von der Geräteverwaltung rechtzeitig mit den erforderlichen Geräten, Werkzeugen und den notwendigen Baracken etc. beliefert zu werden, ist sofort nach der Festlegung des Einrichtungsplanes und der Geräteliste eine entsprechende Anforderung unter Benützung einheitlicher Formulare zu richten. Dieser Geräteanforderung liegt natürlich eine Geräteliste zugrunde, die bereits mit dem Bauzeitplan in Einklang gebracht wurde.

Es müssen bereits Beistellungsfristen angegeben werden können, die nach aller Voraussicht, die man eben vom Ablauf des von allen möglichen Unbilden bedrohten Baugeschehens haben kann, einigermaßen stimmen müssen.

So ein Oberblick über den Geräteeinsatz muß nicht nur bei Beginn jeder Baustelle, sondern muß auch nach jeder längeren Betriebsunterbrechung, wie z.B. Einstellung über den Winter, gemacht werden. Nur so kann die Geräteverwaltung disponieren.

Bei der Aufsichtsbehörde (Bezirkshauptmannschaft, Landratsamt) ist für folgende Einrichtungen eine Kommissionierung zu beantragen:

Wohnlager und dazugehörige Einrichtung
Sprengmitteldepot
besondere elektrische Einrichtungen, wie z.B. Stromleitungen im Stollen oder Tunnel
Kesselanlagen (Preßluftkessel, Dampfkessel, die der Dampfkesselverordnung unterliegen)
Schwarzmischanlagen, sofern sie nicht nur für eine bestimmte Baustelle errichtet werden.

2.123 Planvoller Einsatz der Arbeitskräfte

Hinsichtlich des Einsatzes von Menschen im Baubetrieb gilt eine Reihe von Grundsätzen, die in einem eigenen Kapitel ausführlich besprochen wurden.

Nach den speziellen Eignungen und Veranlagungen, aber auch nach den persönlichen Bindungen, die unter den Arbeitern vorhanden sind, soll die Arbeitspartie tunlichst zusammengesetzt werden (formelle und informelle Gruppen!).

Es kann folgender Führungsgrundsatz aufgestellt werden:
Einem Vorgesetzten sollen nur so viele Mitarbeiter unmittelbar unterstellt werden, als er hinsichtlich ihrer Arbeit überblicken und beurteilen kann.

Auf den allgemeinen Durchschnitt (Spartenverschiedenheit!) bezogen bedeutet dies, daß

ein Vorarbeiter bei einfachen Bauarbeiten ca. 12 Mann, bei schwierigen Bauarbeiten bis zu 8 Männer anleitet, wenn er seine Aufgabe verantwortungsbewußt durchführen soll. Sinkt diese Zahl unter diese Grenze, bedeutet dies, daß er selber mitarbeiten kann.
Ein Polier soll nicht mehr als 3 Vorarbeiter und je nach Schwierigkeit der Arbeit 25 - 40 Mann zu führen haben. Das ergibt unter Berücksichtigung aller Führungskräfte ein Verhältnis Mitarbeiter : Führungskräfte von 15 : 1 bis 12 : 1 .

Diese Zahlenwerte beinhalten große Toleranzintervalle je nach Personal- oder Maschinenintensität der betrachteten Bauführungssparte.
Als goldene Regel der Personalführung hat zu gelten:
"Jeder Mitarbeiter darf nur einen unmittelbaren Vorgesetzten haben."

Das Funktionieren der Organisation wird weitgehend vom Fluß der Informationen und von der Kommunikation beeinflußt. Dies bedeutet, daß über jeden Informationsfluß Klarheit besteht, sodaß jeder Mitarbeiter seinen unmittelbar Vorgesetzten kennt.
Das heißt natürlich nicht, daß der Bauleiter oder der Polier auf der Baustelle Anweisungen an einen Mitarbeiter nur über den zuständigen Polier oder Vorarbeiter geben kann. Es heißt aber, daß deren grundsätzliche Zuständigkeit nicht ignoriert werden darf. Anordnungen von größerer Tragweite sollen unbedingt über diese gehen und von Anordnungen kleinerer Art müssen sie verständigt werden.

Jeder Vorgesetzte soll seinem Mitarbeiter den Sinn der Arbeit, die gerade ausgeführt werden soll, veranschaulichen und es nicht allein bei der bloßen Anordnung bewenden lassen. Das beteiligt den Betreffenden persönlich an der Arbeit und erweckt sein persönliches Interesse und das Gefühl der Mitverantwortung.

Diese Überlegung soll den Bauleiter auch veranlassen, immer wieder vor neuen Arbeitsabschnitten Besprechungen mit seinen Mitarbeitern abzuhalten, in deren Verlauf er m i t und nicht zu ihnen spricht, d.h. daß er sie dadurch zum Mitwirken anspornt.
Wie der qualifizierte Mitarbeiter, muß auch der Hilfsarbeiter, wenn irgendmöglich, vom Sinn seiner Arbeit überzeugt sein, soll er eine befriedigende Leistung erbringen.

Ein Beweis dafür ist die Lustlosigkeit, die dann eintritt, wenn fehlerhafter Anordnungen zufolge ein und dieselbe Arbeit wiederholt ausgeführt werden muß. Der Arbeiter erblickt darin einen Widersinn, eine Vergeudung seiner Kraft und wird diese dann nur mehr in beschränktem Maße zur Verfügung stellen. Es ist selbstverständlich, daß eine besondere Anregung zur positiven Mitarbeit in der Aussicht auf materielle Vorteile für den Mann selbst liegt. Man wird dies daher durch Einführung von Akkordlöhnen oder Prämien, wo dies immer möglich ist und Erfolg verspricht, berücksichtigen. Es muß dabei aber immer der Grundsatz herrschen, daß eine Prämie, also eine Sonderzahlung irgendwelcher Art nur für eine besondere Leistung in Aussicht gestellt und gewährt wird, niemals dürfen aber solche Zahlungen zum Gewohnheitsrecht werden oder mit keiner besonderen Leistung verbunden sein.

2.2 Die Kontrolle des Baubetriebsablaufes

2.21 Das Bauberichtswesen

Um den Ablauf des Baugeschehens auch in wirtschaftlicher Hinsicht laufend verfolgen und kontrollieren zu können und bei etwaigen Fehlleistungen regulierende Maßnahmen noch rechtzeitig setzen zu können, ist ein lückenlos organisiertes Bauberichtswesen auf der Baustelle unerläßlich.

Hier seien nur die wesentlichsten Faktoren angeführt:

a) Das Baubuch als wesentliche Dokumentationsgrundlage für Auftraggeber und Auftragnehmer.

b) Tagesberichte, um den Aufwand an Lohnstunden, Gerätestunden, Fuhrwerksleistungen und eventuell Baustoffen für die einzelnen Positionen des Leistungsverzeichnisses festzuhalten.

c) Auswertung dieser Polierberichte in einem monatlichen Ist-Sollvergleich. Diese Auswertung kann Organen der Baustelle oder auch dem Arbeitsbüro der Unternehmung übertragen werden; die Ergebnisse sind der Kalkulationsabteilung zugänglich zu machen.

d) Meldevorgang für die Baustellenerfolgsrechnung (monatlich oder vierteljährlich), die von der Buchhaltung zu erstellen ist.
Die Buchhaltung erarbeitet eine sogenannte Bauerfolgsrechnung für den Berichtszeitraum,die damit ein unbestechliches Bild über den wirtschaftlichen Erfolg oder Mißerfolg der Baustelle zum Stichtag gibt.

Zusammen mit den Ist-Sollvergleichen der Leistungsberichte ist das Ergebnis der Bauerfolgsrechnung geeignet, der Betriebsleitung einen laufenden Überblick über die wirtschaftliche Situation, sowohl der einzelnen Baustellen, als auch des gesamten Betriebes zu geben, aber auch dem Bauleiter rechtzeitig eventuelle Schwächen bei einzelnen Arbeitsabläufen aufzuzeigen.

Die Berichte für die integrierte Datenerfassung sollten so aufgebaut sein, daß sie von den Berichterstattern mit einem Minimum an Aufwand ausgefüllt werden können.

Bei der Konzeption der Formulare sollten folgende Grundsätze beachtet werden:

1) Sie müssen zweckentsprechend gestaltet sein, d.h., nur diejenigen Angaben zum Inhalt haben, die für die vorgesehene Auswertung wirklich gebraucht werden.

2) Die Angaben für die Lohnzahlung und für die Stundennachberechnung sollen auf einem Vordruck gemacht werden.

3) Die Angaben für die Nachkalkulation sollen für den verantwortlichen Bauleiter kontrollierbar sein.

Beim kombinierten Wochen- und Tagesstundenbericht wird ohne zusätzlichen Aufwand bereits bei der Ausstellung eine gewisse Verdichtung vorgenommen, nämlich dergestalt, daß der Wochenbericht für das Lohnbüro sofort die Wochenstunden des Arbeiters aufweist. Die als Durchschrift erzeugten Tagesberichte gestatten es, die Gesamtstunden jedes einzelnen Mannes auf die Arbeitspositionen, versehen mit BAS-Nummern, aufzuteilen.

Das Durchschreibeverfahren hat auch den Vorteil, daß die "bezahlten" und die "nachkalkulierten" Stunden gleich sind und eine mühselige Abstimmung auf diese Weise entfällt. Die Erfassung der Gerätestunden für die Nachkalkulation kann über einen Maschinentagesbericht erfolgen. Dieser Bericht dient nicht nur zur Nachkalkulation, sondern auch als Grundlage für die Geräteerfolgsrechnung im Rahmen der Betriebsabrechnung. Es würde den Rahmen dieser Gesamtschau sprengen, hier alle möglichen Formblätter beispielhaft anzuführen. Es sei daher nur auf einige Verlage verwiesen, die einschlägige Formblätter führen: IFA-Verlag Stuttgart, Verlag für Wirtschaft und Verkehr, Baden-Baden, Bauverlag GmbH, Wiesbaden, usw.

2.22 Die Leistungserfassung

Da nur mit Hilfe der sogenannten Aufwandswerte, das sind die Leistungsstunden pro Leistungseinheit, Nachkalkulation betrieben werden kann, ist es notwendig, die geleisteten Mengen in den einzelnen Positionen zu erfassen. Die Erfassung der Leistungen muß in derselben Gliederung erfolgen wie die Berichterstattung der Leistungsstunden, also entsprechend dem Arbeitsverzeichnis. Das bedeutet, das Arbeitsverzeichnis und Aufmaßblatt identisch sein müssen, daß sie also wieder im Durchschreibeverfahren hergestellt werden können.

Der Zeitpunkt für die Leistungserfassung auf der Baustelle in den einzelnen Positionen über das Aufmaßblatt ist abhängig von dem Rhythmus, in dem die Nachkalkulation durchgeführt werden soll. Hier bieten sich im wesentlichen 2 Möglichkeiten an:

a) Der Monatsrhythmus:

In Abhängigkeit zu den übrigen betrieblichen Erhebungen und Abschlüssen bietet sich der Monatsrhythmus auch für die Nachkalkulation an. Dem Vorteil, z.B. parallel zur Betriebsabrechnung zu laufen, steht der Nachteil gegenüber, daß jeweils zum Monatsultimo ein Zwischenaufmaß genommen, bzw. abgeschätzt werden muß. Durch Schätzungen sind natürlich gewisse Ungenauigkeiten in der Nachkalkulation möglich. Auf der anderen Seite ist diese Aufmaßschätzung und Festlegung aber auch für die Betriebsabrechnung im Rahmen der Leistungsmeldung und für die mindestens monatlich zu vollziehende Abrechnung in Form von Zwischenrechnungen erforderlich.

b) Die Nachkalkulation für fertige Bauabschnitte:

Bei ihr wird die Leistungsmenge gemessen, wenn ein Arbeitsabschnitt beendet ist; Schätzungen entfallen hier weitgehend. Der Nachteil ist jedoch - gegenüber der vorher beschriebenen zeitabschnittsweisen Nachkalkulation - darin zu sehen, daß keine Übereinstimmung mit der Betriebsabrechnung und der Lohnabrechnung sowie einer Leistungslohnabrechnung besteht. Während man bei lohnintensiven Bauarbeiten sagen kann, daß ein Zeitabschnitt von einem Monat für die Nachkalkulation ausreichend ist, wird dies bei maschinenintensiven Arbeiten in der Regel nicht ausreichend sein, weil in einem Monatszeitraum bereits umfangreiche Umsätze in Form von Arbeitsstunden getätigt werden und die Nachkalkulation ihre Aufgabe als Kontrollinstrument nicht mehr erfüllen kann. Man wird daher bei maschinenintensiven Arbeiten den Rhythmus gegebenenfalls kürzen.

Beim *Stoffverbrauchsnachweis* werden die Bauhauptstoffe und meist auch die Baubetriebsstoffe in eigenen Konten geführt:
z.B.: Zement, Stahl, Rundholz, Schnittholz, Sprengmittel, Bohrstahl und Kronen, Treibstoffe, Strom, aber auch LKW und Bahnfrachten, meist auch Ersatzteile.
Bauhilfsstoffe werden auf Sammelkonto geführt (Dachpappe, Nägel, Klammern, Sauerstoff, etc.), wobei dies annähernd auf die Preisposten aufgeteilt wird.
Bei Materialausgabe erfolgt in der Kartei der Materialverwaltung die Angabe für welchen Bauteil das betreffende Material zur Verwendung gelangt.
Daraus erfolgt die Gegenüberstellung:

Kalkulation - tatsächlich verbrauchte Mengen!

2.23 Die innerbetriebliche Leistungsverrechnung

Im Gegensatz zu Absatzleistungen sind innerbetriebliche Leistungen solche Leistungen, die von einer unternehmensinternen Kostenstelle für eine andere unternehmensinterne Kostenstelle erbracht werden.

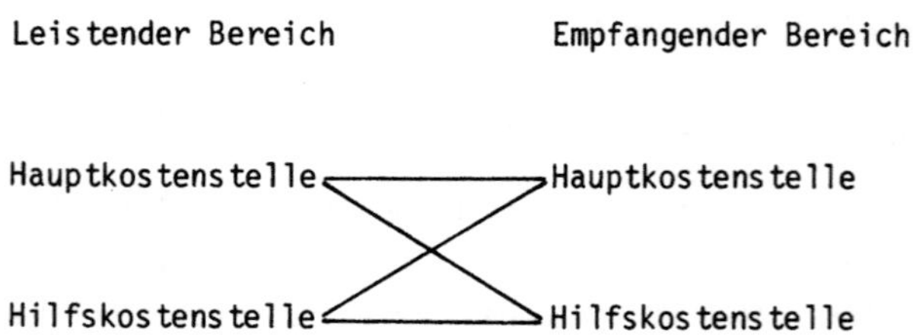

Die Leistungsverrechnung nimmt in dem Umfang an Bedeutung zu, indem die Anzahl der verschiedenen Kostenstellen in der Unternehmung zunimmt.
Speziell die Verrechnung der Leistungen der Hilfskostenstellen (Fuhrpark, Werkstatt, Zimmerei , usw.) ist Aufgabe dieser Leistungsverrechnung.

Im Rahmen des Baubetriebsablaufes interessieren in erster Linie die nicht-aktivierbaren Leistungen, welche in der Zeitperiode, in der sie entstanden sind, in voller Höhe verrechnet werden.
Diese Verrechnung kann nach folgenden Verfahren geschehen:

1. Kostenartenverfahren
2. Kostenstellenausgleichsverfahren
3. Kostenstellenumlageverfahren
4. Kostenträgerverfahren.

Auf die einschlägige Literatur wird verwiesen.

3.0 Die Nachkalkulation

Für gezieltes Verhalten auf dem Baumarkt und damit für eine erfolgreiche Preispolitik ist die Kenntnis der Leistungen der Produktionsfaktoren eine wesentliche Grundlage. Nur mit Hilfe echter Leistungsansätze ist es möglich, die Kostenschwelle des einzelnen Angebotes in Erscheinung treten zu lassen. Es sollte daher das Ziel des fortschrittlichen Bauunternehmers sein, die Nachkalkulation als betriebliches Instrument der Leistungserfassung und Leistungskontrolle anzusehen und damit gleichzeitig Grundlagen für zukünftige Vorkalkulationen aufzubauen.

Die nachfolgenden Ausführungen sollen aufzeigen, welche Grundsätze zu berücksichtigen und welche Voraussetzungen zu schaffen sind, um eine voll funktionsfähige Nachkalkulation zu erhalten.

Die Aufgaben der Nachkalkulation sind:

a) Abweichungen vom geplanten Ablauf zu erkennen, um gegebenenfalls durch verbesserte Dispositionen terminliche und wirtschaftliche Nachteile zu vermeiden.

b) Die Ansätze der Vorkalkulation zu kontrollieren und verläßliche Werte für zukünftige Vorkalkulationen zu gewinnen.

c) Kennwerte zu ermitteln, mittels welchen eine Leistungsbeurteilung möglich ist, und denen innerbetrieblichen Dispositionen (Arbeitsvorbereitung, Verfahrensvergleich, Investitionsentscheidungen) zugrunde gelegt werden können.

Daher stellt die Arbeitsvorbereitung die wichtigste Verbindung von der Vorkalkulation zur Nachkalkulation dar, da hier die Leistungsvorgaben in den einzelnen Arbeitspositionen ermittelt und in der Regel im Arbeitsverzeichnis niedergelegt werden.

Der in Abb. 63 dargestellte Regelkreis gibt an, daß durch Informationen, die vom Bauablauf an die Nachkalkulation gelangen, Nachkalkulationsergebnisse an die Arbeitsvorbereitung weitergegeben werden können, die zu einer laufend korrigierten Disposition über Leistungspotential, Leistungszeit und Leistungsbedingungen führen können.

3.1 Die Verfahren der Nachkalkulation

Damit die Ergebnisse der Nachkalkulation als betriebliche Richt- bzw. Vorgabewerte für die Vorkalkulation verwendet werden können, ist es erforderlich, daß die erfaßten Richtwerte sich aus einer möglichst einheitlichen Gliederung, unabhängig vom jeweiligen Bauvorhaben, darstellen. Würde man die Berichterstattung nach den Positionen des Leistungsverzeichnisses vollziehen, so wäre diese Forderung in aller Regel nicht gegeben, weil die Leistungsverzeichnisse unterschiedlicher Auftraggeber, aber auch gleicher Auftraggeber, auf verschiedenen Baustellen in der Regel unterschiedlich gegliedert sind. Lediglich bei Bauvorhaben, bei denen ein Standardleistungsbuch zur Anwendung kommt, wäre eine gewisse Einheitlichkeit gegeben.

Es ist aber auch weiterhin zu berücksichtigen, daß die Gliederung des Leistungsverzeichnisses nicht nach Gesichtspunkten der nachträglichen Erfassung von Leistungsansätzen aufgestellt wurde, sondern im wesentlichen mit dem Ziel, zu einer klaren Beschreibung der vom Auftragnehmer erforderlichen Leistung zu kommen. Es werden also in den einzelnen Positionen des Leistungsverzeichnisses die fertigen, zu erstellenden Leistungen mit allen ihren Anforderungen beschrieben, ohne daß auch dem Arbeitsablauf Rechnung getragen wird. Da aber eine Berichterstattung in Arbeitsteilvorgängen erfolgen muß, ist die Verwendung des Leistungsverzeichnisses in seiner ursprünglichen Form für die Nachkalkulation meist nicht brauchbar. Das bedeutet also, daß eine Transformation der Positionen des Leistungsverzeichnisses in die Sprache

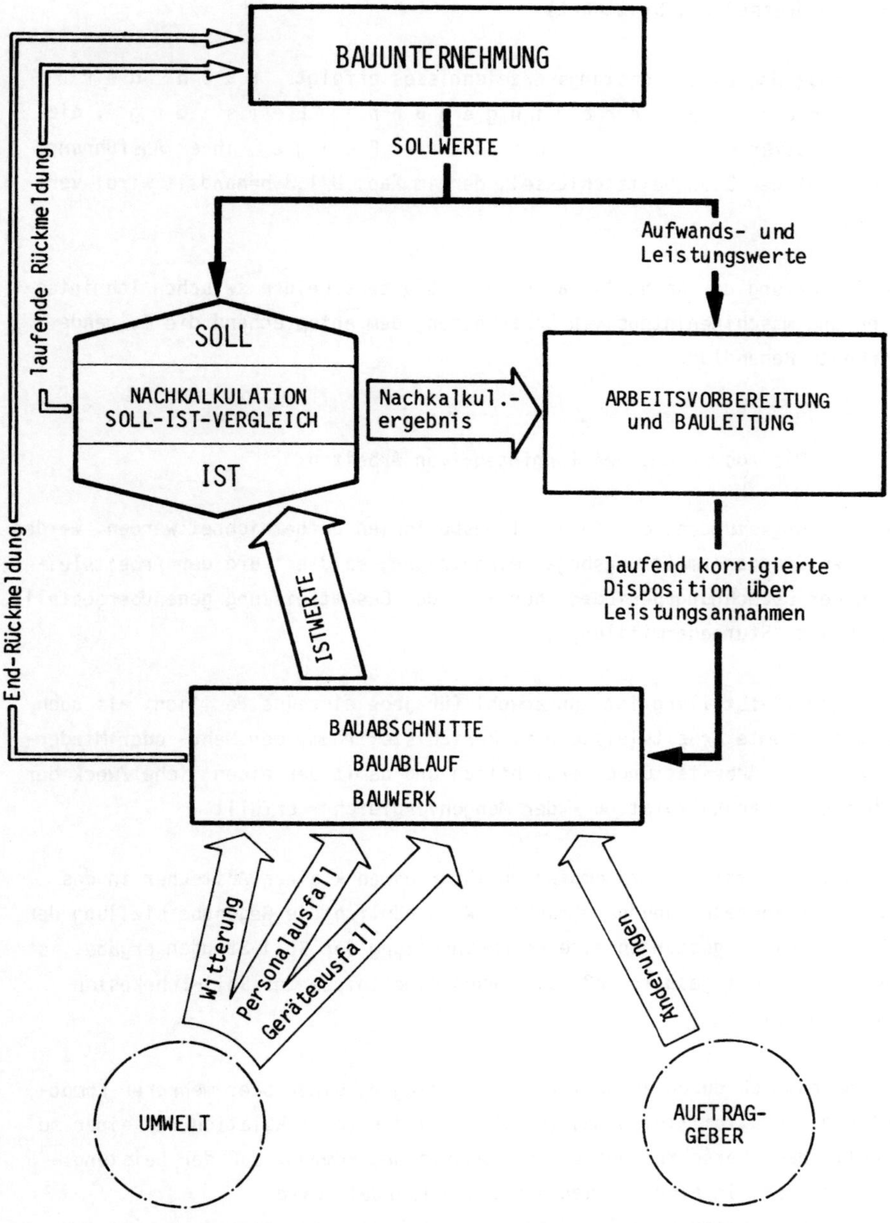

Abb. 63: Arbeitsvorbereitung als "Regler" im Bauprozess

der betrieblichen Ausführung, nämlich die Arbeitspositionen, erforderlich ist. Dies geschieht mit Hilfe eines Arbeitsverzeichnisses (Formblatt: IFA - Verlag Dressel KG, Stuttgart).

Die Gliederung eines Leistungsverzeichnisses erfolgt nach der Art der zu erbringenden Leistung, die des Arbeitsverzeichnisses nach der Folge ihrer Ausführung. Es sei auf den Bauarbeitsschlüssel, der im Kap. D/1.3 behandelt wird, verwiesen.

Die Auswertung der Nachkalkulation hat zu unterscheiden zwischen lohnintensiven und maschinenintensiven Bauarbeiten, dem entsprechend die folgende getrennte Behandlung.

3.11 Die Auswertung bei lohnintensiven Arbeiten

Die Leistungsstunden, die in den Tagesberichten aufgezeichnet werden, werden in einen Stundenermittlungsbogen eingetragen, saldiert und der Arbeitsleistung der Berechnungsperiode, aber auch der Gesamtleistung gegenübergestellt (Formblatt "Stundenermittlung").

Aus dieser Aufstellung ist nun sowohl für jede einzelne Position, als auch für die gesamte Arbeitsleistung im Berichtszeitraum, der Mehr- oder Minderverbrauch an Arbeitsstunden ersichtlich und damit der eigentliche Zweck der technischen Nachkalkulation - der Mengenvergleich - erfüllt.

Dem Bauleiter ist aber zu empfehlen, hier einen kleinen Abstecher in das Gebiet der Kostenrechnung zu machen. Wenn nämlich die Gegenüberstellung der Soll-Ist-Leistungsstunden eine Unterschreitung der Soll-Stunden ergäbe, ist damit noch nicht gesagt, daß damit auch eine solche der Soll-Lohnkosten verbunden ist.

Es kann nämlich durch zu geringe Veranschlagung einer oder mehrerer Komponenten des Bruttomittellohnes (B.M.L.) bei der Vorkalkulation, zu einer so wesentlichen Überschreitung bei der Ausführung kommen, daß der Leistungsstundenvorteil in einem Kostennachteil verwandelt wird.
Man kann hier einen Soll-Ist-Vergleich der Lohnkosten anhand von entsprechend aufgegliederten Konten der Lohnbuchhaltung einführen.

Das Ergebnis ist der Quotient

$$M_L = \frac{\text{tatsächlicher Bruttomittellohn}}{\text{kalkuliertem Bruttomittellohn}} \quad ,$$

der nun wieder den Multiplikator für die aus der Nachkalkulation gewonnenen Gesamtstunden darstellt, um nun, wieder auf der Basis der Mengenrechnung, sogenannte Bewertungsstunden zu erhalten, die bereits die Lohnkostendifferenz berücksichtigen. Also:

Tatsächlicher BML : Kalkulierter BML = Multiplikator für Iststunden
Nachkalkulierte Gesamtstunden x Multiplikator = Bewertungsstunden

Das Ergebnis bietet dem Bauleiter ein Korrektiv, falls er die kalkulierten Stundensätze zwar eingehalten oder sogar unterschritten, den Arbeitern aber viel zu hohe Löhne gezahlt hätte.

3.12 Die Auswertung bei maschinenintensiven Arbeiten

Bei maschinenintensiven Arbeiten ist es erforderlich, außer den Arbeiterstunden auch die Maschinenstunden auf einzelne Positionen zu "kontieren" und dann sowohl Arbeiter als auch Maschinenstunden über den Bruttomittellohnpreis bzw. den Verrechnungssatz für Geräte in Geldwerte umzuwandeln. Dafür ist das "Kostenmittlungsblatt" vorgesehen.
Die Auswertung, d.h. der Soll-Ist-Vergleich, erfolgt im "Kostensammelblatt", in dem die angefallenen Kosten durch die aus dem Aufmaßblatt entnommenen Leistungen dividiert werden. Es werden nicht nur die in der Abrechnungsperiode erzielten Werte zusammengestellt, sondern jeweils auch kumuliert die Werte seit Baustellenbeginn.

3.13 Das Erfassen von Kennwerten

Während die bisherigen Auswertungen im wesentlichen dazu dienten, der ersten Hauptaufgabe der Nachkalkulation gerecht zu werden, nämlich laufendes Kontrollinstrument zu sein, und die Unterlage darzustellen für das Eingreifen bei Abweichungen, besteht eine weitere Hauptaufgabe darin, Leistungswerte zu ermitteln und darzustellen, auf die dann im Rahmen der Vorkalkulation und der Vorplanung (Arbeitsvorbereitung), sowie bei der Bildung von Vorgaben für den Leistungslohn, zurückgegriffen werden kann. Für diesen Zweck bietet sich das Anlegen einer Karteikarte für jede einzelne Arbeitsposition (BAS-Nummer) an.

Bei diesen sogenannten Leistungswertesammelkarten für lohn- und maschinenintensive Bauarbeiten besteht jeweils auf der Rückseite einer Karte die Möglichkeit, noch nähere Angaben zu den Ausführungsbedingungen und den Einflußfaktoren, die die Ausführung mitbestimmen, zu machen, um damit demjenigen, der Vorgabewerte zu bilden hat, hinreichende Angaben zu liefern. Es ist nämlich bei solchen Karteien erforderlich, daß nicht nur der Wert hinsichtlich seiner Quantität, sondern auch hinsichtlich der Qualität erfaßt wird. Nur so dargestellte Werte können auch mit hinreichender Sicherheit für Vorkalkulation und Vorplanung sowie als Basis zur Leistungsentlohnung verwendet werden.

Die hier über die technische Nachkalkulation genannten Ausführungen sollen einen Überblick über deren Möglichkeit, vor allem aber auch über ihre Voraussetzungen geben, damit sie im Bedarfsfall auf einer aussagekräftigen Basis erfolgen kann. Damit soll auch gleichzeitig nochmals betont werden, daß sie nicht überall und immer durchgeführt werden muß, sondern nur dort, wo das besondere betriebliche Interesse (Kontrolle oder Schaffung von Kennzahlen, etc.) dies fordert. Verlangt muß nur werden, daß die betriebliche Organisation eine echte Nachkalkulation jederzeit gestattet.

4.0 Die Erfolgsrechnung

Die bisher besprochene technische Nachkalkulation gibt zwar den leitenden Organen der Unternehmung, vor allem aber der Baustelle, Aufschluß über etwaige Mängel in der Durchführung der Arbeiten oder auch der Vorkalkulation, sie gibt aber noch keinen verbindlichen Hinweis auf den finanziellen Erfolg. Dieser kann nur durch Zusammenwirken zwischen Baustelle (Bauleitung) und Buchhaltung gewonnen werden. Dabei hat die Baustelle der Buchhaltung ebenfalls in Form einer laufenden Berichterstattung Unterlagen für die Durchleuchtung der gesamten kaufmännischen Gebarung zu liefern, auf deren Grundlage von der Buchhaltung die - in der Regel - monatliche Zwischenbilanz jeder Baustelle angefertigt wird.

Da das Verfahren für die Durchführung der Erfolgsrechnung nicht nur für eigene Baustellen, sondern auch für in Arbeitsgemeinschaft durchgeführte Arbeiten brauchbar sein muß, wurden z.B. von der Vereinigung industrieller Bauunternehmungen Österreichs (VIBÖ) sowohl für eigene, als auch in ähnlicher Art für Arge-Baustellen entsprechende Formulare entworfen, anhand welcher hier die Einzelheiten der Erfolgsrechnung und des für ihre Erstellung erforderlichen Informationsflusses besprochen werden.

Das Berichtsblatt für Arbeitsgemeinschaften ist in 8 Abschnitte geteilt:

A.) Erlöse
B.) Aufwände
C.) ARGE - Erfolg vom Baubeginn
D.) ARGE - Erfolg vom Jahresbeginn
E.) Auftragsbestand zum Berichtsmonatsende
F.) Buchmäßiger Außenstand zum Berichtsmonatsende
G.) Vergleich der Partnerkonten
H.) Vergleich der Gerätemieten.

Zu A.) Erlöse:

Durch die Baustelle ist die echte Leistung, welche bis zum Stichtag der Bilanz erbracht wurde, zu ermitteln und zwar: Teil- oder Schlußrechnungssumme, zuzüglich noch nicht verrechneter Bauleistungen, abzüglich vorverrechneter Bauleistungen und voraussichtlicher Rechnungsabstriche.
Weiters sind hier sämtliche Leistungen zu erfassen, soweit sie außerhalb des Hauptauftrages erbracht wurden (Nebenaufträge, Geräteleistungen, Materialverkäufe an Fremde usw.).

Regierechnungen und Rechnungen über Sondererstattungen dürfen hier nur ausgewiesen werden, wenn sie nicht im Verdienstausweis enthalten sind, sondern mit eigenen Ausgangsrechnungen gesondert an den Auftraggeber fakturiert werden.

Zu B.) Aufwände:

Die Aufwände werden in 3 Spalten gegliedert:

a) Gebuchte Aufwände,
b) Zurechnungen,
c) Absetzungen, inklusive Vorräte.

Über die gebuchten Aufwände, damit auch über den ganzen Lohnanteil, weiß die Buchhaltung naturgemäß Bescheid, nicht jedoch über Zurechnungen und Absetzungen hinsichtlich des Materialanteiles. Hier ist von der Baustelle eine Meldung an die Buchhaltung zu erstatten.
Für "Zurechnungen" sind unter genauer Berücksichtigung der Abgrenzung zum Stichtag der Bilanz (hiebei ist ausschließlich das Datum der Lieferung oder

Leistung und nicht das Rechnungsdatum maßgebend) alle Aufwendungen der Baustelle, soweit hierfür der Buchhaltung noch keine anerkannte Buchungsunterlage zugegangen ist, zu erfassen.

Es sind daher einzutragen:

- o Alle Lieferantenrechnungen, soweit sie sich noch nach dem Stichtag in Händen der Baustelle befinden, die also Überprüfung und Anerkennung noch nicht durchgeführt hat.
- o Weiters alle Aufwendungen, für die vom Lieferanten noch keine Rechnung gelegt wurde. Diese sind anhand der Lieferscheine mit annäherndem Betrag zu ermitteln.
- o Ebenso müssen hier alle Aufwendungen, welche nach dem Stichtag durch die Kasse der Baustelle bezahlt werden, berücksichtigt werden.

Die Beträge der zum Stichtag der Bilanz ungebuchten Aufwendungen, sind gemäß der Kostenartengliederung des Berichtsformulars zu trennen. Die "Frachten- und Fuhrlöhne" beziehen sich ausschließlich auf Erdverfuhr, Schuttabtransport u.dgl., da alle anderen Transportkosten dem jeweiligen Stoff, der transportiert wurde, zugerechnet werden müssen.

Für "Absetzungen inklusive Vorräte" sind hier in der gleichen Art wie vorher beschrieben, gegliedert nach Kostenarten, der Wert der Vorräte in Geldbeträgen, zum Stichtag der Bilanz, einzusetzen. Unter Absetzungen sind nur interne Lieferungen zwischen eigenen Baustellen oder innerhalb der Partner zu erfassen, soferne diese noch nicht zur Verbuchung gelangt sind. Die Ermittlung des Stoffelagers ist durch eine körperliche Bestandsaufnahme durchzuführen. Besondere Schwierigkeiten werden sich nur bei den Bauhilfsstoffen - vor allem Holz - ergeben. In diesem Falle ist es zweckmäßig, rechnerisch die voraussichtliche Abnützung bzw. Wertminderung zu eruieren und diese aliquot dem Nutzungszeitraum von der Anlieferungssumme in Abzug zu bringen (= permanente Inventur).

Die Meldung über die Gerätekosten wird den diesbezüglichen von der Baustelle geprüften Anlastungen der Geräteverwaltung oder - bei Arbeitsgemeinschaften - der Partnerfirmen entnommen.
Die unter "Sonstiges" angeführten Aufwände wie Zinsen etc. sind der Buchhaltung bekannt und auch die Höhe des Gestionshonorars wird von dieser, entsprechend dem Arge-Vertrag, eingesetzt.

Zu C.) und D.) Erfolg vom Baubeginn bzw. Jahresbeginn:

Aufgrund der in der Buchhaltung bereits erfaßten Ziffern und der vorhin beschriebenen Meldungen der Baustelle wird durch die Buchhaltung der Unternehmung oder der Arge die Erfolgsrechnung durchgeführt. Im Formular der Erfolgsrechnung wird sowohl für die Erlöse als auch für die Aufwendungen der Gesamtumsatz, gegliedert nach Kostenarten für die Zeit vom Baubeginn bis zum Stichtag der Bilanz, ermittelt. Die Differenz aus Erlös abzüglich der Aufwendungen ergibt den Gesamterfolg bzw. Abgang der Baustelle.

Will man das Ergebnis des letzten Berichtszeitraumes, dann wird vom Gesamtumsatz jener des letzten Berichtszeitraumes in Abzug gebracht.

Zu E.) Auftragsstand zum Berichtsmonatsende:

Hier werden zum Auftragsstand zu Baubeginn eventuell hinzugekomme Aufträge addiert und die bis zum Stichtag erbrachte Leistung abgezogen. Das ergibt also den restlichen Auftragsstand und man kann hieraus auch den Leistungsfaktor in Prozenten ermitteln.

Zu F.) Außenstand:

Hier wird über den Zahlungsfluß Rechenschaft gegeben, indem den berechtigten Forderungen die bisherigen Eingänge gegenübergestellt und dabei auch die Fälligkeiten (Vertrag!) berücksichtigt werden.

Zu G.) Vergleich der Partnerkonten:

Dieser Teil der Erfolgsrechnung gibt Aufschluß über die Leistungen aller Partner mit dem Stichtag des Berichtszeitraumes (mit Ausnahme der Gerätebeistellungen) und bringt sie in Relation zum im Arge-Vertrag festgelegten Beteiligungsverhältnis.

Zu H.) Vergleich der Gerätemieten:

Hier wird der Soll-Ist-Vergleich der Gerätebeistellungen der einzelnen Partner, ebenso unter Bezugnahme auf das Beteiligungsverhältnis, angestellt. Unter anderem dient dies auch der Arge-Bauleitung bzw. deren Geschäftsführung zur Steuerung der Geräteanforderungen bei den Partnerfirmen.

5.0 Die Bauabrechnung

Gültig DIN 1961 (VOB) und ÖNORM B 2110.

5.1 Grundsätzliches

Die Abrechnung erfolgt entsprechend dem Angebot nach:

a) Einheitspreisen (nach den Mengen der erbrachten Leistungen), Bauschpreisen (nach dem vereinbarten Leistungsumfang), Regiearbeiten (nach DIN 1961 und ÖNORM B 2112 und B 2113).

b) Festpreisen oder veränderlichen Preisen.

Bei Auftreten von Rechenfehlern im Angebot gilt folgender Abrechnungsmodus:

a) Bei Abweichungen zwischen angebotenem Preis und vorliegender Preiszergliederung gelten die angebotenen Preise.

b) Stimmt der Preis einer Position mit dem Produkt aus Menge und Einheitspreis nicht überein, gilt der angegebene Einheitspreis.

c) Bauschpreise gelten ohne Rücksicht auf eine eventuelle abweichende Preisaufgliederung.

5.2 Abrechnung nach veränderlichen Preisen

Die ÖNORM B 2111 (Ausgabe Jänner 1973) trifft hier folgende Regelung:
Voraussetzungen:

a) Den Veränderungen der Preisgrundlagen konnte sich der Auftragnehmer nicht entziehen. Die Veränderungen sind - falls nicht behördlichen Ursprungs - nachzuweisen.

b) Die Differenz zwischen dem bisherigen Gesamtpreis und einem sich durch Änderung der Preisgrundlagen ergebenden neuen Gesamtpreis muß den Grenzwert von 2 % der u r s p r ü n g l i c h e n Auftragssumme überschreiten. Weitere Preiserhöhungen können erst bei neuerlicher Überschreitung des Grenzwertes von 2 % der ursprünglichen Auftragssumme berücksichtigt werden.

c) Änderungen der Preisgrundlagen sind dem Auftraggeber spätestens vor Ablauf von 6 Wochen nach Eintreten der Änderung schriftlich mitzuteilen. Diese Mitteilung kann auch kollektiv durch die Berufsvertretung erfolgen. Die Höhe der Forderung kann zu einem späteren Zeitpunkt bekanntgegeben werden.

d) Die Anbotspreise müssen zumindest in Preisanteile "Lohn" und "Sonstiges" aufgegliedert sein und für Großbauvorhaben wird noch zusätzlich die Herleitung des Mittellohns und der Zuschläge verlangt.

5.21 Verfahren bei der Durchführung der Umrechnung

Allgemeines:

a) Die Umrechnung erfolgt nur für jene Teile der Leistungen, die ab dem Tage, an dem die Voraussetzungen erfüllt sind (Stichtag), erbracht werden. Daher ist die Feststellung der am Stichtag erbrachten Leistung notwendig!

b) Die Umrechnung ist vom Auftragnehmer durchzuführen.

5.211 Die Umrechnung der Preisanteile "Lohn"

Dem bisherigen Bruttomittellohnpreis ist die Differenz zwischen dem bisherigen und dem neuen Mittellohn mit einem Zuschlag von 85 % des angebotenen Gesamtlohnzuschlages zuzurechnen.
Sind für verschiedene Leistungsgruppen verschiedene Mittellöhne angegeben, ist analog vorzugehen. Aus dem Verhältnis zwischen dem neuen und bisherigen Bruttomittellohn ist dann der Prozentsatz zu berechnen mit dem die Preisanteile "Lohn" zu ändern sind.

Sind die Gehaltskosten in den Lohnzuschlägen enthalten, so sind Änderungen der Angestelltengehälter mit den Änderungen des Lohnes abgegolten. Sind Gehaltskosten ausschließlich in eigenen Positionen,so ist die Umrechnung analog der Lohnumrechnung durchzuführen. Die Reduzierung des Gesamtlohnzuschlages auf die Preisdifferenz auf 85 % des angebotenen Zuschlages ist dem Grundsatz nach damit begründet, daß - wie wir seinerzeit aus der

Bruttomittellohnrechnung sahen - eine Reihe von Preisanteilen "Sonstiges" in diesem enthalten sind.

Der Höhe nach ist es ein willkürlicher Wert, der gegen 70 % sinken kann, wenn hohe Gemeinkostenanteile auf dem Wege der Errechnungszuschläge umgelegt sind, der aber auch über 95 % liegen kann, wenn alle Gemeinkosten im Leistungsverzeichnis gesondert ausgewiesen sind.

Entweder Auftraggeber oder Auftragnehmer sind also geschädigt, wenn nicht durch einen Zufall die Bruttomittellohnbildung des Prozentsatzes von 85 rechtfertigt. Daher wird die Meinung vertreten, daß man, wegen einer gerechten Umrechnung bei Preisänderungen, bei der Ermittlung des Bruttomittellohnes alle Anteile "Sonstiges" weglassen und diese in gesonderten Positionen unterbringen sollte. Bei echter Kostenrechnung wäre dies ohne weiteres durchführbar und die Preisumrechnung weniger problematisch.

5.212 Die Umrechnung der Preisanteile "Sonstiges"

Darunter sind Baustoffe, Transportleistungen, Betriebsstoffe und dgl. zu verstehen, bei deren Preisveränderung die Preisanteile "Sonstiges" umgerechnet werden.

Für die Preisumrechnung kommen folgende drei Verfahren in Betracht:

a) das vereinfachte Verfahren
b) das Nachweisverfahren
c) das Näherungsverfahren.

Zu a):
Das vereinfachte Verfahren wird in den meisten Fällen das zweckmäßigste sein. Die Vereinfachung liegt darin, daß die Preisgleitung des Anteiles "Sonstiges" von der Änderung nur einiger maßgeblicher Preisgrundlagen abhängt, während die übrigen vernachlässigt werden.

Bei Anwendung dieses Verfahrens ist wie folgt vorzugehen:
Ermittlung der dem Anbot entsprechenden Stoffkostensumme und der neuen Stoffkostensumme. Der bisherigen Stoffkostensumme samt angebotenem Gesamtstoffzuschlag ist die Differenz zwischen der neuen und der bisherigen Stoffkostensumme mit einem Zuschlag von 85 % des angebotenen Gesamtstoffzuschlages zuzurechnen, sofern der angebotene Zuschlag höher als 12 % war; würde er

dadurch unter 12 % sinken, so sind auf den Differenzpreis 12 % zuzuschlagen. War der angebotene Zuschlag kleiner als 12 % so ist er ohne Abminderung anzuwenden.

Zu b):
Beim Nachweisverfahren hängt die Preisgleitung von der Änderung aller maßgeblichen Preisgrundlagen ab. Es ergibt ein genaueres Resultat, erfordert jedoch umfangreichere Umrechnungsarbeiten. Hier ist für alle Preisgrundlagen, deren Höhe sich verändert hat, die Differenz der Kosten zu bilden und um den Zuschlag wie früher, siehe a), zu vermehren. Die Preisdifferenzen sind mit der kalkulierten Menge jeder einzelnen Position zu vervielfachen und dem bisherigen Anteil "Sonstiges" zuzuschlagen.

Zu c):
Beim Näherungsverfahren erfolgt die Umrechnung des Gesamtpreises ("Lohn" und "Sonstiges") unter Zuhilfenahme von Indexwerten. Dieses Verfahren soll nur behelfsweise angewendet werden.

Hier sind die Preise nach dem örtlich zutreffenden Baupreisindex umzurechnen. Das Ausmaß der Veränderung ist hier die in Prozenten ausgedrückte Differenz, mit 85 % multipliziert. Bei Großbauvorhaben wird auch manchmal ein Stoffindex dem Anbot beigefügt. Dort wird der perzentuelle Anteil aller Hauptbaustoffe an den Gesamtstoffkosten aus der Kalkulation angegeben. Dieser Index gilt dann als Grundlage einer vereinfachten Stoffpreiserhöhungsumrechnung.

Die meisten Bauvorhaben werden nach dem vereinfachten Verfahren abgewickelt. Aber selbst dieses bedingt bereits beim Angebot einen Mehraufwand an Arbeit (Trennung der Preise in mindestens "Lohn" und "Sonstiges", Ausfertigung gewisser Kalkulationsunterlagen, etc.), den man sich gerne ersparen möchte. Es sind daher eine Reihe von einfacheren Verfahren für die Umrechnung veränderlicher Preise in Vorschlag gebracht worden.

Für die Preisgleitung wird hier folgende Formel angewendet: (Stieber)

$$P = Po\ (a + b\ \frac{L}{Lo} + c\ \frac{S}{So})$$

Hierin bedeuten:
P = Vertragspreis zum Zeitpunkt der Erhöhung.
Po = Vertragspreis bzw. Einzel- oder Pauschalpreis laut Angebot.

L = Tariflohn laut Kollektivvertrag für Baugewerbe zum Zeitpunkt der Umrechnung.
Lo = Tariflohn zum Zeitpunkt des Anbotes.
S = Indexziffer zum Zeitpunkt der Umrechnung.
So = Indexziffer zum Zeitpunkt des Anbotes.
a = Kennziffer für den Anteil unveränderlicher Preisanteile.
b = Kennziffer für den Lohnanteil.
c = Kennziffer für den Stoffanteil.

Die Kennziffern a, b und c sind mit dem Anbot bekanntzugeben und können je nach Bausparte verschieden sein. Es könnte zum Beispiel für eine bestimmte Bausparte angeboten werden:

$$P = Po\ (0{,}10 + 0{,}35\ \frac{L}{Lo} + 0{,}35\ \frac{S}{So})$$

Eine weitere Vereinfachung würde sich ergeben, wenn für "L" zum Beispiel der Facharbeiterlohn nach dem ersten Gehilfenjahr nach dem Kollektivvertrag festgelegt, bzw. angeboten wird. Für "S" kann bei größeren Bauvorhaben ein Baustoffindex von fünf bis zehn Hauptbau- und Betriebsstoffen angeboten werden. Für kleinere Bauvorhaben würde ein Baustoffindex der Bundesinnung der Baugewerbe genügen.

Bei diesem Verfahren würden die vorerwähnten Vorbedingungen entfallen, es müßten die Einzelpreise im Angebot nicht nach Lohn und Sonstiges (oft auch nach Gerät) unterteilt werden. Es wäre nicht notwendig, die Kalkulation oder die Kalkulationsgrundlagen einem Dritten mitzuteilen. Schließlich könnte die Umrechnung der Einheitspreise ohne allzu großen Aufwand erfolgen.

Ein weiterer interessanter Versuch auf diesem Gebiet ist auch in der "Neuen Preisumrechnung im Kärntner Straßen- und Brückenbau" zu sehen. Dort wird vom Näherungsverfahren (Indexverfahren) ausgegangen.

Die Vereinfachung besteht nun darin, daß für alle Leistungsgruppen der Leistungsbeschreibung für den Straßen- und Brückenbau der Lohnanteil in Prozenten von vornherein aufgrund der Baupreisstatistik festgelegt wurde.

Z.B.:		Lohnanteil in %:
I.	Baustelleneinrichtung und Bauregie	50
II.	Erdarbeiten	45
III.	Entwässerungsarbeiten	50

IV.	Beton- und Mauerungsarbeiten	50
V.	Oberbau, Profilherstellung und Profilinstandsetzung	20
VI.	Deckenarbeiten	25
VII.	Nebenarbeiten	50
VIII.	Straßenausrüstung	70
IX.	Brücken	50
XII.	Projektierung	85
XIII.	Baustelleneinrichtung und Bauregie	50
XIV.	Vorarbeiten	45
XV.	Gründungs- und Erdarbeiten	45
XVI.	Beton-, Stahlbeton- und Herstellungsarbeiten	50
XVII.	Steinlieferungen	20
XXI.	Nebenarbeiten und Brückenausrüstung	60

Die Gleitung des Anteiles "Lohn" richtet sich, wie in Österreich üblich, nach den jeweils vom Bundesministerium für Bauten und Technik herausgegebenen Empfehlungen; die Erhöhungssätze für "Sonstiges" werden aus den Monatsberichten des Österreichischen Institutes für Wirtschaftsforschung entnommen (Großhandelsindex "Fertigwaren insgesamt").

Der Nachteil dieses Verfahrens liegt zweifellos darin, daß sich die Lohnanteile verschiedener Leistungsgruppen mit der Änderung der technischen Entwicklung (Mechanisierung) ebenfalls ändern und daher von Zeit zu Zeit korrigiert werden müßten.

5.3 Rechnungslegung

Rechnungen für erbrachte Leistungen sind vom Auftragnehmer in prüffähiger Form aufzustellen. Die Art der Leistungen ist in Kurzfassung entsprechend dem Leistungsverzeichnis zu beschreiben und auch in dieser Reihenfolge zu benummern.

Die für die Abrechnung notwendigen Feststellungen sind dem Fortgang der Leistung entsprechend vom Auftraggeber und Auftragnehmer möglichst gemeinsam vorzunehmen und die Ermittlung der Aufmaße hat nach den einschlägigen Vorschriften (Normen etc.) zu erfolgen.

Rechnungen, die während der Ausführung gestellt werden, werden als "Abschlagsrechnungen", vielfach auch als "Teilrechnungen" oder "Verdienstausweise" bezeichnet. Sie sind fortlaufend zu numerieren und werden meist in Abständen von einem Monat gelegt.

Sie sollen enthalten:
Die gesamten, seit Baubeginn erbrachten Leistungen mit zumindest annähernden Ausmaßen,
den abzurechnenden Deckungsrücklaß,
die erhaltenen Abschlagszahlungen und den Betrag der verlangten Zahlung.
Die Abschlagsrechnung präjudiziert Ansätze und Mengen der Schlußrechnung nicht.

Die Gesamtleistung ist in der Schlußrechnung abzurechnen, Mengen und Preise der Schlußrechnung sind verbindlich und können später nicht mehr geändert werden.

Nach DIN 1961 (VOB) sind Schlußrechnungen bei Bauleistungen mit einer vertraglichen Ausführungsfrist von höchstens 3 Monaten spätestens 12 Werktage nach Fertigstellung einzureichen und für je 3 weitere Monate Ausführungsfrist je 6 Werktage später. Die ÖNORM B 2110 sieht vor, daß Schlußrechnungen und Teilschlußrechnungen spätestens 3 Monate nach vertragsgemäßer Erfüllung der Leistung einzureichen sind.

Rechnungsprüfung und Zahlung:
Nach DIN 1961 (VOB) beschränkt sich die Zahlungsfrist für Abschlagszahlungen auf 6 Werktage nach Einreichung der Rechnung, höchstens jedoch auf 12 Werktage; für die Schlußrechnung auf höchstens 2 Monate.
Nach ÖNORM sind Abschlagsrechnungen spätestens 30 Tage nach Rechnungseingang zur Zahlung fällig.
Schlußrechnungen sind innerhalb von drei Monaten nach Einreichung aller notwendigen Unterlagen zu prüfen, die Zahlung ist nach weiteren 30 Tagen fällig. Beträgt die gesamte Bauzeit nicht mehr als 3 Monate, so beträgt die Prüfungs- und Zahlungsfrist zusammen 6 Wochen.

Die Annahme der Schlußzahlung schließt Nachforderungen aus. Eine Ausnahme besteht nur nach ÖNORM dann, wenn erbrachte Leistungen versehentlich nicht verrechnet wurden und die Forderung innerhalb der Gewährleistungsfrist geltend gemacht wurde.

5.31 Feststellungen für die Abrechnung

Die vom Auftraggeber und Auftragnehmer gemeinsam aufgenommenen Ausmaße werden in der Regel in einem gesonderten Ausmaßbuch eingetragen und dort von beiden Partnern auf ihre Richtigkeit bestätigt.

Auch alle übrigen Feststellungen, die Grundlagen für die Abrechnung bilden, z.B. Regieleistungen etc. sind laufend in Berichtsbüchern festzuhalten und von beiden Partnern gegenzuzeichnen.

5.4 Die elektronische Bauabrechnung

Unter "Elektronischer Bauabrechnung" versteht man die Baumassenberechnung und Rechnungslegung (Baufakturierung) mit Hilfe der elektronischen Datenverarbeitung. Um dies zu ermöglichen, muß das Leistungsverzeichnis elektronisch gespeichert werden und die Aufmaße ablochfähig auf einem Formular eingetragen werden. Da sowohl Auftraggeber als auch Auftragnehmer die errechneten Daten weiterverarbeiten und bereits mehrere Verfahren zur elektronischen Berechnung existieren, ergibt sich das Problem der Verfahrenskompatibilität.

Folgende Grundlagen wurden bisher entwickelt und stehen auch bereits teilweise in Verwendung:

a) Das HU-BA-Verfahren

Dies ist ein programmiertes Bauabrechnungsverfahren zurelektronischen Baumassenberechnung und wurde von Dr. Huber-Österreich entwickelt. Die wesentlichen Bestandteile sind das Formular und die Formelsammlung. Grundgedanke ist, daß alle abzurechnenden Massen und Körper sich aus 65 programmierten geometrischen Gebilden zusammensetzen lassen. Das Aufmaßblatt wird durch das Formular ersetzt, in das die der Formel entsprechenden und in der Natur gemessenen Aufmaße eingesetzt werden.

b) Das integrierte Datenverarbeitungssystem RÜPING

Dieses Programmsystem wurde vom Ingenieurbüro Rüping in der BRD entwickelt und umfaßt folgende Komplexe:

- o Standardisierte Ausschreibung (Mengenabrechnung, Leistungsbeschreibung, Vergabezusammenstellung)

- o Prüfung der Angebote (Prüfung auf rechnerische Richtigkeit und Vollständigkeit, Preisspiegel für Einheitspreise, Lose und Losgruppen)
- o Auftragsabwicklung (Ausführungsleistungsverzeichnis mit Kostenaufgliederung nach Vertragsarten, Bauteilen und Gewerben, Baumassenberechnung für geschätzte und aufgemessene Massen, Legung der Abschlags- und Schlußrechnung).

Das RÜPING-Programmsystem, dessen Erstellung seinerzeit von der Auftraggeber-Seite in Auftrag gegeben wurde, ist gedacht als programmiertes Überwachungsinstrument des Bauherrn für Ausschreibung und Bauabwicklung.

c) REB (Richtlinien für die elektronische Bauabrechnung)

Diese Richtlinien wurden von der Deutschen Forschungsgesellschaft für das Straßenwesen unter wesentlicher Mitwirkung von Vertretern der Auftraggeberseite herausgegeben. Die eigentlichen Richtlinien sind eine äußerst knappe, normenähnliche und allgemein gehaltene Zusammenstellung der Maßnahmen und Vorgänge bei der elektronischen Bauabrechnung. Als Anhang zu den REB existieren die allerdings unvollständigen Verfahrensbeschreibungen für die Baumassenberechnung in einzelnen Bausparten. In jeder Bausparte sind verschiedene Rechenverfahren und Eingabeformulare vorgesehen, je nach dem Rechenaufwand, der zwischen der Aufnahme der Daten in der Natur und den fertigberechneten Massen für die Fakturierung besteht. Unter diesen umfangreichen Verfahrensbeschreibungen ist ein Kapitel der "Allgemeinen Bauabrechnung" (besser Baumassenberechnung) gewidmet, in dem 1 Standardformular und die Anwendung von 33 Formeln empfohlen werden.

Im Gegensatz zum HU-BA-Verfahren werden die abzurechnenden Massen nicht ausschließlich durch die 32 Formeln beschrieben, sondern der Abrechner hat die Möglichkeit, auch selbst Formeln für die Berechnung zu erfinden und am Formular einzutragen. Mit dieser Flexibilität wird allerdings die Programmierung eines Standardprogrammes für die Baumassenberechnung wesentlich komplizierter als bei Dr. Huber. Dazu kommt noch, daß nicht nur nach dem Verfahren "Allgemeine Bauabrechnung", sondern auch nach einem anderen speziellen, in der REB dargestellten Bausparten-Verfahren abgerechnet werden kann.

d) Standardleistungsbuch (STLB)

Darüber wurde an anderer Stelle bereits ausführlich berichtet.

e) Bauarbeitsschlüssel (BAS)

Der bereits besprochene BAS ist als Vorläufer des STLB anzusehen, mit dem Unterschied, daß hier unter Verwendung des Leistungsverzeichnisses ein Arbeitsverzeichnis für ein neues Bauvorhaben aufgestellt wird, während ja beim STLB das Leistungsverzeichnis aus den Leistungsbeschreibungen zusammengestellt werden kann.

Was sind nun die praktischen Auswirkungen der bisherigen Entwicklung?

In der Bundesrepublik Deutschland sind die Richtlinien für elektronische Bauabrechnung (REB) vom BMFT allen Behörden zur Anwendung empfohlen worden und stehen zur Verfügung. Das heißt, daß alle behördlichen Auftraggeber zur Vereinheitlichung ihrer Abrechnungsverfahren den Gebrauch der REB beim Auftragnehmer zur Bedingung machen werden. Dieses Bestreben besteht auch in der Bauindustrie, innerhalb welcher in den Jahren 1969/70 Verfahren zur Durchführung der elektronischen Bauabrechnung nach REB erstellt wurden.

Die gebräuchlichsten darunter sind:
REB-VB 21.003 (Erdmassenberechnung aus Querprofilen durch Koordinatenangabe) und die
REB-VB 23.003 (allgemeine Bauabrechnung auf der Grundlage gebräuchlicher Formeln zur Berechnung von Mengen im Hochbau).
Die Auswahl dieser Verfahren ermöglicht es, alle üblichen im Bauwesen vorkommenden Bauobjekte elektronisch abzurechnen. Sie wurden programmiert und stehen seit 1970 im produktiven Einsatz.

Um den Ablauf einer elektronischen Bauabrechnung graphisch zu demonstrieren, hat der gemeinsame Ausschuß für Elektronik im Bauwesen (GAEB) ein Ablaufschaubild,nach Funktionsbereichen getrennt, veröffentlicht (Abb. 64).
Des weiteren wurde im März 1974 ein Merkblatt für die Anwendung der elektronischen Bauabrechnung vom GAEB herausgegeben. Mit Hilfe solcher Publikationen, die allgemeine Gültigkeit haben, sollen Verständigungsschwierigkeiten zwischen Auftraggeber und Auftragnehmer abgebaut werden.

Die Bauabrechnung gliedert sich in:
Die M e n g e n a b r e c h n u n g (auch Massenberechnung oder Massenermittlung genannt) je Position des Leistungsverzeichnisses erbrachte Leistung in den Maßeinheiten des Leistungsverzeichnisses (m, qm, cbm, Stück, to, Stunde, Monate usw.). Grundlagen für die Mengenberechnung sind die A b r e c h n u n g s u n t e r l a g e n , wie Lagepläne, Schalpläne, Wiegekarten, Tagelohnzettel, Aufmaße, Nivellements, Abrechnungszeichnungen, usw.

Rechnung (Faktura): Menge aus der Mengenberechnung multipliziert mit den Einheitspreisen des Leistungsverzeichnisses, gegebenenfalls Anbringen von Nachlässen, Zuschlägen, Summierung nach Titel, Kapitel, Gesamtsumme, Abzug von Sicherheiten, Zuschlag der MWSt bei der Schlußabrechnung und Abzug des erhaltenen Betrages.

Diese Arbeiten enthalten viel Schreib- und Rechenaufwand; sie müssen termingerecht erstellt sein, da sich weitere Arbeitsgänge anschließen (Vorlage der Rechnung beim Bauherrn = Beginn der Zahlungsfrist lt. VOB bzw. ÖNORM).

Die elektronische Bauabrechnung übernimmt von den bisher rein manuellen Tätigkeiten folgende:
Durchrechnen der für die Mengenansätze aufgestellten Rechenansätze, Schreiben aller Kapitel, Titel und Positionstexte, Rückgriff auf vorher gerechnete und gespeicherte Werte, Übertrag der Mengen aus der vorigen Mengenabrechnung in der Anzahl benötigter Exemplare.
Automatische Erstellung der Rechnung mit allen Titel-, Kapitel- und Gesamtsummen, eventuelle Nachlässe oder Zuschläge, Abzug der Sicherheit und der bereits angewiesenen Beträge, Aufrunden auf vorgeschriebenen Betrag, Druck der Anzahl nötiger Exemplare. Automatische Berechnung der Leistung in den einzelnen Positionen, Kennzeichnung der Über- und Unterziehungen.

In Österreich wurde innerhalb der "Koordinierungsstelle Elektronik im Bauwesen" (KEB) die Arbeitsgemeinschaft (ÖREB) (AGÖRB) geschaffen, die sich mit der Weiterentwicklung der österreichischen Richtlinien für elektronische Bauabrechnung (ÖREB) befaßt.

Die ÖREB sollen:

a) Die hinreichenden und notwendigen Voraussetzungen, unter denen eine Bauabrechnung elektronisch durchgeführt werden kann, festlegen,

b) eine operative Verfahrensregelung für jene Fälle, in denen mindestens eine Seite sich der elektronischen Bauabrechnung bedient, beinhalten, und

c) eine einmalige umfassende und universelle Programmierung des Komplexes elektronische Bauabrechnung ermöglichen, und zwar so, daß alle üblichen Anforderungen in vorprogrammierten Varianten berücksichtigt werden können.

Inhalt der ÖREB

Im allgemeinen Teil wird ein Ablaufschaubild der Verfahrenswege bei Anwendung der elektronischen Bauabrechnung gegeben. Immer, wenn bestehende ÖNORMEN berührt werden, werden diese angeführt, um die Verträglichkeit mit ihnen herauszustreichen.

Im Teil "Mengenberechnung und ihre Prüfung" wird ein leicht modifiziertes Eingabeformular für die Baumassenberechnung nach dem HU-BA-Verfahren vorgestellt. Die Änderungen haben nur formalen Charakter und ermöglichen eine bessere EDV-gerechte Erfassung und Verarbeitung der Baumassendaten als bisher. Ein gemeinsames ablochfähiges Aufmaßdatenformular ermöglicht dem Auftraggeber und Auftragnehmer, vom gleichen Beleg weg voneinander unabhängig eine EDV-Abrechnung durchzuführen und die Ergebnisse in ihr eigenes Informationssystem einfließen zu lassen. Der Inhalt des HU-BA-Verfahrens mit seinem Formelkatalog wird nicht angetastet, da er sich ja in Österreich schon lange bestens bewährte.

Im Teil "Rechnungslegung" werden Definitionen der Ebenen des Leistungsverzeichnisses und Standardisierung in der Hierarchie des Aufbaues des Leistungsverzeichnisses bei den Preisumrechnungen angeregt, damit die ausführende Bauindustrie nicht für jeden Auftraggeber eine eigene Variante des Fakturierungsprogrammes parat halten muß.

Abschließend werden im Teil "Vereinbarte Festlegungen" noch eine Vereinheitlichung der Bezeichnung des Masseneinheiten und der Dateneintragung in die Formulare und eine Genauigkeitsschranke für die Mengenberechnung vorgeschlagen.

In Abb. 64 ist das Ablaufschaubild der Elektronischen Bauabrechnung nach ÖREB dargestellt.

In Österreich wird praktisch vor allem nach dem HU-BA-Verfahren und nach dem ROPING-Programmsystem gearbeitet. Das HU-BA-Verfahren kann in ein Programmsystem integriert werden, das die
Lohnverrechnung,
Baumassenberechnung,
Fakturierung und
Stundennachkalkulation (BAS) umfaßt.

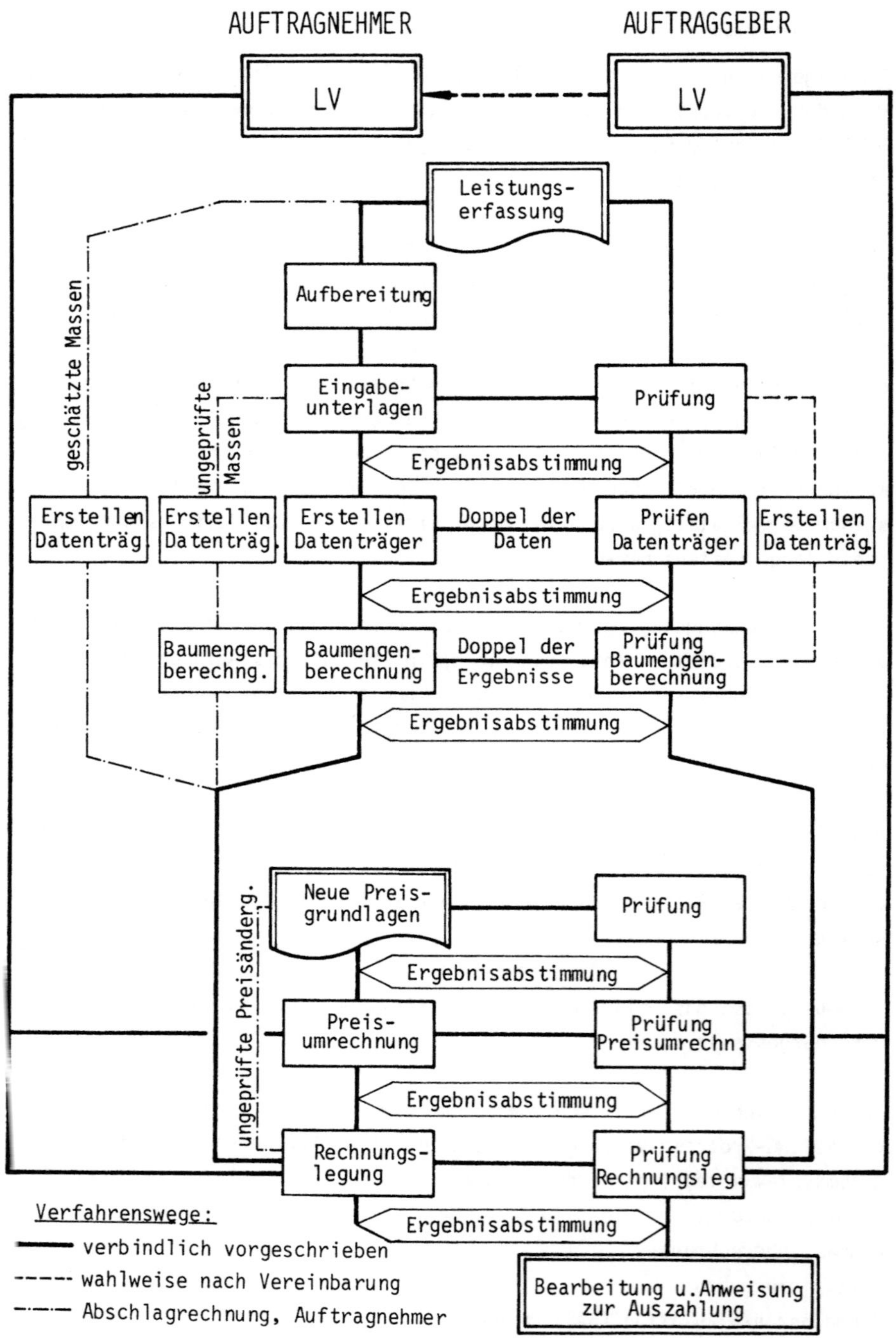

Abb. 64: Ablaufschema der elektronischen Bauabrechnung

Damit kann dem Auftraggeber die automatische elektronische Bauabrechnung ab Auftragserteilung angeboten werden bei gleichzeitiger Speicherung der Daten und Ergebnisse für innerbetriebliche Nachrechnungen (Soll-Ist-Vergleiche, Stundennachkalkulation, Auftragsstandstatistik, Finanzplan).

Das RÜPING-Programmsystem wurde bereits beschrieben.
Es muß aber noch erwähnt werden, daß vorläufig alle Positionen über die sogenannte freie Beschreibung eingegeben werden müssen, da das Standardleistungsbuch noch in Arbeit ist. Der Nachteil für die Baufirmen liegt darin, daß wichtige Daten für die betriebswirtschaftliche Nachrechnung (LV - Speicherung, monatliche Baumassen, monatliche Fakturen) nicht mehr auf der hauseigenen EDVA gespeichert sind.
Beide Systeme miteinander verglichen, ergibt, daß das HU-BA-Verfahren mit anschließender Fakturierung als Teil des RÜPING-Verfahrens gesehen werden kann.

Aus der Sicht der Unternehmung ergeben sich folgende Vor- und Nachteile:

Vorteile des HU-BA-Verfahrens:

a) Leistungsverzeichnis, Baumassen und Fakturabeträge sind in der hauseigenen EDVA gespeichert.

b) Ob des einfachen Formelapparates ist sowohl eine händische Kontrolle der Baumassenabrechnung jederzeit möglich, als auch eine Nachprogrammierung des Programmes (Prüfprogramm) leicht durchführbar.

Nachteile des RÜPING-Verfahrens:

a) Für die innerbetriebliche Nachrechnung muß die Massenberechnung und Fakturierung auf der hauseigenen EDVA parallel gefahren werden.

b) Da der Auftraggeber bei Durchführung dieser Arbeiten durch sich selbst natürlich eine Kostenminderung möchte, für die Untersuchung dies aber keine darstellt (es lassen sich ja weder EDV noch Personalkosten einsparen), wird es hier immer Gegengesetzlichkeiten geben.

Aus der Sicht des Auftraggebers:

Vorteile des HU-BA-Verfahrens:

a) Dadurch, daß sich immer mehr Baufirmen in Österreich dieses Verfahrens bedienen, werden an ihm keine besonderen Anforderungen gestellt, sich laufend mit neuen Formularen und Abrechnungsverfahren vertraut zu machen.

b) Für den Fall, das gleichartige Rechenanlagen zur Verfügung stehen, ist der Bauherr in der Lage, HU-BA Massenberechnungen mit der eigenen Anlage zu kontrollieren.

Vorteile des RÜPING-Verfahrens:

Das ausgefeilte Programmpaket gibt ihm auf dem Gebiet Ausschreibung und Anbotsvergleich ein äußerst potentes Instrument für die Rationalisierung und Preis-Leistungskontrolle in die Hand.

Nachteile des RÜPING-Verfahrens:

a) Die Baumassenabrechnung kann nur mehr händisch kontrolliert werden. Eine Nachprogrammierung des RÜPING-Baumassenprogrammes ist sehr schwierig und Zweitrechnungen sind nur in Deutschland durchführbar (bei Behörden oder Instituten, die eben Prüfprogramme für RÜPING besitzen).

b) Die Bauabwicklung wird zunächst teurer, da den Kosten, die für die integrierte Bauabrechnung auflaufen keine Kostenminderung auf der Seite des Auftragnehmers gegenübergestellt werden kann.

Abschließend sei noch darauf hingewiesen, daß die Einführung der elektronischen Bauabrechnung derzeit noch erhebliche Schwierigkeiten zu überwinden hat, die schon einmal darin liegen, daß in Österreich, wie schon erwähnt, das Standardleistungsbuch erst für wenige Bereiche fertiggestellt, daher noch nicht generell eingeführt ist und daher alle Positionen über die sogenannte freie Beschreibung eingegeben werden müssen und nicht schon gespeichert sind.

Man sollte auch die Größe des Bauvorhabens und seine technischen Schwierigkeiten in Betracht ziehen, falls man die freie Wahl hat, sich der EDV-Abrechnung zu bedienen oder nicht. Die bisherige Praxis erweist ihre Wirtschaftlichkeit erst bei Mittel- und Großbauvorhaben bis zu mittleren Schwierigkeitsgraden.

6.0 Die Bauübergabe (Bauabnahme)

Eine förmliche Bauübergabe hat auf Verlangen einer der beiden Vertragsparteien stattzufinden. Nach VOB innerhalb von 12 Werktagen, falls keine andere Vereinbarung getroffen wurde und nach ÖNORM innerhalb von 4 Wochen.

Findet keine förmliche Übergabe statt, dann gilt die Leistung nach erfolgter schriftlicher Verständigung von deren Fertigstellung nach Ablauf der früher genannten Fristen als übernommen. Als übernommen gilt sie auch dann, wenn sie vom Auftraggeber in Benützung oder in seinen Gewahrsam genommen wurde; nach VOB spätestens nach 6 Werktagen, nach ÖNORM sofort.

Bis zur Übernahme der Leistung trägt der Auftragnehmer in der Regel alle Gefahren, es sei denn, die Leistung oder Teile davon werden durch höhere Gewalt, also unabwendbare Ereignisse, denen sich der Auftragnehmer nicht entziehen konnte, ganz oder teilweise beschädigt oder zerstört.

6.1 Die Gewährleistung

Der Auftragnehmer leistet Gewähr, daß seine Leistungen die im Vertrag ausdrücklich bedungenen oder gewöhnlich vorausgesetzten Eigenschaften haben und den allgemein anerkannten Regeln der Technik entsprechen. Der Gewährleistungsanspruch umfaßt alle Mängel, die zum Zeitpunkt der Übernahme vorhanden sind. Ist ein Mangel auf eine besondere Weisung des Auftraggebers auf das von ihm beigestellten Material zurückzuführen,so ist der Auftragnehmer von der Gewährleistung hinsichtlich dieser Mängel dann frei, wenn er dagegen schriftlich seine Bedenken geäußert und der Auftraggeber diesen nicht Rechnung getragen hat.

Falls im Vertrag oder in den einschlägigen Fachnormen keine andere Gewährleistungsfrist festgelegt ist, beträgt sie 2 Jahre. Die Frist beginnt mit der Übernahme der Leistung. Die VOB gibt noch die Gewährleistungsfrist für Feuerungsanlagen mit einem Jahr an.

Um die vertragsmäßige Durchführung und die Erfüllung der Gewährleistung sicherzustellen, sind Sicherheitsleistungen vorgesehen, die in der VOB etwas allgemein, in der ÖNORM im Einzelnen festgelegt sind. Die hier in Betracht kommenden Sicherstellungen sind nach ÖNORM die Kaution, der Deckungs- und der Haftungsrücklaß.

K a u t i o n :

Wurde eine Kaution vereinbart, ist sie binnen zwei Wochen nach Zuschlagserteilung zu leisten. Hält der Auftragnehmer diese Frist nicht ein, kann der Auftraggeber auf Erlag der Kaution bestehen oder den Rücktritt vom Vertrag erklären. Die Kaution ist in Teilbeträgen, entsprechend der Verminderung der Verpflichtung des Auftragnehmers, spätestens jedoch 1 Monat nach Erfüllung der durch die Kaution zu sichernden Verpflichtungen zurückzustellen.

D e c k u n g s r ü c k e r l a ß :

Der Auftraggeber ist berechtigt, als Deckung für Ungenauigkeiten der Abschlagsrechnungen einen Deckungsrücklaß von 10 % des Rechnungsbetrages einzubehalten, falls nicht als Ersatz hiefür eine andere Sicherstellung erbracht wird. Für Regiearbeiten ist kein Deckungsrücklaß einzubehalten. Der Deckungsrücklaß ist mit der Schluß- bzw. Teilschlußrechnung abzurechnen.

H a f t u n g s r ü c k l a ß :

Der Auftraggeber ist berechtigt, einen Haftungsrücklaß von 3 % des Betrages der Schluß- bzw. Teilschlußrechnung einzubehalten, falls nicht als Ersatz hiefür eine andere Sicherstellung erbracht wird.

Der Auftraggeber hat das Recht, sich aus dem Haftungsrücklaß für seine Ansprüche aus der Gewährleistung schadlos zu halten bzw. den Haftungsrücklaß so lange zurückzuhalten, bis ein allfälliger Gewährleistungsstreit ausgetragen ist.
Der Haftungsrücklaß ist, soweit er nicht in Anspruch genommen wird, spätestens 1 Monat nach Ablauf der Gewährleistungsfrist freizugeben.

S i c h e r s t e l l u n g s m i t t e l :

Als Sicherstellungsmittel dienen nach Wahl des Auftragnehmers:
Bargeld; eine Verzinsung erfolgt nicht,
Haftungsbriefe inländischer Kreditunernehmen,
Baurücklaßversicherungen,
klauselfreie Einlagebücher inländischer Kreditunternehmungen mit einem Sperrvermerk zugunsten des Auftraggebers,
inländische mündelsichere Wertpapiere.

Der Auftraggeber ist berechtigt, eine angebotene Sicherstellung in begründeten Fällen zurückzuweisen.

L a u f z e i t :

Bargeldlose Sicherstellungen müssen auf einen Zeitraum von einem Monat über das Ende der Sicherstellungsfrist hinaus gültig sein.

7.0 Ausblicke auf die Entwicklungen der Bauwirtschaft

Nach herkömmlicher Schulmeinung gelten Bauinvestitionen als Lenkungsmittel der Wirtschaft. In Zeiten der Wirtschaftsdepression sollen vermehrte Bauausgaben die Konjunktur beleben, in Zeiten wirtschaftlicher Überhitzung sollen Kreditmittelbindungen dämpfend wirken.

Bei der Anwendung dieses Rezeptes muß nach dem heutigen Wissensstand zur Vorsicht gemahnt werden.

Ein erfolgversprechendes Regulieren durch die Auftraggeberseite muß den Unterschied zwischen kapital- und arbeitsintensiven Sparten des Bauwesens berücksichtigen. Die bisherigen Überhitzungen am Baumarkt waren immer die Folge eines Mangels an qualifizierten Mitarbeitern - auf der Kapitalseite bestehen dagegen noch einige Kapazitätsreserven. Zu fordern ist die kontinuierliche Bautätigkeit in allen Strukturbreiten, um ein richtiges Investitionsmaß einzuleiten und die volkswirtschaftlich notwendige und preisbegünstigende Amortisation der Investitionen innerhalb ihrer Nutzungsdauer zu sichern.

Da die öffentliche Hand für mehr als 60 % des Bauvolumens verantwortlich zeichnet, gehen von der Regierungsebene die wesentlichsten Impulse für die bauwirtschaftliche Planung aus.

Wenngleich über die Entwicklung des Bauvolumens aus der Sicht der augenblicklichen Krise keine Aussagen gemacht werden, so kann sicherlich gesagt werden, daß zugleich Bauten der Infrastruktur zu erwarten sind.

Der Wohnbau,der bereits Anzeichen einer quantitativen Sättigung zeigt, wird sich nur mehr qualitativ weiterentwickeln. Zu berücksichtigen sind gerade auf diesem Sektor die Wertschöpfungen auf privater Ebene (Eigenheimbau). Dafür werden sich im Hochbau durch die Revitalisierung und Sanierung neue Bereiche öffnen.

Neben der räumlichen Koordinierung dieser Bauvorhaben hinsichtlich einer geordneten Umwelt ist daher aus bauwirtschaftlicher Sicht nur mehr eine zeitliche Koordinierung (lang-, mittel- und kurzfristig) zu fordern.

In diesem Sinne haben Bund, Länder und Gemeinden konjunkturpolitisch einzugreifen, um zu verhindern, die gesamte Volkswirtschaft schädlich zu beeinflussen.

Konjunktursteuernde Maßnahmen mit einer Investitionsgüterindustrie, wie es die Bauwirtschaft in ihrer augenblicklichen Entwicklung im höchsten Maße ist, zu betreiben, kann ins Gegenteil auspendeln und negative gesamtwirtschaftliche Folgen bringen.

Die zukünftigen Anforderungen an die Bauindustrie werden weiter zur Folge haben, daß es auf der einen Seite viel mehr Großbetriebe und auf der anderen weiterhin die Kleinbetriebe geben wird. Die Beweggründe zugunsten größerer Baubetriebe sind unter anderem:
Die Tendenz zum Generalunternehmer, größere und zusammengefaßte Aufträge, die Auslastung kostspieliger Kapazitäten, die Vorhaltung und Auslastung eines hochqualifizierten technischen Managements.

Der mittlere Baubetrieb wird sich dieser Entwicklung fügen müssen - vor allem durch die Möglichkeit der Kooperation. Diese mittleren Betriebe müssen sich aber auch eines besonderen Apparates bedienen,um die Produktionstechniken zu optimieren und um Planung und Fertigungsablauf zu steuern. Da das mittlere Unternehmen solche Planungsteams in eigener Regie nicht voll einsetzen und auslasten kann, wird es die Dienste entsprechender Dienstleistungsbetriebe in Anspruch nehmen müssen.

Wenn man die Fortschritte der Technik in ihren Möglichkeiten voll ausnutzen will - die im Bauwesen zur Entwicklung sich immer mehr isolierender Fachsparten geführt haben - , dann muß die E i n h e i t d e r A u f g a b e " B a u e n " wiederhergestellt werden. Das bedeutet, daß das arbeitsteilige Baugeschehen durch bestmögliche Planung und Organisation optimal gestaltet wird: Planung durch eine für das Bauvorhaben vorhandene zentrale Stelle. Diese Einrichtung muß nicht unbedingt Generaltreuhänder oder Generalübernehmer heißen, obwohl sich ein Trend zu dieser Art von Bauausführung abzeichnet.

Natürlich muß sich die Bauplanung der modernen Planungsverfahren bedienen. Dabei wird es ebenfalls notwendig werden, größere Kapazitäten, die alle Fachsparten über den gesamten Bereich der Bauplanung koordinieren, einzusetzen. Zur Lieferung von Entscheidungsgrundlagen werden sowohl im Bereich der "Planung der Bauten", wie im Bereich der "Planung des Bauens" a u c h die wissenschaftlichen Planungsmethoden einzusetzen sein.

Dies bedingt eine neue Denkungsweise in der Planung und Ausführung, aber auch neue Persönlichkeiten, denen es gelingt, die "Gesamtdarstellung des Bauens" in die Wirklichkeit umzusetzen. Diese Tatsache müßte bereits im Ausbildungsprogramm an den Fach- und Hochschulen Berücksichtigung finden, wobei durch das feed back ein ständiges Anpassen an die Wirklichkeit der Bauwirtschaft zu erfolgen hat.

LITERATURVERZEICHNIS

AUTORENKOLLEKTIV: Handbuch der Netzplantechnik, Westdeutscher Verlag, Opladen, 1971.

BAUVERLAG WIESBADEN: Deutsche Baugeräteliste, 1960, 1971.

BEHREND, D.: Die Kosten im Baubetrieb, Verlagsgesellschaft R. Müller, Köln - Braunsfeld, 1967.

BERLIK, G. und MÖNKEMEIER, K.L.: Der Baupreis, Verlagsgesellschaft Rudolf Müller, Köln - Braunsfeld, 1967.

DAVIDSON, C.: Implementing the Impact of Industrialization, Industrialization Forum, Montreal, 1969.

DREES, G. und HIRSCH, D.: Die Kalkulationsmethoden in der Bauindustrie, Bauverlag GmbH, Wiesbaden - Berlin, 1968.

DREES, G. und SPRANZ, D.: Handbuch der Arbeitsvorbereitung in Bauunternehmen, Bauverlag GmbH, Wiesbaden - Berlin, 1976.

DRESSEL, G.: Die Arbeitsstudie im Baubetrieb, Bauverlag GmbH, Wiesbaden - Berlin, 1961.

DRESSEL, G.: Organisation der Bauunternehmung, Verlagsgesellschaft Rudolf Müller, Köln - Braunsfeld, 1965.

DUIC, W.Z. und TRAPP, F.C.: Handbuch für die Kalkulation von Bauleistungen, Bauverlag GmbH, Wiesbaden - Berlin, 1968.

FILL, R.: Kostenberechnung im Tiefbau, Springer-Verlag, Wien - New York, 1965.

FREY, R.: Baupreiskalkulation nach ÖNORM B 2061 mit Kalkulationsformblättern, Österr. Staatsdruckerei, 1970.

FRITO, H.: IFA-Nachrichten-Baupraxis 1 und 2/72, 1972.

GAEB: Gemeinsamer Ausschuß Elektronik im Bauwesen, Mitteilungsblätter 1 - 4, Beuth-Vertrieb GmbH, Berlin - Köln - Frankfurt, 1974.

GREINER, O.: Kosten- und Qualitätsoptimierung durch industrialisiertes Bauen, Schriftenreihe des Instituts für Bauwirtschafts- und Baubetriebslehre, Technische Universität Graz. Herausgeber: o.Prof. Dipl.-Ing. Rudolf Aita, Heft 3, 1975.

HOFFMANN, F.: Arbeitsplanung im Betonbau, Bauverlag GmbH, Wiesbaden - Berlin, 1973.

JEBE, H.: Preisermittlung für Bauleistungen, Werner-Verlag, Düsseldorf, 1974.

JOEDICKE, J.: Arbeitsberichte zur Planungsmethodik, Heft 1 - 7, Herausgegeben vom Institut für Grundlagen der modernen Architektur, Universität Stuttgart. Carl Krämer Verlag, Stuttgart - Bern, 1972.

JURECKA, W.: Netzwerkplanung im Baubetrieb, Bauverlag GmbH, Wiesbaden - Berlin, 1975.

KEIL, W. und MARTINSEN, U.: Einführung in die Kostenrechnung für Bauingenieure, Werner-Verlag, Düsseldorf, 1973.

KIM, C.: Durchdenken komplexer Probleme, Neue Züricher Zeitung, (15.2.1972) FA 45, 1972.

KUNZ, H.: Bauleitung, Baukosten, Verlag Stocker - Schmid, Dietikon - Zürich, 1972.

KÜPPERS, Th. und FREY, H.: Der Baukaufmann, Werner-Verlag, Düsseldorf, 1974.

LEDERBAUER, W.A.: Der Generaltreuhänder, Schriftenreihe des Instituts für Bauwirtschafts- und Baubetriebslehre, Technische Universität Graz. Herausgeber: o. Prof.Dipl.-Ing.Rudolf Aita, Heft 1, 1973.

LIST, H.U.: Elektronische Bauabrechnung,"Der Monierbauer", Heft 3/74, 1974.

MEYER-KELLER, G.: Leistungslohn im Baubetrieb, Schriftenreihe "Arbeitskunde im Baubetrieb", Heft 3, Bauverlag GmbH, Wiesbaden - Berlin, 1967.

MÜLLER, P.: Integrierte Baukostenplanung im Wohnungsbau durch Bauverhältniszahlen, Patzer Verlag GmbH u. Co KG, Hannover - Berlin, 1973.

MUSTERENTWÜRFE: Funktionale Leistungsbeschreibung, Hauptverband der Deutschen Bauindustrie, F + I-bau, Heft 6/73, 1973.

NORMPOSITIONEN - KATALOGE: Schweizerische Zentralstelle für Baurationalisierung, Zürich, 1967.

OBERNDORFER, W.: Neuere Probleme der elektronischen Bauabrechnung, "Neues vom Bau", Heft 1/72, 1972.

ÖREB: Österreichische Richtlinien für elektronische Bauabrechnung, Arbeitsgemeinschaft AGÖRB, Bundesministerium für Bauten und Technik, Wien, 1973.

ÖSTERREICHISCHE BAUZEITUNG: Bauhandbuch, Österreichischer Wirtschaftsverlag, Wien, 1975.

ÖSTERREICHISCHER WI-VERLAG: Österreichische Baugeräteliste, 1961, 1971.

PFARR, K.H.: Die Bauunternehmung, Bauverlag GmbH, Wiesbaden - Berlin, 1967.

PFARR, K.H.: Baukalkulation auf der Grundlage von fixen und variablen Kosten, Bauverlag GmbH, Wiesbaden - Berlin, 1970.

PFARR, K.H.: Betriebswirtschaftslehre des Architekturbüros, Bauverlag GmbH, Wiesbaden - Berlin, 1971.

PFARR, K.H.: Betriebswirtschaftliche Probleme der Baugeräteliste 1971 in Frage und Antwort, Bauverlag GmbH, Wiesbaden - Berlin, 1971.

PFARR, K.H.: Handbuch der kostenbewußten Bauplanung, Deutscher Consulting Verlag, Wuppertal, 1976.

PFEILER, P.: Die technischen Bestimmungen der österreichischen Bauordnungen, Schriftenreihe der Forschungsgesellschaft für Wohnen, Bauen und Planen, Wien, Heft 54, 1974.

PLEISZ, U.: Freiwillige soziale Leistungen der industriellen Unternehmung, Duncker & Humblot, Berlin, 1960.

PLÜMECKE, K.: Preisermittlung für Bauarbeiten, Verlagsgesellschaft Rudolf Müller, Köln - Braunsfeld, 1964.

RIEM, P. und GRIMM, G.: Grundzüge der Preisermittlung im Baubetrieb, Bauverlag GmbH, Wiesbaden - Berlin, 1965.

SCHILCHEGGER, W.: Die funktionale Leistungsbeschreibung im Hochbau (FLB). Schriftenreihe des Instituts für Bauwirtschafts- und Baubetriebslehre, Technische Universität Graz.
Herausgeber: o.Prof.Dipl.-Ing.Rudolf Aita, Heft 2, 1974.

SCHMIDT, Th.: Technische Nachkalkulation in der Unternehmung, Baupraxis 2/72 - 3/74, 1972 - 1974.

SCHWARZE, J.: Netzplantechnik für Praktiker, Verlag Neue Wirtschaftsbriefe, Herne, Berlin, 1974.

SPRANZ, D.: Arbeitszeiten im Baubetrieb, Bauverlag GmbH, Wiesbaden - Berlin, 1975.

STEIERMÄRKISCHE BAUORDNUNG: Steiermärkische Landesdruckerei, Graz, 1968.

STIEBER, G.: Ein einfaches Verfahren für die Umrechnung veränderlicher Preise, (Österr. Bauzeitung), 1972.

STÖCHER, H.: Die Optimierung von Wandkonstruktionen, Heft 1, Grundlagen der Optimierung, Forschungsbericht F 77/1: 1972, Bundesministerium für Bauten und Technik, 1972.

VEIT, W.: Bauökonomische Planungsalternativen, Habilitationsschrift, Technische Hochschule in Graz, 1972.

VOB: Verdingungsordnung für Bauleistungen, Teil A + B, Deutscher Normenausschuß, Berlin, 1973.

VOIGT, J.P.: Fünf Wege der Netzplantechnik, Verlagsgesellschaft R. Müller, Köln - Braunsfeld, 1971.

WÄGER, H.: Angebotskalkulation des Baubetriebes im System der Deckungsbeitragsrechnung, Werner-Verlag, Düsseldorf, 1971.

WALPER, K.H.: Enquete über die Bauwirtschaft, "Verbesserung des Baugenehmigungsverfahrens", Forum-Verlag, Stuttgart, 1974.

WOLFENSBERGER, H.: Bauwirtschaft und Baubetrieb, R.v.Decker's Verlag G. Schenk, Hamburg, 1968.

ZEIGER, K.: Betriebsabrechnung im Baugeschäft, Werner-Verlag, Düsseldorf, 1963.

SACHVERZEICHNIS

GPSR Compliance

The European Union's (EU) General Product Safety Regulation (GPSR) is a set of rules that requires consumer products to be safe and our obligations to ensure this.

If you have any concerns about our products, you can contact us on ProductSafety@springernature.com

In case Publisher is established outside the EU, the EU authorized representative is:

Springer Nature Customer Service Center GmbH
Europaplatz 3
69115 Heidelberg, Germany

Batch number: 10584556

Printed by Printforce, the Netherlands